Hans Loeweneck

# Diagnostische Anatomie
Eine Hilfe zum ärztlichen Handeln

Mit einem Geleitwort von Hans Frick
Zeichnungen von Siegfried Nüssel

Mit 122 teilweise farbigen Abbildungen

Springer-Verlag
Berlin Heidelberg New York 1981

Professor Dr. H. LOEWENECK
Anatomische Anstalt der Universität München
Pettenkoferstraße 11
8000 München 2

ISBN-13: 978-3-540-11078-1  e-ISBN-13: 978-3-642-68291-9
DOI: 978-3-642-68291-9

CIP-Kurztitelaufnahme der Deutschen Bibliothek
Loeweneck, Hans:
Diagnostische Anatomie : e. Hilfe zum ärztl. Handeln /
Hans Loeweneck. Mit Zeichn. von Siegfried Nüssel. –
Berlin ; Heidelberg ; New York : Springer, 1981.
  ISBN 3-540-11078-X (Berlin, Heidelberg, New York):
  ISBN 0-387-11078-X (New York, Heidelberg, Berlin)

Das Werk ist urheberrechtlich geschützt. Die dadurch begründeten Rechte, insbesondere die der Übersetzung, des Nachdruckes, der Entnahme von Abbildungen, der Funksendung, der Wiedergabe auf photomechanischem oder ähnlichem Wege und der Speicherung in Datenverarbeitungsanlagen bleiben, auch bei nur auszugsweiser Verwertung, vorbehalten. Die Vergütungsansprüche des § 54, Abs. 2 UrhG werden durch die „Verwertungsgesellschaft Wort", München, wahrgenommen.
© by Springer-Verlag Berlin · Heidelberg 1981

Die Wiedergabe von Gebrauchsnamen, Handelsnamen, Warenbezeichnungen usw. in diesem Werk berechtigt auch ohne besondere Kennzeichnung nicht zu der Annahme, daß solche Namen im Sinne der Warenzeichen- und Markenschutz-Gesetzgebung als frei zu betrachten wären und daher von jedermann benutzt werden dürften.
Reproduktion der Abbildungen: G. Dreher GmbH, Stuttgart
Satz, Druck und Bindearbeiten: Konrad Triltsch, Graphischer Betrieb, 8700 Würzburg
2127/3130-543210

# Geleitwort

Jede ärztliche Untersuchung setzt entsprechende Kenntnisse der „normalen" Anatomie voraus; denn der Bau des gesunden menschlichen Körpers (mit seinen die Funktion nicht beeinträchtigenden Varianten) bildet die einzige Bezugsgrundlage, von der aus krankhafte morphologische Veränderungen beurteilt und zur Diagnosestellung herangezogen werden können.

Die augenblickliche Ausbildungs- und Prüfungssituation macht es dem Medizinstudenten nicht gerade leicht, im Fach Anatomie das Wissen zu erwerben, das für die Ausbildung zum Arzt und die Tätigkeit als Arzt erforderlich ist. Die zeitliche Beschränkung des Anatomieunterrichts erlaubt es dem akademischen Lehrer heute leider nur begrenzt, die in den Anfangssemestern vermittelten Grundkenntnisse der systematischen und der funktionellen Anatomie in einer auf die Praxis bezogenen Zusammenfassung anatomisch wichtiger Sachverhalte zu integrieren und im klinischen Studienabschnitt zu vertiefen.

Diesem offensichtlichen Mangel in der derzeitigen ärztlichen Ausbildung möchte die „Diagnostische Anatomie" entgegenwirken. In ihr werden für ärztliches Denken und Handeln wichtige Gegebenheiten aus dem Bereich der makroskopischen Anatomie aus der Vielzahl der in Kursen und Vorlesungen angebotenen Informationen herausgegriffen, in gestraffter Form und dennoch gut verständlich erläutert und durch einprägsame Abbildungen verdeutlicht. In Abkehr von der üblichen Stoffeinteilung topographisch-anatomischer Lehrbücher ermöglicht die Gliederung des Buches nach den Stationen der ärztlichen Untersuchung dem Studenten eine neue, auf die praktische Anwendung bezogene Ordnung seines anatomischen Wissens. Dem jungen Arzt bringt die „Diagnostische Anatomie" bei Routineuntersuchungen die gewünschte Rückerinnerung und die notwendige Sicherheit bei der Abgrenzung pathologischer Veränderungen. Hinweise für die Praxis, Angaben von Größen und Meßwerten reichern den Informationsgehalt des Buches an und vergrößern die morphologische Basis, auf die der Arzt seine Diagnose gründen kann.

Autor und Verlag ist zu danken, daß sie diesen neuen Weg der Darstellung ärztlich relevanter anatomischer Sachverhalte gegangen sind. Er könnte den Leser dazu führen, daß er als junger Arzt seine Kenntnisse noch gezielter und unmittelbarer zum Wohle des Patienten einzusetzen vermag.

München, im Oktober 1981　　　　　　　　　　　　　　　　　　　　Hans Frick

# Vorwort

Die „Diagnostische Anatomie" ist aus der heute vielleicht altmodischen Vorstellung entstanden, daß ein Arzt am Patienten in erster Linie sein Sehen, Hören und Tasten einsetzen soll und über sein Wissen zur Diagnose geführt wird. Die so kostenaufwendige und oft hauptsächlich praktizierte apparative Diagnostik sollte die sinnvolle Ergänzung zur ärztlich menschlichen Diagnostik am Kranken bleiben.

Die Änderungen im Ausbildungsweg der angehenden Mediziner haben die Lehr- und Lernzeit für das zentrale vorklinische Fach Anatomie drastisch verkürzt. Schriftliche Prüfungen, in denen juristisch abgesichert formulierte und ausgeklügelte spezielle Sachverhalte abgefragt werden, haben das Lernverhalten der jungen Medizinstudenten leider auf einen Weg führen müssen, der den späteren beruflichen Anforderungen kaum gerecht werden kann. So werden zwangsläufig nur spezielle Schlagworte anstelle einer funktionellen Übersicht erlernt, und es wird nach Fragenkatalogen statt nach Lehrbüchern gelernt. Am Patienten muß dieser Lehr- und Lernweg versagen.

Das vorliegende Buch will und kann kein Lehrbuch alter Art sein. Es soll vielmehr ein Arbeitsbuch für die Praxis sein. Deshalb ist es auch nicht nach den Gesichtspunkten der systematischen Anatomie gegliedert, sondern nach dem Untersuchungsweg, den der Arzt am Patienten bei der Erhebung des Befundes im allgemeinen einhält.

Es wendet sich an den Medizinstudenten und jungen Arzt. In bewußt einfachen und einprägsamen Zeichnungen und Fotos sollen die anatomischen Gegebenheiten dargestellt werden, deren Kenntnis bei Routineuntersuchungen und kleinen Notfalleingriffen vorausgesetzt wird. Der Text ist bewußt knapp und mit Hilfe des Einrückverfahrens übersichtlich gehalten. Es wurden weitgehend die neuen Nomina anatomica verwendet. Orientierung, anatomisch-diagnostischer Zugang, Größenverhältnisse und Meßwerte stehen im Vordergrund der „Diagnostischen Anatomie". Ihre Kenntnis erlaubt eine leichtere Abgrenzung zu pathologischen Veränderungen und eine einfühlsamere, menschliche Diagnostik am Patienten. So meine ich, daß die „diagnostische Anatomie" gerade heute aktuell und wieder modern sein sollte.

Bei den Präparatoren der Anatomischen Anstalt der Universität München, den Herren Buchheim, Haubner und Heim, bedanke ich mich für die Anfertigung von manchen schönen Präparaten. Die künstlerische Gestaltung der Abbildungen lag in den bewährten Händen von Herrn Nüssel, dem ich dafür herzlich danke. Nicht zuletzt gilt mein besonderer Dank dem Springer-Verlag, der mit großem Engagement an die Verwirklichung des Buches heranging und Herrn Kirchner, der mit viel Sachkenntnis und Geschick die buchtechnische Gestaltung der „Diagnostischen Anatomie" übernommen hat.

München, im Sommer 1981                                              H. LOEWENECK

# Inhaltsverzeichnis

Detaillierte Inhaltsverzeichnisse jeweils zu Beginn der Hauptkapitel

Allgemeines . . . . . . . . . . . . . . . . . . . . . . . . . . . . . . 1
Wirbelsäule . . . . . . . . . . . . . . . . . . . . . . . . . . . . . . 11
Sinnesorgane . . . . . . . . . . . . . . . . . . . . . . . . . . . . . 19
Respirationssystem . . . . . . . . . . . . . . . . . . . . . . . . . 35
Kreislauforgane und Blut . . . . . . . . . . . . . . . . . . . . . 59
Verdauungssystem . . . . . . . . . . . . . . . . . . . . . . . . . 91
Niere und ableitende Harnwege . . . . . . . . . . . . . . . . . 143
Becken und Geschlechtsorgane . . . . . . . . . . . . . . . . . 157
Ausgewählte endokrine Drüsen . . . . . . . . . . . . . . . . . 175
Extremitäten . . . . . . . . . . . . . . . . . . . . . . . . . . . . . 185
Peripheres cerebrospinales Nervensystem . . . . . . . . . . . 203
Schädelbasis, Hirnhäute und Liquorzirkulation . . . . . . . . 221
Gehirn und Rückenmark . . . . . . . . . . . . . . . . . . . . . 233
Weiterführende Literatur . . . . . . . . . . . . . . . . . . . . . 255
Sachverzeichnis . . . . . . . . . . . . . . . . . . . . . . . . . . . 257

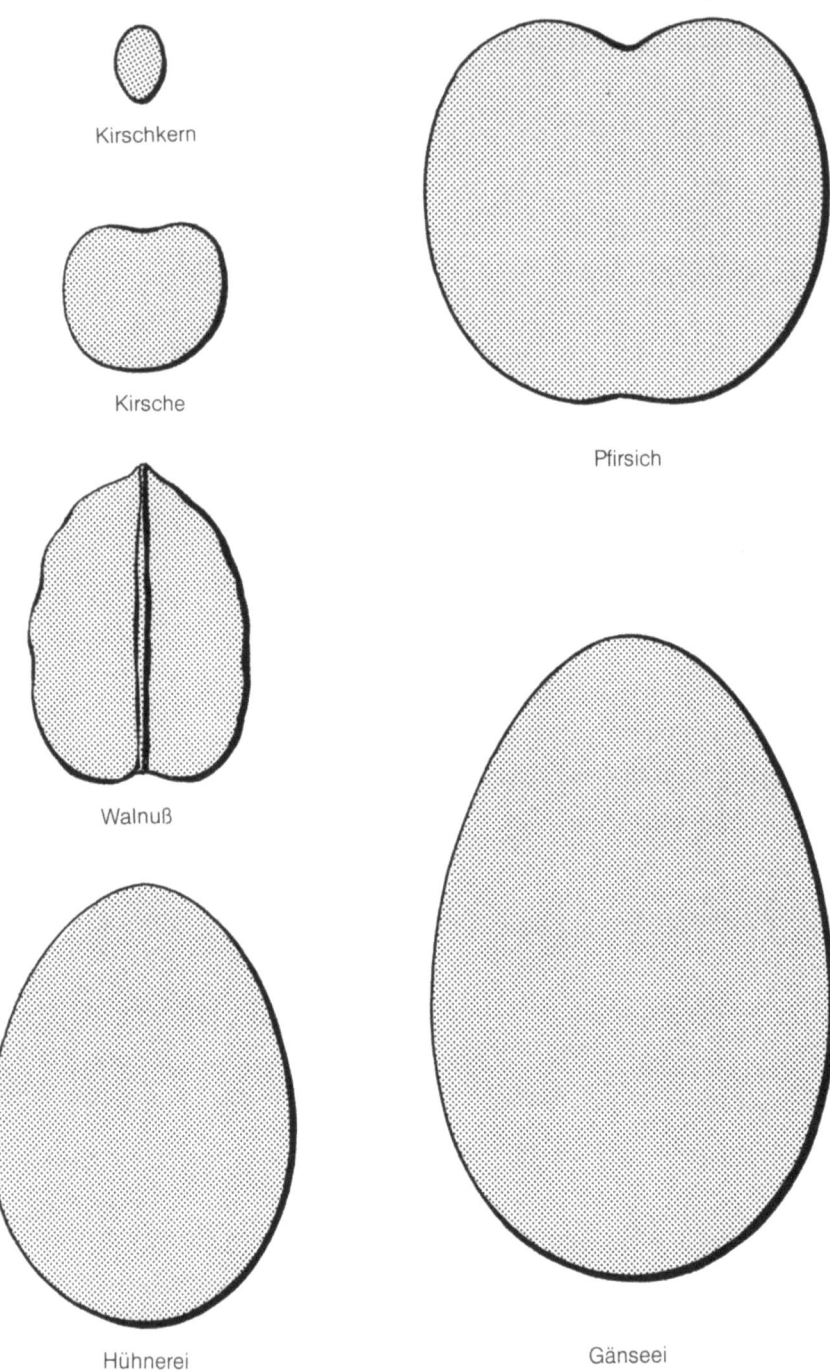

**Abb. 1.** Vergleichsgrößen in der Medizin

# Allgemeines

Inhalt

Körperbautypen (nach Kretschmer) . . . . . . . . . . . . . . . 3
Körpergewicht und Ernährungszustand . . . . . . . . . . . . . 4
    Körpergewicht des Erwachsenen . . . . . . . . . . . . . . . 4
    Ernährungszustand eines Menschen . . . . . . . . . . . . . 4
    Epikritische Befundungsnomenklatur . . . . . . . . . . . . 5
Haut und Körperoberfläche . . . . . . . . . . . . . . . . . . . 6
    Haut (=Cutis) . . . . . . . . . . . . . . . . . . . . . . . . 6

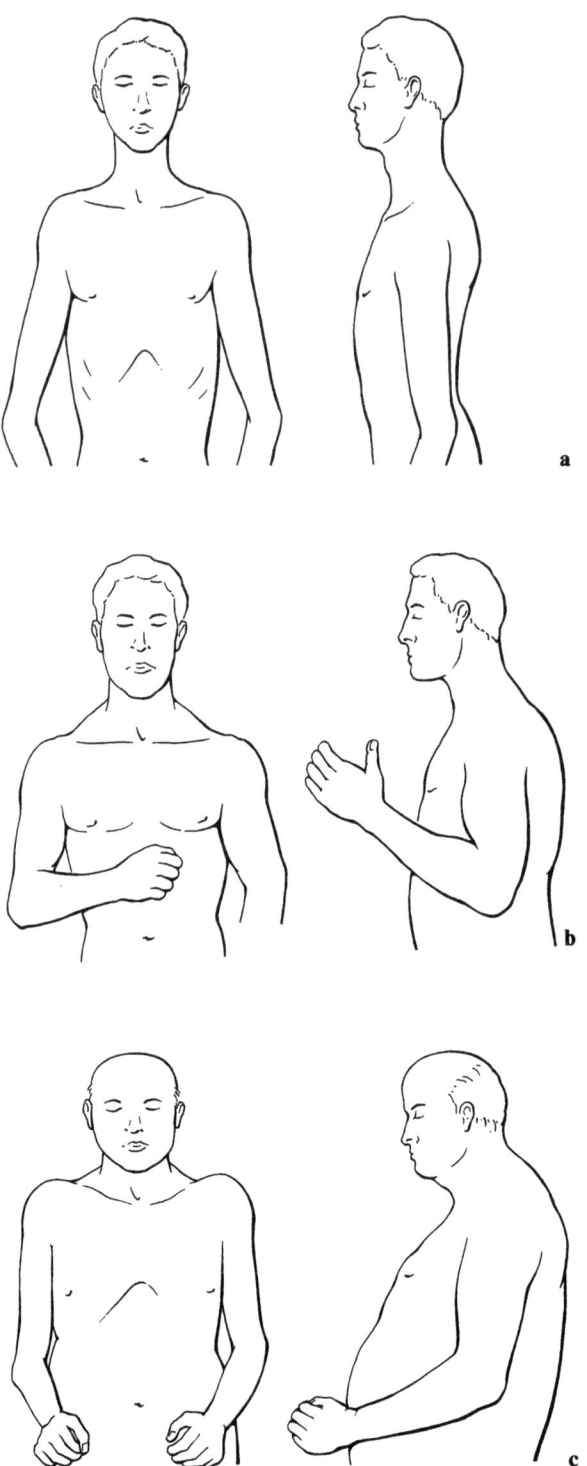

**Abb. 2 a–c.** Körperbautypen nach Kretschmer. **a** Astheniker. **b** Athlet. **c** Pykniker

# Körperbautypen (nach Kretschmer)

Leptosomer  Der Leptosome entspricht in etwa dem Astheniker. Er hat ein feinknochiges Skelet mit schmalen Gelenken und eine gering entwickelte Muskulatur. Er neigt zur Haltungsschwäche. Auf Grund seines geringen Thoraxumfanges hat der Leptosome auch eine geringe Vitalkapazität. Wegen seiner Bindegewebs- und Muskelschwäche neigt der Leptosome zum Hängebauch, zu Hämorrhoiden und zu Krampfadern.

Athlet  Der Athlet zeichnet sich durch ein proportioniertes kräftiges Skelet und gut entwickelte Muskulatur aus. Seine gute Vitalkapazität und die rasche Kreislaufanpassung lassen ihn körperliche Anstrengungen leicht ertragen.

Pykniker  Der Pykniker neigt schon in der Jugend zu Fettansatz. Sein kurzer dicker Hals, der faßförmige Thorax, grobe Hände und Füße sind typische Merkmale. Die Kopfglatze und ein meist ausgeprägter Bauch stellen sich schon früh ein. Der Pykniker ist auf Grund seines Fettansatzes krankheitsanfällig an den Kreislauforganen.

# Körpergewicht und Ernährungszustand

## Körpergewicht (in kg) des Erwachsenen

(Idealwerte unter Mitverwendung der Werte des Stat Bull Metropol Life Ins Co 1959)

| Größe cm | Geschlecht | Körperbau leicht | mittelschwer | schwer |
|---|---|---|---|---|
| 155 | ♂ | 49,6–53,2 | 52,3–57,4 | 55,9–62,7 |
|  | ♀ | 45,0–48,7 | 47,3–52,8 | 50,9–58,2 |
| 160 | ♂ | 52,3–55,9 | 55,0–60,4 | 58,6–66,0 |
|  | ♀ | 47,7–51,4 | 50,0–56,0 | 53,7–61,4 |
| 165 | ♂ | 55,0–59,1 | 57,7–63,6 | 61,4–69,6 |
|  | ♀ | 50,5–54,5 | 53,2–60,0 | 57,3–65,0 |
| 170 | ♂ | 58,6–62,7 | 61,3–67,6 | 65,4–74,0 |
|  | ♀ | 55,0–58,1 | 56,8–63,6 | 60,8–68,6 |
| 175 | ♂ | 62,1–66,7 | 64,9–71,3 | 68,9–77,6 |
|  | ♀ | 57,6–62,1 | 60,3–67,1 | 64,4–72,6 |
| 180 | ♂ | 65,7–70,3 | 68,4–75,7 | 73,0–82,1 |
|  | ♀ | 61,2–65,7 | 63,9–70,7 | 68,0–77,1 |
| 185 | ♂ | 69,3–74,3 | 72,0–80,2 | 77,0–86,5 |
|  | ♀ | 64,7–69,2 | 67,4–74,2 | 71,5–81,0 |
| 190 | ♂ | 72,9–77,8 | 76,5–84,6 | 81,0–91,0 |

## Ernährungszustand eines Menschen

Übergewicht – Normalgewicht – Untergewicht

Kachexie Schlechter Ernährungszustand mit allgemeinem Kräfteverfall.

Marasmus Allgemeiner Kräfteverfall; besonders als Altersmarasmus.

## Epikritische Befundungsnomenklatur

Letalität
: Die Letalität einer Erkrankung ist die Wahrscheinlichkeit, an dieser Krankheit sterben zu müssen.

Morbidität
: Die Morbidität (Krankheitsstand) ist das zahlenmäßige Verhältnis zwischen den erkrankten und den gesunden Menschen einer Bevölkerung. Die Morbidität gibt also die Erkrankungswahrscheinlichkeit an.

Mortalität
: Die Mortalität gibt das Verhältnis zwischen der Anzahl der Todesfälle einer Erkrankung während einer bestimmten Zeit und der Gesamtzahl der gesunden und kranken Menschen der Bevölkerung an.

# Haut und Körperoberfläche

## Haut (= Cutis)

Bestandteile  Epidermis (Oberhaut)
Corium     (Lederhaut)

Auf diese beiden Hautschichten folgt die Subcutis (Unterhautgewebe). Die Haut ist zwischen 0,5 und 5 mm dick. Entsprechend ihren vielfältigen Funktionen (Schutzorgan, Atmungsorgan, Sekretionsorgan, Mithilfe bei der Temperaturregulierung, Mithilfe beim Regulieren des Wasserhaushaltes, Registrierung von Reizen aus der Umwelt) ist der Verlust von größeren Hautflächen immer eine lebensbedrohende Erkrankung.

Um Richtwerte über den prozentualen Hautverlust bei Verbrennungen zu bekommen, hat man sich bemüht, eine Formel für die Bestimmung der individuellen Körperoberfläche zu entwickeln.

Statistische Beziehung von Körpergewicht und Körperlänge zur Körperoberfläche (nach Dubois):

$$\text{Oberfläche in m}^2 = \text{Gewicht in kg}^{0,425} \cdot \text{Länge in cm}^{0,725} \cdot 71,84$$

Heute werden in der Klinik im allgemeinen die Neunerregel oder eine ihrer Varianten zur prozentualen Bestimmung des Hautdefektes angewendet. Prozentual gleichgleibende Hautflächen finden sich beim Kind und beim Erwachsenen am Hals, am Arm und am Gesäß.

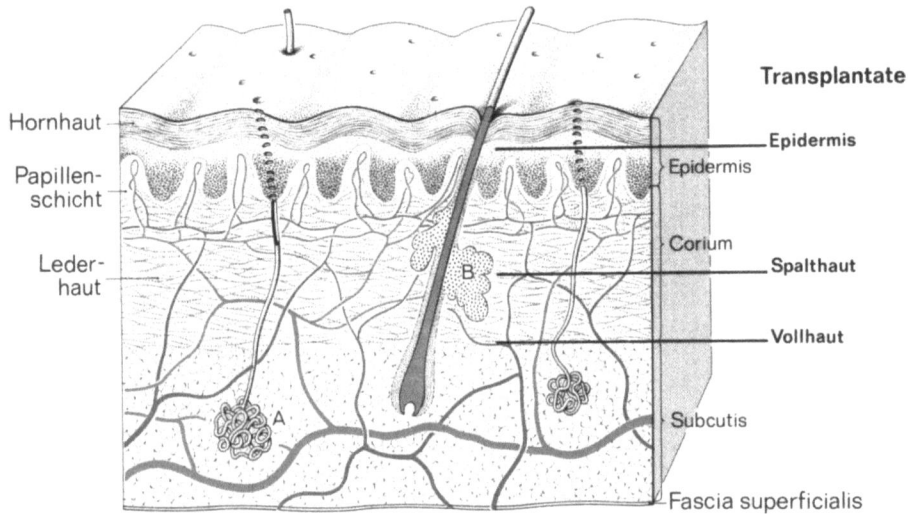

**Abb. 3.** Schematische Darstellung der Haut mit Angabe der Schnittiefe bei verschiedenen Hauttransplantaten

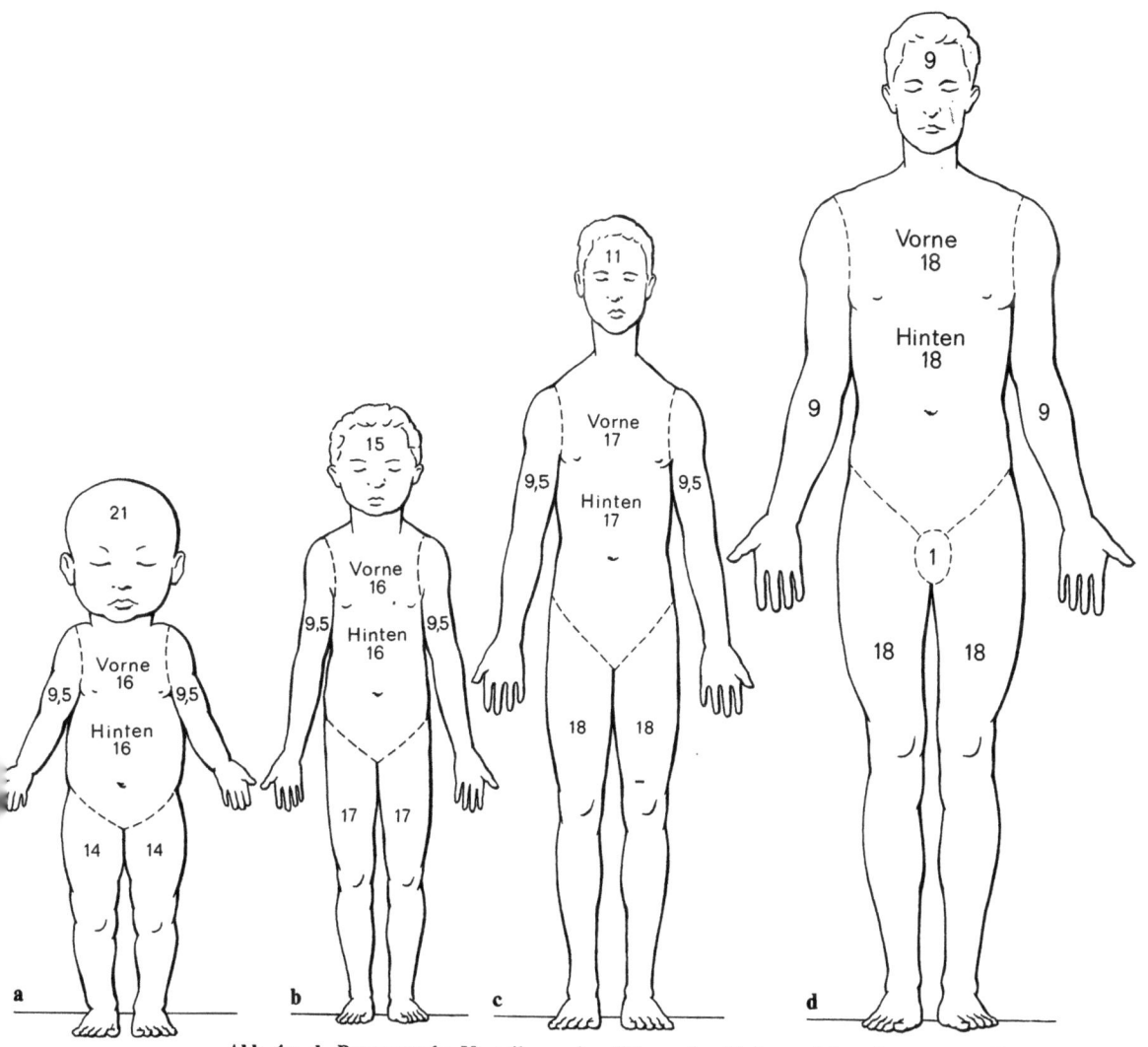

**Abb. 4a–d.** Prozentuale Verteilung der Körperoberfläche. **a** Neugeborenes. **b** 5jähriges Kind. **c** 10jähriges Kind. **d** Erwachsener

**Prozentual etwa gleichbleibende Hautflächen bei Kind und Erwachsenem**

| | | |
|---|---|---|
| Hals | vorn | 1,0% |
| | hinten | 1,0% |
| Oberarm | vorn | 2,0% |
| | hinten | 2,0% |
| Unterarm | vorn | 1,5% |
| | hinten | 1,5% |
| Handfläche | | 1,0% |
| Handrücken | | 1,0% |
| Gesäßhälfte | | 2,5% |

**Hauttransplantate**

Zur Abdeckung von Hautdefekten werden Hauttransplantationen durchgeführt:
a) Vollhauttransplantate (= Cutistransplantate)
b) Spalthauttransplantate
c) Epidermistransplantate

*Hautlappen*

| | |
|---|---|
| Krause | Vollhauttransplantat (mit Epidermis und Corium) |
| Ollier | Epidermis und etwas Corium |
| Reverdin | Runde dünne Epidermisstückchen von 3–4 mm Durchmesser |
| Davis | Epidermisläppchen, in dessen Mitte sich noch etwas Corium befindet |
| Thiersch | 0,2 mm dicke, 2 cm × 10 cm große Läppchen aus der Epidermis |


**Typische Hautveränderungen**

*1. Hautveränderungen im Hautniveau*

| | |
|---|---|
| Fleck | Im Hautniveau gelegene umschriebene Farbveränderung der Haut |

*2. Hautauflagerungen*

| | |
|---|---|
| Schuppe | Abschilfernde Zellen aus dem Stratum corneum der Epidermis |
| Kruste | Eingetrocknete Absonderung von Blut, Eiter oder sonstige Absonderung von Geschwüren auf der Haut |
| Schwiele | Umschriebene Verdickung des Stratum corneum der Epidermis |

*3. Kompakte erhabene Hautveränderungen*

| | |
|---|---|
| Quaddel | Flüchtige, mit Ödem an circumskripter Stelle im Gewebe einhergehende Erhebung der Haut, die „beetartig" über die Haut vorspringt |
| Knötchen und Knoten | Kompakte bis erbsengroße Hauterhebung |

*4. Hohlräume enthaltende, erhabene Hautveränderungen*

| | |
|---|---|
| Bläschen | Mit Flüssigkeit gefüllte, bis erbsengroße Kammer in der Haut, die sich über die Hautoberfläche vorwölbt |
| Blase | Über erbsengroßes (linsengroßes) Bläschen |
| Pustel | Mit Eiter gefülltes Bläschen |
| Zyste | Hohlraumbildung in der Haut |

*5. Hautvertiefungen*

| | |
|---|---|
| Abschürfung | Epidermisdefekt bis höchstens zur Papillarschicht |
| Schrunde, Rhagade, Fissur | Den Spaltlinien der Haut folgender Einriß |

| | |
|---|---|
| Geschwür | Hautdefekt, der bis ins Corium reicht |
| Abszeß | Eiterhaltige Höhlenbildung, meist im Corium oder in der Subcutis |

**Lokalisation und Definition von Furunkel und Karbunkel**

| | |
|---|---|
| Furunkel | Der Furunkel ist eine durch Staphylokokken verursachte Entzündung des Haarfollikels mitsamt seiner Talgdrüsen, wobei sich ein Abszeß mit zentraler Nekrose bildet. Furunkel im Bereich der Regio nuchae (starke Subcutiskammerung) oder im Gesichtsbereich (N. trigeminus) sind besonders schmerzhaft. Bei Gesichtsfurunkeln an den Venenabfluß zum Sinus cavernosus denken (Gefahr der Sinuscavernosus-Thrombose). |
| Karbunkel | Mehrere benachbarte, teils miteinander konfluierende Furunkel. Besonders häufig sind tiefe Nekrosen. |

### Schleimhaut

Tunica mucosa, die die Hohlorgane auskleidet, welche eine Verbindung nach außen haben. Diagnostische Bedeutung hat der Durchblutungszustand der Schleimhäute. Aus der Beobachtung der Durchblutungsfarbe des Augenunterlids und der Zunge lassen sich manche Rückschlüsse auf Hb-Wert, Blutsauerstoffgehalt und Blutdruck ziehen.

### Nägel

| | |
|---|---|
| Nagelbett | Auflagefläche des Nagels |
| Nagelfalz | Matrix des Nagels |
| Nageltasche | Hauttasche am proximalen Nagelende |
| Nagelwall | Hautfalte um das Nagelbett |

Farbe, Form und Beschaffenheit der Nägel lassen manche Rückschlüsse auf eine innere Erkrankung zu.

| | |
|---|---|
| Koilonychie | Eingedellte Nagelplatte („Löffelnagel") |
| Leukonychie | Weiße Flecken oder Streifen am Nagel |
| Onychogryposis | Krallenartige Nagelverkrümmung |
| Onychorrhexis | Längsaufsplitterung des Nagels |
| Onychoschisis | Lamellenbildung am Nagel |
| Paronychie | Nagelbettentzündung |
| Platonychie | Flacher Nagel |

# Wirbelsäule

**Inhalt**

Orientierung . . . . . . . . . . . . . . . . . . . . . . . . . 12
Osteologie . . . . . . . . . . . . . . . . . . . . . . . . . . 13
Bandscheibe . . . . . . . . . . . . . . . . . . . . . . . . . 13
Passiver und aktiver Halteapparat . . . . . . . . . . . . . . 15
Krümmungen der Wirbelsäule . . . . . . . . . . . . . . . . . 16
Beweglichkeit der Wirbelsäule . . . . . . . . . . . . . . . . 16
Prädilektionsstellen für Wirbelsäulenverletzungen . . . . . . 17
Fehlbildungen der Wirbelsäule . . . . . . . . . . . . . . . . 18

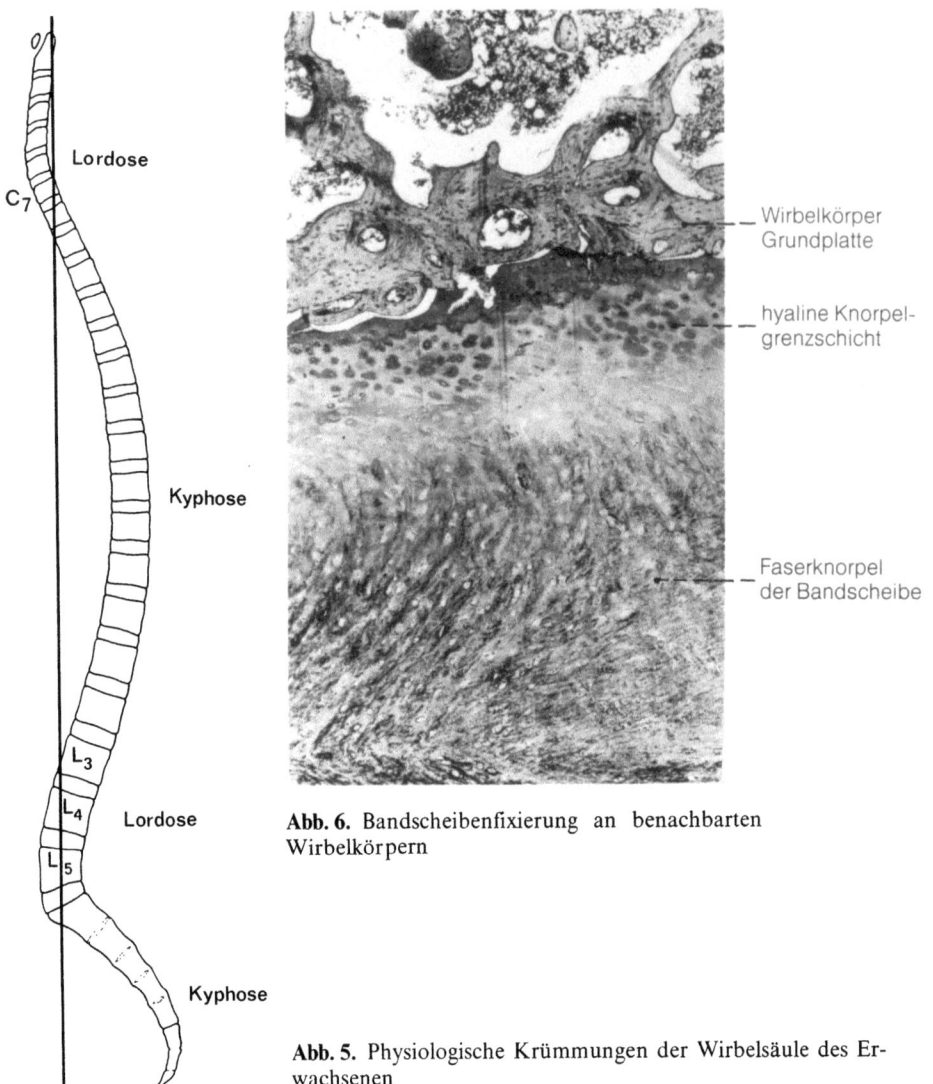

**Abb. 6.** Bandscheibenfixierung an benachbarten Wirbelkörpern

**Abb. 5.** Physiologische Krümmungen der Wirbelsäule des Erwachsenen

## Orientierung

Vertebra prominens
: Der Dornfortsatz des 7. Halswirbels ist nicht gegabelt und läßt sich auf Grund seiner besonderen Länge als erster deutlich erkennen und palpieren. (Der Dornfortsatz des 1. Brustwirbels kann durchaus noch weiter nach dorsal vorspringen.)

Vertebrae $L_3$ und $L_4$
: Die Horizontale durch die beiden höchsten Punkte der Cristae iliacae schneidet den Interspinalraum zwischen dem 3. und 4. Lendenwirbel.

Vertebra $L_5$
: Unter dem Hautgrübchen an der cranialen Spitze der Michaelis-Raute befindet sich der Dornfortsatz des 5. Lendenwirbels.

## Osteologie

Canalis vertebralis
: Durch alle Wirbel zwischen Corpus und Arcus vertebrae verlaufender longitudinaler Kanal, in dem das Rückenmark verankert ist.

Canalis intervertebralis
: Beidseits des Wirbelkanals von benachbarten Wirbeln gebildeter Knochenkanal für den Durchtritt des Segmentnerven.

Grund- und Deckplatten
: An den cranialen und caudalen Wirbelkörperenden finden sich hyalinknorpelige Abschlußplatten. Sie verstärken entscheidend die hauchdünne Corticalis.

Processus uncinatus
: Die Seitenränder an der Oberkante der Halswirbelkörper sind cranialwärts hochgezogen. Über diese Fortsätze stehen benachbarte Halswirbelkörper in nahem Kontakt. Oft sind sie nur durch eine dünne und rissige Bandscheibenschicht voneinander getrennt (= Uncovertebralgelenke). Hier können sich spangenartige Verknöcherungen ausbilden, die dann zu einer Verengung des benachbarten Canalis intervertebralis führen.

Wirbelsynchondrose
: Faserknorpelige Verbindung zweier benachbarter Wirbelkörperdeck- und Wirbelkörpergrundflächen durch die dazwischenliegende Bandscheibe.

Articulatio sacroiliaca
: Amphiarthrotische Verbindung zwischen den Facies auriculares des Os ilium und des Os sacrum. Die großen Gelenkflächen sind höckrig gestaltet und untereinander verzahnt. Sie lassen daher Parallelverschiebungen nicht zu.

*Intraarticuläre Injektion:* Einstichstelle im Bereich der cranialen Spitze der Michaelis-Raute und Ausrichtung der Kanüle auf die Spitze des Trochanter major zu.

Wirbelgelenke
: Gelenke zwischen den Processus articulares benachbarter Wirbel (in der Klinikersprache oft als „kleine Wirbelgelenke" bezeichnet).

## Bandscheibe

Aufbau
: Die Bandscheibe besteht aus einer überwiegend kollagenfaserigen Außenzone (Anulus fibrosus) und einem weichen zentralen Gallertkern (Nucleus pulposus).

Beim Kleinkind ist der Anulus fibrosus wasserreicher und elastischer als beim Erwachsenen. Die kollagenen Fasern straffen sich mit zunehmendem Lebensalter. Ihre Überschneidungswinkel verkleinern sich dabei von 50° (Kleinkind) auf 25° (Erwachsener). Dadurch würde die Bandscheibe zwar flacher, eine Dickenzunahme der kollagenen Fasern gleicht dies jedoch wieder aus. Im gelartigen Nucleus pulposus sind Mucopolysaccharid-Protein-Komplexe. Entsprechend dem Wasserbindungsvermögen verhalten sich die mechanischen Eigenschaften der Bandscheibe. Mit zunehmendem Lebensalter sinkt der Wassergehalt im Nucleus pulposus ab, der Stickstoffgehalt steigt an. Der kolloidosmotische Druck des Gallertkerns nimmt also mit zunehmendem Alter ab, was sich in einem Elastizitätsverlust der Bandscheibe äußert.

Meßwerte
: Absolute Höhe der Bandscheibe beim Erwachsenen:

HWS: 3,5 mm
BWS: 5,0 mm
LWS: 9,0 mm

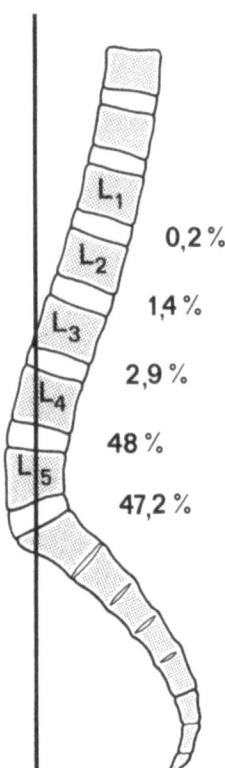

Abb. 7. Prozentuale Häufigkeit von Bandscheibenschäden im Lumbalbereich

Für den Bewegungsumfang im Bewegungssegment ist nicht die absolute Höhe der Bandscheibe entscheidend, sondern ihre relative Höhe zur Wirbelkörperhöhe. Die absolute Höhe der Bandscheibe nimmt von cranial nach caudal zu. Die relative Höhe der Bandscheibe ist im Halsbereich besonders ausgeprägt.

Fixierung
1. Über kollagene Fasern an der Grund- und Deckplatte der benachbarten Wirbelkörper.
2. Über kollagene Fasern des Ligamentum longitudinale posterius, die sich im Anulus fibrosus verankern.

Funktion Die Bandscheibe bestimmt die Größe des Bewegungsumfanges zwischen zwei benachbarten Wirbeln. Bandscheiben fangen Druck-, Zug-, Dehnungs- und Scherungskräfte zwischen benachbarten Wirbeln auf und geben sie dosiert an die Wirbel weiter.

Lageveränderung des Nucleus pulposus
Bei einer Kippbewegung zwischen zwei benachbarten Wirbeln verlagert sich der Nucleus pulposus in der verbindenden Bandscheibe von der druckbelasteten Stelle weg. Deshalb liegt der Nucleus pulposus in *den* Bereichen der Wirbelsäule, die Bewegungen nach allen Seiten gleichmäßig zulassen, im Zentrum der Bandscheibe. Im mittleren Brustwirbelsäulenbereich dagegen hat er sich dorsalwärts, im unteren Lumbalbereich ventralwärts verlagert. Der intradiscale Druck ist im Sitzen am höchsten, geringer im Stehen und am niedrigsten im Liegen. Da die Druckbelastung des Nucleus pulposus im Lumbalbereich am höchsten ist, treten hier – besonders im dorsalen Bereich des Anulus fibrosus – etwa 90% aller Bandscheibenrupturen auf.

Bandscheiben- Es handelt sich meist um einen Riß des Anulus fibrosus, durch den ein Teil des
vorfall Nucleus pulposus vorquillt. Infolge der hohen Druckbelastung der Bandscheiben im Lumbalbereich sind zu etwa 95% die Bandscheiben zwischen $L_4$ und $L_5$, bzw. $L_5$ und $S_1$ betroffen.

Dem prolabierten Anteil des Nucleus pulposus bieten sich 3 Ausbreitungswege:
1. Nach ventral unter das Ligamentum longitudinale anterius. Dies ist selten. Das Band hält zudem den Prolaps auf.
2. Nach dorsal und medial. Hierbei wird das Ligamentum longitudinale posterius in den Wirbelkanal vorgewölbt. Abquetschungen der Cauda equina können vorkommen.
3. Nach dorsolateral. Hierbei wird der prolabierte Anteil des Nucleus pulposus in das Foramen intervertebrale gedrückt und der hier hindurchtretende Segmentnerv mit den begleitenden Segmentgefäßen gequetscht.

Innervation Die Außenzone der Bandscheibe wird über die Rami durales der beiden zugehörigen Segmentnerven innerviert.

## Passiver und aktiver Halteapparat

Wirbelsäulen- 1. Ligamentum longitudinale anterius
bänder 2. Ligamenta intertransversaria
3. Ligamenta interspinalia (alle 3 Bänder haben beim Morbus Bechterew die Tendenz zur Verknöcherung!)
4. Ligamentum longitudinale posterius. (Es verbreitet sich „spindelförmig" im Bereich der Bandscheiben und verankert sich an ihnen)
5. Ligamenta flava (= interarcualia). (Sie enthalten vorwiegend elastische Fasern)
6. Ligamentum supraspinale

Erector trunci Die autochthone Rückenmuskulatur (= Erector trunci, Erector spinae) wird beiderseits segmental aus dem Ramus dorsalis des Segmentnervs innerviert. Sein medialer Zweig versorgt dabei den medialen Trakt, der laterale Zweig den lateralen Trakt.

Entsprechend den Ursprüngen und Ansätzen der vielen kurzen und langen Einzelmuskeln wurde eine systematische Unterteilung des Erector trunci nach den Verlaufsrichtungen der Muskeln festgelegt.

a) Medialer Trakt:  Spinales (= interspinales) System
Transversospinales System

b) Lateraler Trakt:  Sacrospinales System
Spinotransversales System
Intertransversales System

Zwischen dem Erector trunci und den Bauchmuskeln befindet sich unsere Wirbelsäule in einem labilen Gleichgewicht. Auf Grund des insgesamt hohen physiologischen Querschnittes des Erector trunci ist dieser außerordentlich kräftig. (Im Tetanusanfall können Krämpfe des Erector trunci zu Wirbelfrakturen führen.) Da einzelne Muskeln des Erector trunci sehr kurz (z. B. Mm. rotatores, Mm. interspinales, M. multifidus), andere wiederum lang sind (z. B. M. spinalis,

M. semispinalis thoracis, M. longissimus), werden die autochthonen Rückenmuskeln bei größeren Bewegungen in der Wirbelsäule sehr unterschiedlich beansprucht. Diese Gegebenheit und die unterschiedlichen Verlaufsrichtungen benachbarter Muskeln des Erector trunci sind bei besonderer Belastung Ursachen für seine Verletzungsanfälligkeit (Folge: umschriebener schmerzhafter Hartspann im Erector trunci).

## Krümmungen der Wirbelsäule

Physiologische Krümmungen
Halslordose (Entwicklung ab 3. Woche).
Brustkyphose.
Lendenlordose. Ihre Ausbildung läuft synchron mit dem Abkippen des Beckens nach caudal. Sie bildet sich erst richtig aus, wenn das Kleinkind sich aufrichtet, um das Stehen und Gehen zu lernen.
Sacralkyphose.
Bei der Prüfung der Wirbelsäulenkrümmungen sollte man auf folgende Erscheinungsbilder achten: Rundrücken, Flachrücken und hohlrunder Rücken.

Skoliosen
Skoliosen sind in der Frontalebene gelegene Seitwärtskrümmungen der Wirbelsäule. Sie sind beim gesunden Neugeborenen nicht vorhanden. Geringgradige Abweichungen zur Seite hin kommen im Schulkindalter nicht selten vor. Sie beruhen auf dem asymmetrischen Bau unseres Körpers.

Zur Orientierung, ob die Wirbelsäule pathologische Seitwärtsverbiegungen aufweist, die oft geschickt durch Ausgleichsstellungen von Schultern und Becken kaschiert werden, empfiehlt es sich, die Spitzen der Dornfortsätze mit einem schwarzen Fettstift zu markieren. Auch geringe seitliche Verbiegungen der Wirbelsäule werden so durch die Gesamtübersicht erkennbar. Der Fachorthopäde muß dann abklären, ob es sich nur um eine skoliotische Fehlhaltung oder um eine echte Skoliose handelt.

## Beweglichkeit der Wirbelsäule

**Richtgrößen für den Bewegungsumfang der Wirbelsäule am Lebenden**

|  | Extension | Flexion | Lateralflexion | Rotation rechts oder links |
|---|---|---|---|---|
| HWS | 70° | 32° | 23° | 52° |
| BWS | 22° | 45° | 30° | 45° |
| LWS | insgesamt 70° |  | 25° | äußerst gering |

Die Wirbel mit dem größten Bewegungsausschlag sind:
im Bereich der Halswirbelsäule die Wirbel $C_5$ und $C_6$,
im Bereich der Lendenwirbelsäule die Wirbel $L_4$ und $L_5$.

Ein besonders großer Bewegungsumfang ist sehr oft im Bewegungssegment zwischen $L_5$ und $S_1$ zu beobachten, wenn der Lumbal-Kreuzbein-Winkel (123–164°) auffällig groß ist.

Die geringste Bewegungsmöglichkeit im beweglichen Anteil der Wirbelsäule findet sich zwischen $Th_4$ und $Th_5$.

Oft werden für den Bewegungsumfang in der Halswirbelsäule die Bewegungsmöglichkeiten von Kopf und Hals zusammengefaßt. Die Flexionsmöglichkeit erhöht sich dann auf Werte um 50°, die Extension auf etwa 75°.

Die extreme Überstreckungsmöglichkeit des „Rumpfes" bei manchen Artisten – es werden hier Werte bis maximal 260° angegeben – beruht auf der Addition der schon pathologischen maximalen Extension der Wirbelsäule und der maximalen passiven Hüftextension.

## Prädilektionsstellen für Wirbelsäulenverletzungen

a) Fraktur des hinteren Atlasbogens — Grund: dünner hinterer Atlasbogen

b) Abriß des Axiszahnes — Grund: Scherwirkung des vorderen Atlasbogens am Axiszahn

c) Abriß des Processus spinosus von $C_7$ — Grund: exponiert vorstehend; typische Verletzung beim Fosbury-Flop

d) Halswirbelluxationen — Grund: schlaffe Gelenkkapseln

e) Einbruch am Wirbelkörper — Grund: dünne Corticalis des Wirbelkörpers

f) Lumbaler Bandscheibenprolaps — Grund: stärkste Belastung, großer Bewegungsumfang für Flexion und Extension, Übergangszone zwischen beweglichem Anteil der Wirbelsäule und unbeweglichem Os sacrum, keilförmige Bandscheibe mit ventralwärts verlagertem Nucleus pulposus.

g) Gleitwirbel (Spondylolisthesis) — Familär gehäufte Spaltbildung in der Interartikularregion, besonders im Bereich des 4. und 5. Lumbalwirbels. Bei gleichzeitiger degenerativer Erkrankung der benachbarten Bandscheibe resultiert eine Lockerung des Wirbels. Gründe für die gerade hier auftretenden Wirbellockerungen sind: Die besonders hohe Beweglichkeit gerade des 4. und 5. Lumbalwirbels und ihre extreme Belastung.

## Fehlbildungen der Wirbelsäule

1. Atlasassimilation — Der Atlas kann einseitig oder auch beidseitig mit dem Os occipitale verwachsen sein.
2. Occipitalwirbel — Auftreten eines normalerweise ins Os occipitale eingegliederten Occipitalwirbels als selbständiger Wirbel.
3. Blockwirbel — Partiell oder komplett miteinander synostosierte Wirbel auf Grund eines Defektes der Chorda dorsalis (z. B. Sacralisation des 5. Lumbalwirbels, Klippel-Feil-Syndrom an der HWS).
4. Lumbalisation — Partielle oder totale Abgliederung des 1. Sacralwirbels als beweglicher Wirbel gegenüber den untereinander synostosierten restlichen Sacralwirbeln.
5. Wirbelbogenspalten — Spaltbildungen an Wirbelbögen finden sich besonders häufig im Lumbalbereich (Spina bifida, Rhachischisis posterior partialis). Sie beruhen auf Entwicklungsstörungen des Neuralrohres.
6. Wirbelkörperspalten — Wirbelkörperspalten (Rhachischisis anterior) beruhen auf einer partiellen Verdoppelung der Chorda dorsalis.
7. Idiopathische Skoliose — Sie betrifft etwa 90% aller Skoliosen und findet sich besonders häufig beim weiblichen Geschlecht. Als Ursachen werden angegeben:
    a) Segmentierungsfehler der Chorda dorsalis an der Bandscheibenanlage,
    b) Störungen des Knochenwachstums im epiphysennahen Bereich der Wirbelbögen,
    c) Störungen in der Differenzierung des dorsalen Wirbelkörperabschnittes.

# Sinnesorgane

**Inhalt**

Auge . . . . . . . . . . . . . . . . . . . . . . . . . . . . . . 21
    Äußeres Auge . . . . . . . . . . . . . . . . . . . . . . . 21
    Bulbus oculi . . . . . . . . . . . . . . . . . . . . . . . . 22
    Sehbahn und Gesichtsfeldausfälle . . . . . . . . . . . . . 26
    Erscheinungsbild bei Paresen von Nerven der Augenmuskeln . . . . 27
Ohr . . . . . . . . . . . . . . . . . . . . . . . . . . . . . . 29
    Äußeres Ohr . . . . . . . . . . . . . . . . . . . . . . . . 29
    Mittelohr . . . . . . . . . . . . . . . . . . . . . . . . . 30
    Innenohr. . . . . . . . . . . . . . . . . . . . . . . . . . 31

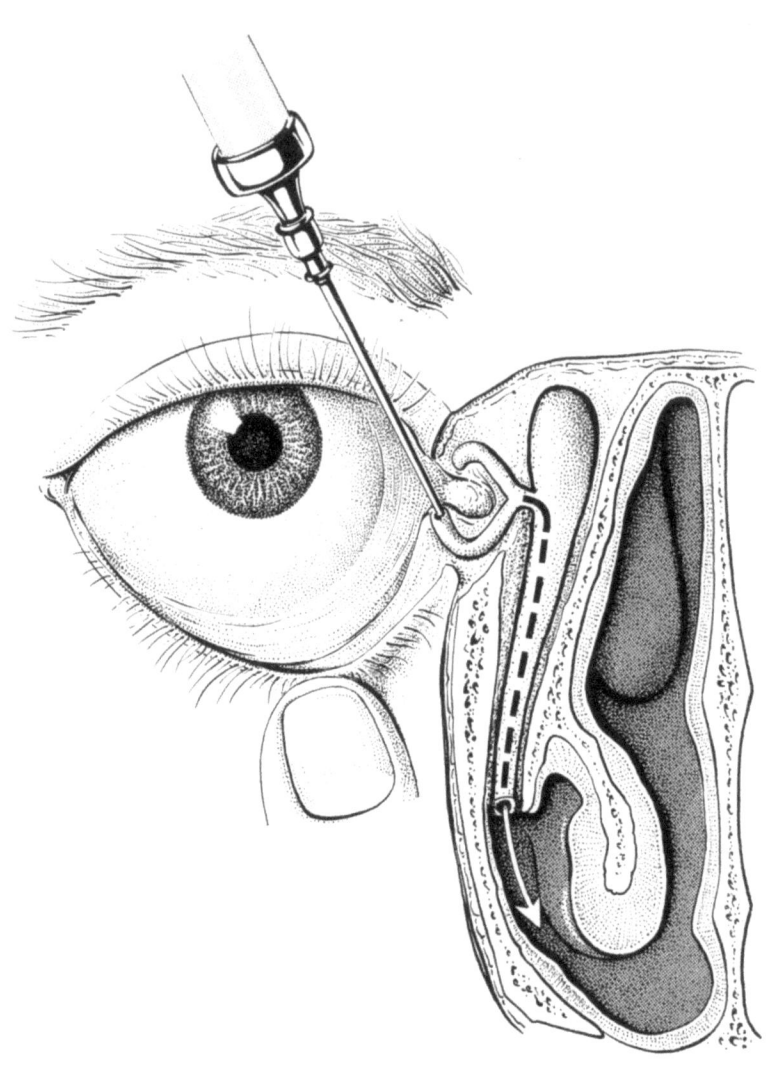

**Abb. 8.** Spülung des Tränennasenganges (aus der deutschen Übersetzung von Abrahams-Webb: Klinische Anatomie diagnostischer und therapeutischer Eingriffe)

# Auge

## Äußeres Auge

Cornea
: Äußerst schmerzempfindliche (N. ophthalmicus), 11 mm im Durchmesser große, 0,8–1,1 mm dicke, klare, gefäßfreie Augenhornhaut. Krümmungsradius etwa 7,5 mm. Oberfläche glatt. An ihrem Rand geht die Cornea in die Sklera und in die Conjunctiva über.

Cornealreflex
: Seitliche Berührung der Cornea, z. B. mit Baumwollfaden, führt zum reflektorischen beidseitigen Lidschluß. Afferente Bahn über N. ophthalmicus, efferente Bahn über N. facialis.

Conjunctiva
: Nur an der Randzone der Hornhaut fixierte, sonst dem Bulbus oculi locker aufliegende Bindehaut, die von vielen Gefäßen durchzogen wird und viele Schleimdrüsen beinhaltet (Durchblutungszustand der Conjunctiva als Diagnostikum bei Anämie).

Conjunctivalsäcke
: Umschlagstellen der Conjunctiva bulbi auf die Augenlider (oberer und unterer Conjunctivalsack als bevorzugte Fremdkörperherbergen).

Conjunctivalreflex
: Berührung der Conjunctiva, z. B. mit Baumwollfaden, führt zum reflektorischen beidseitigen Lidschluß.

Tränenweg
: Die Tränendrüse liegt am lateralen oberen Orbitarand. Die feinen Ausführungsgänge münden in den oberen Conjunctivalsack. Die Tränenflüssigkeit verteilt sich über die Cornea und fließt zum Tränensee. Am medialen Lidwinkel wird die Tränenflüssigkeit über die Papillae lacrimales in die Tränenröhrchen drainiert, von dort fließt sie in den Tränensack und mündet etwa 2 cm dorsal der äußeren Nasenöffnung über den Tränennasengang in den unteren Nasengang.

  Spülung des Tränennasengangs mittels feiner Knopfkanüle oder feinstem Plastikschlauch mit warmer physiologischer Kochsalzlösung von der Papilla lacrimalis inferior aus.

Tränenreflex
: Wird die vom N. ophthalmicus innervierte Schleimhaut gereizt, so erhöht sich die Sekretion der Tränenflüssigkeit. Afferente Bahn über N. ophthalmicus, efferente Bahn über N. intermedius im N. facialis, N. petrosus (superficialis) major, Ganglion pterygopalatinum, N. zygomaticus zum N. lacrimalis und von dort zur Tränendrüse.

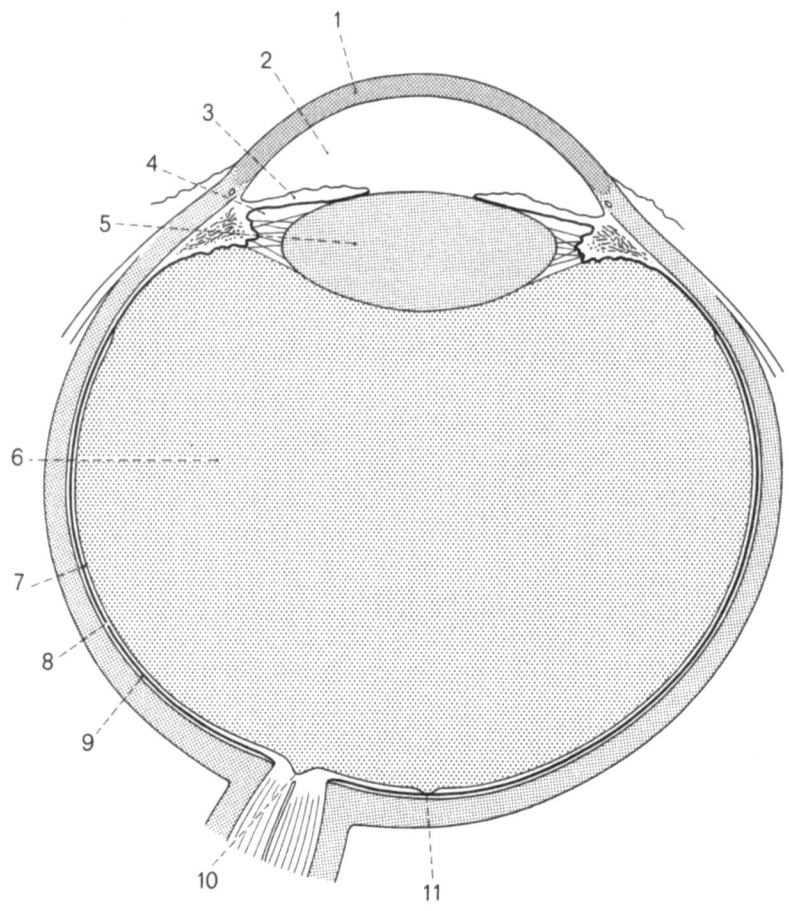

**Abb. 9.** Längsschnitt durch den Bulbus oculi. *1* = Cornea, *2* = Vordere Augenkammer, *3* = Iris, *4* = Hintere Augenkammer, *5* = Linse, *6* = Glaskörper, *7* = Retina, *8* = Chorioidea, *9* = Sclera, *10* = Nervus opticus mit Papilla n. optici, *11* = Fovea centralis

## Bulbus oculi

Der beim Erwachsenen etwa 24 mm lange Bulbus oculi besteht aus:

Hornhaut (Cornea)
Vorderer Augenkammer
Iris und Pupille
Hinterer Augenkammer
Linse
Glaskörper
Netzhaut (Retina)
Aderhaut (Chorioidea)
Lederhaut (Sklera)

**Bewegungsmöglichkeiten des Bulbus oculi**

| Bewegung | Muskel | Innervation Hirnnerv |
|---|---|---|
| Heben | M. rectus superior | III |
| | M. obliquus inferior | III |
| Senken | M. rectus inferior | III |
| | M. obliquus superior | IV |
| Adduktion | M. rectus medialis | III |
| | M. rectus superior | III |
| | M. rectus inferior | III |
| Abduktion | M. rectus lateralis | VI |
| | M. obliquus inferior | III |
| | M. obliquus superior | IV |
| Einwärtsrollen | M. obliquus superior | IV |
| | M. rectus superior | III |
| Auswärtsrollen | M. rectus inferior | III |
| | M. obliquus inferior | III |

**Brechungszustand des Auges**

Der Brechungszustand (Refraktion) des Auges ist die Relation zwischen der Brechkraft des Auges (Hornhaut, vorderer Augenkammer, Linse und Glaskörper) und der Länge des Bulbus oculi.

Brechkraft  Die Brechkraft des Auges wird in Dioptrien angegeben:

$$1 \text{ Dioptrie} = \frac{1}{\text{Brennweite in m}}$$

Brechkraft des gesamten Auges etwa   58 Dioptrien
Brechkraft der Hornhaut etwa   40 Dioptrien
Brechkraft der Linse etwa   16 Dioptrien

Nach der unterschiedlichen Brechkraft des Auges unterscheidet man:

Emmetropie  Normalsichtigkeit: Parallel einfallende Strahlenbündel treffen sich auf der Netzhaut.

Hyperopie  Weitsichtigkeit: Parallel einfallende Strahlenbündel treffen sich erst hinter der Netzhaut. Nur Nahes verschwommen. Korrektur: Sammellinse (+).

Myopie  Kurzsichtigkeit: Parallel einfallende Strahlenbündel treffen sich bereits vor der Netzhaut. Nur Fernes verschwommen. Korrektur: Zerstreuungslinse (–).

**Akkomodation**

Akkomodation  Brechkrafterhöhung des Auges beim Nahesehen.

Akkomodationsbreite  Spielraum der Brechkraftveränderung der Linse (um maximal 14 Dioptrien zwischen Fern- und Nahesehen beim Jugendlichen, im Alter gleich Null).

Akkomodationsvorgang  Kontraktion des M. ciliaris führt zur Entlastung der Linsenaufhängung. Die elastische Linse krümmt sich daraufhin stärker und erhöht dadurch ihre Brechkraft.

**Augeninnendruck**

Die physiologische Kammerwasserzirkulation bedingt einen Augeninnendruck von etwa 15–18 mm Hg (Norm 10–22 mm Hg). Findet sich ein erhöhter Widerstand für den Abfluß des Kammerwassers – etwa im Bereich des Bindegewebsnetzes im Kammerwinkel oder im Schlemm-Kanal –, so steigert sich der Augeninnendruck, es entwickelt sich ein Glaukom (=grüner Star). Durch ein den M. sphincter pupillae tonisierendes und dadurch die Iris streckendes Miotikum (z. B. Pilocarpin-Augentropfen 0,1%) wird der Abfluß in den Schlemm-Kanal weitgezogen und der Kammerwasserabfluß erleichtert.

**Augenuntersuchung**

*Pupille und Pupillenspiel*

Anisokorie : Unterschiedlich weite Pupillen.

Miosis : Pupillenverengung. Der parasympathisch innervierte M. sphincter pupillae streckt die Iris und verengt dadurch die Pupille. Die parasympathischen Fasern verlaufen im N. oculomotorius. Deshalb findet sich eine weite und reaktionslose Pupille bei der Oculomotoriusparese.

Mydriasis : Pupillenerweiterung. Der sympathisch innervierte M. dilatator pupillae läßt die Iris erschlaffen und erweitert dadurch die Pupille. Die sympathische Innervation für den M. dilatator pupillae ist dem Segment $Th_1$ und $Th_2$ zugeordnet und erhält ihre Fasern aus dem Ganglion cervicale superius.

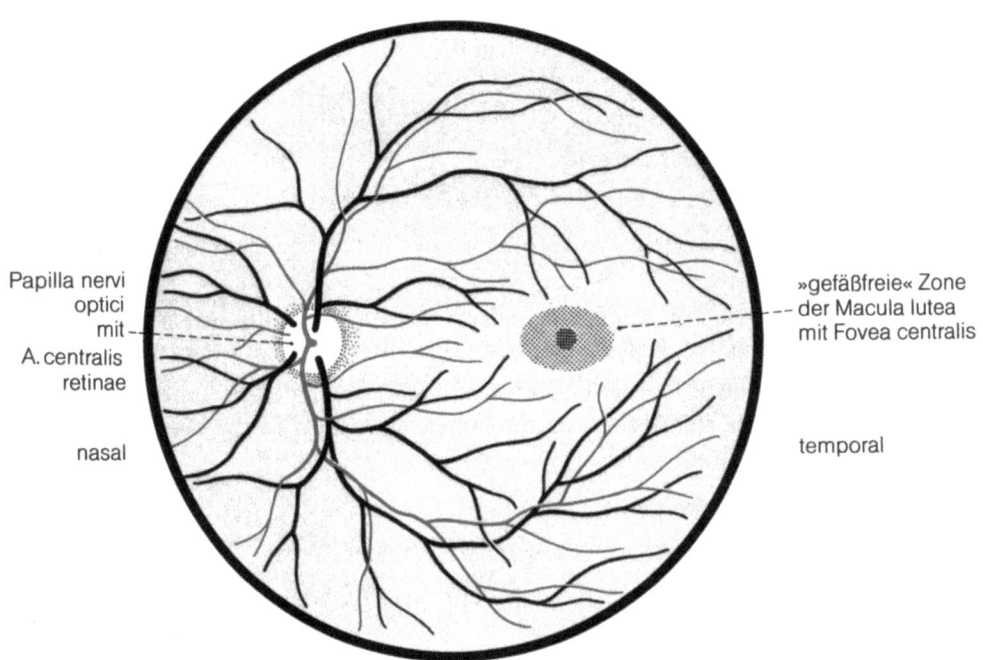

**Abb. 10.** Augenhintergrund

| | |
|---|---|
| Pupillenreaktion | Die Pupillen verengen sich unter Lichteinfall und bei Konvergenz (= Naheinstellung beider Augen). |
| Argyll-Robertson-Phänomen | Pupille reagiert nur auf Konvergenz lebhaft, aber nicht auf Lichteinfall (= reflektorische Pupillenstarre auf Lichteinfall). |

*Augenhintergrund*

Träufelt man einen Tropfen eines Mydriaticums in den unteren Conjunctivalsack, so läßt sich nach 15 min der Augenhintergrund mit dem Ophthalmoskop betrachten. Beim Glaukompatienten ist besondere Vorsicht geboten.

| | |
|---|---|
| Gefäßbild | Die A. centralis retinae tritt in der Papilla nervi optici aus und breitet sich charakteristisch über die Quadranten des Augenhintergrundes aus. Ein cranialer und ein caudaler Ast teilen sich jeweils in einen nasalen und in einen temporalen Zweig. Der temporale Zweig gibt Ästchen zur Umgebung der Macula lutea ab, die gefäßfrei erscheint. Arterien erscheinen blasser und dünner als Venen, die ebenfalls pulsieren können. Vom Normalbild abweichende Form, Schlängelung und Farbe der Gefäße lassen Rückschlüsse auf viele innere Erkrankungen zu (z. B. Diabetes, Blutdruckveränderungen). |
| Papilla nervi optici (= Discus nervi optici) | Kreisrund erscheinende, weißliche Sammelstelle aller die Netzhaut verlassender Sehnervenfasern (= blinder Fleck). Die leicht konkave Papille liegt etwas nasal der Bulbusmittelachse. Erhöhter Augeninnendruck bewirkt eine Vertiefung der physiologischen Papillenexcavation, erhöhter Liquordruck bewirkt ein „Papillenödem". |
| Macula lutea | Etwa 4 mm temporalwärts von der Papilla nervi optici gelegener, gelblicher Fleck. Er erscheint gefäßfrei. In seiner Mitte liegt die *Fovea centralis,* ein nur aus Zapfenzellen bestehender Retinabereich, die Stelle schärfsten Sehens (= bestes Auflösungsvermögen). |
| Farbsinnstörungen | Farbsinnstörungen sind recessiv geschlechtsgebunden vererbte Krankheiten. Sie betreffen 8% der Männer und 0,36% der Frauen. Am häufigsten kommt eine Rot-Grün-Blindheit vor. Sie zeigt sich entweder als „*Rotblindheit*" (Protanopie) oder als „*Grünblindheit*" (Deuteranopie). |

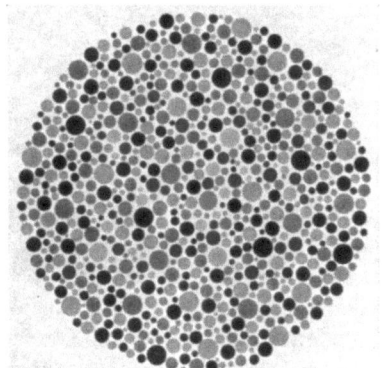

**Abb. 11.** Pseudoisochromatische Farbtafel zur Erkennung der Rot-Grün-Blindheit. Der normal Farbtüchtige liest „26", der Protanope „6" und der Deuteranope „2". (Abb. aus den pseudoisochromatischen Farbtafeln von Ishihara)

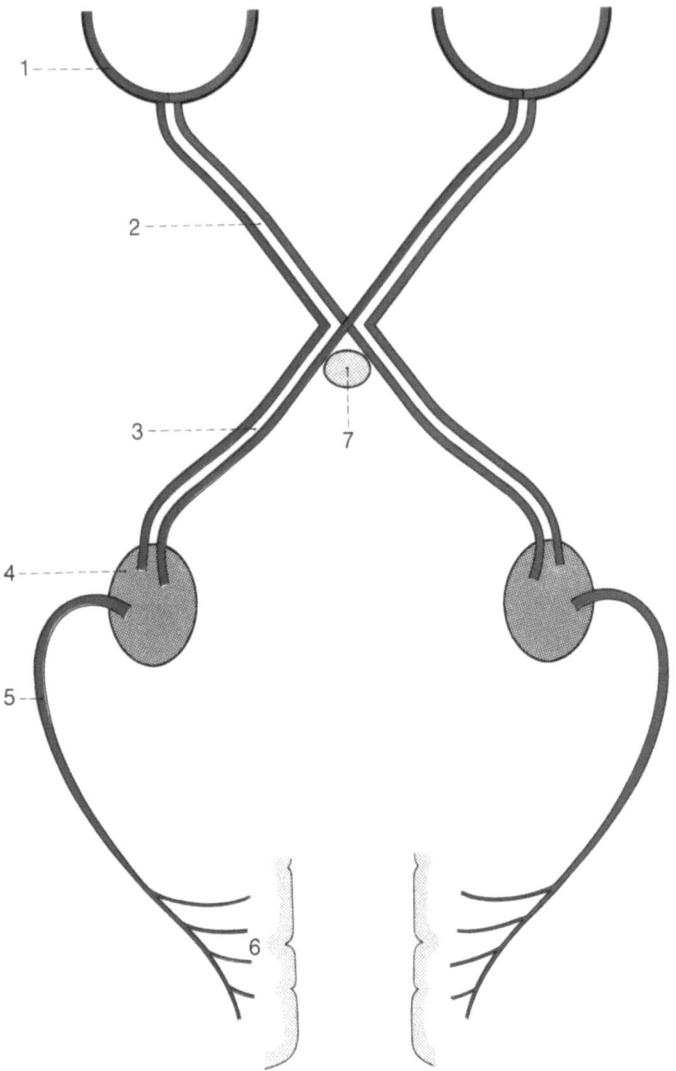

**Abb. 12.** Sehbahn. *1* = Retina, *2* = Nervus opticus, *3* = Tractus opticus, *4* = Corpus geniculatum laterale, *5* = Gratiolet-Sehstrahlung, *6* = Area striata, *7* = Hypophyse

## Sehbahn und Gesichtsfeldausfälle

In einer konvergierenden Erregungsleitung werden die 3 Neuronenschichten der Netzhaut untereinander verknüpft. Der aus etwa 1 Million Neuriten des 3. Neurons aufgebaute Nervus opticus zieht zum Chiasma nervi optici. Hier kreuzen die medial gelegenen Fasern zur Gegenseite, die lateralen bleiben auf der gleichen Seite. Das 4. Neuron beginnt im Corpus geniculatum laterale. Die Neuriten des 4. Neurons verlaufen durch den dorsalen Bereich der Capsula interna und als Gratiolet-Sehstrahlen zur Sehrinde im Cuneusgebiet des Occipitallappens. Vom Corpus geniculatum laterale bestehen Verbindungen zum Mesencephalon (Colliculus superior, Tegmentum) und zur prätectalen Gegend. Über diese Gegend und über den Westphal-Edinger-Kern verläuft der Pupillarreflex. Seine efferenten Faseranteile ziehen im N. oculomotorius zum Ganglion ciliare. Von dort erreichen sie den M. sphincter pupillae und den M. ciliaris.

**Gesichtsfeldausfälle**

1. *Homolaterale Amaurose:* Totaler Ausfall des Sehvermögens eines Auges durch Störung im Fasciculus opticus.

2. *Heteronyme bitemporale Hemianopsie* (beidseitig lateraler Gesichtsfeldausfall): Krankheit am Innenrand des Chiasmabereichs (Hypophysentumor, supraselläre Meningeome, Kraniopharyngeom etc.).

3. *Heteronyme binasale Hemianopsie* (beidseitig nasaler Gesichtsfeldausfall): Prozeß am Außenrand des Chiasmabereichs (z. B. an A. carotis interna oder Sinus cavernosus).

4. *Homonyme Hemianopsie* (stets kontralateral; rechter oder linker halber Gesichtsfeldausfall): Störung im Tractus opticus, im Corpus geniculatum laterale oder im mittleren Bereich der Sehstrahlung.

5. *Homonyme Quadrantenanopsie* (kontralateral; oberer oder unterer Quadrant des rechten oder linken Gesichtsfeldes ausgefallen):
Oberer Quadrant: Sehstörung im vorderen unteren Teil der Sehstrahlung.
Unterer Quadrant: Störung im inneren oberen Teil der Sehstrahlung.

6. Weitere kontralaterale homonyme Hemianopsien mit speziellen sichelförmigen Gesichtsfeldausfällen: Prozesse im Bereich der Sehrinde gelegen.

## Erscheinungsbild bei Paresen von Nerven der Augenmuskeln

**Allgemeine Symptomatik**

   a) Doppeltsehen
   b) Schwindelgefühl
   c) Kompensatorische Kopfzwangshaltung

**Spezielle Symptomatik**

| | |
|---|---|
| Oculomotoriusparese | Ptosis (M. levator palpebrae ausgefallen). Abduktionsstellung des betroffenen Auges. Alle Bewegungen des Bulbus oculi – mit Ausnahme der Abduktion – aufgehoben oder stark eingeschränkt. Mydriasis, die sich auf Lichteinfall nicht ändert. |
| Trochlearisparese | Betroffenes Auge leicht adduziert, auswärtsgerollt und gehoben. Kompensatorische Kopfzwangshaltung: Neigung und Drehung des Kopfes zur gesunden Seite hin. |
| Abduzensparese | Bei peripherer Parese (Carotissinussyndrom) blickt das betroffene Auge nach medial, Lateralbewegungen kann das Auge nicht durchführen (kompensatorische Kopfzwangshaltung zur erkrankten Seite hin). |

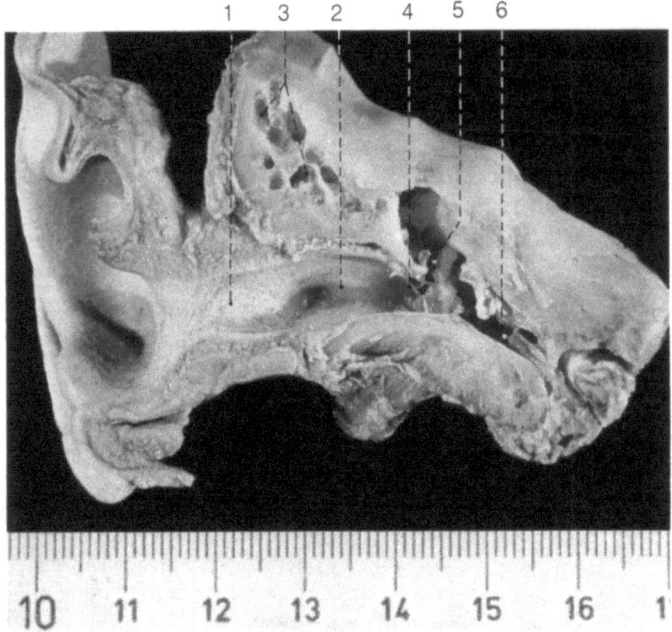

**Abb. 13.** Längsschnitt durch den äußeren Gehörgang und das Mittelohr. *1* = Meatus acusticus externus (Pars cartilaginea), *2* = Meatus acusticus externus (Pars ossea), *3* = Cellulae mastoideae, *4* = Trommelfell, *5* = Mittelohr mit Gehörknöchelchen, *6* = Tuba auditiva

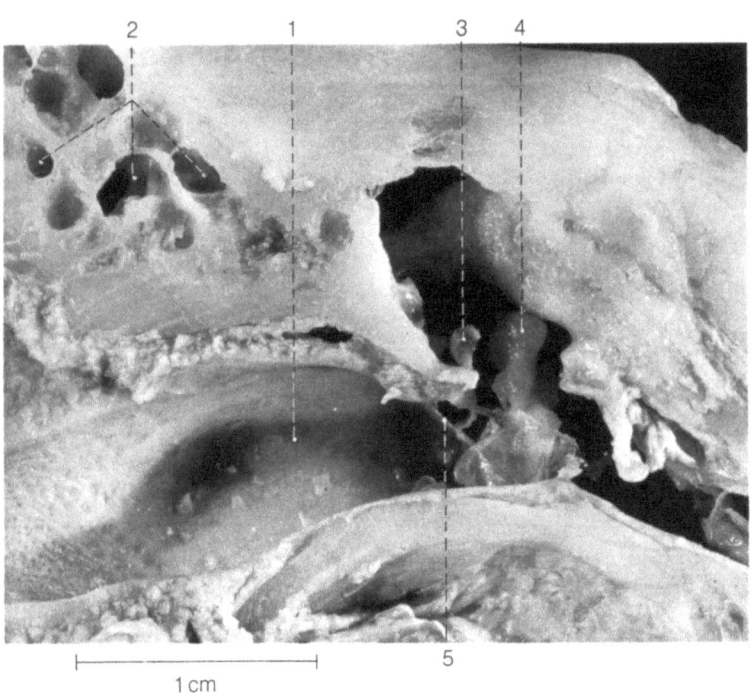

**Abb. 14.** Längsschnitt durch den trommelfellnahen Bereich des äußeren Gehörgangs und des Mittelohrs. *1* = Pars cartilaginea des Meatus acusticus externus, *2* = Cellulae mastoideae, *3* = Hammer (Malleus), *4* = Amboß (Incus), *5* = Trommelfell (Membrana tympani)

# Ohr

## Äußeres Ohr

### Äußerer Gehörgang

Der äußere Gehörgang hat beim Erwachsenen eine Länge von etwa 3 cm (2,5–3,5 cm) und ist beim Neugeborenen sehr kurz (knorpeliger und knöcherner Anteil entwickeln sich erst ab dem 4. Lebensjahr). Die Haut des knöchernen Anteils vom äußeren Gehörgang ist mit dem Periost fest verwachsen. Der knöcherne Anteil des äußeren Gehörganges ist leicht schräg ventrocaudalwärts gerichtet. Durch Zug des Ohres nach dorsocranial können der knöcherne Teil des äußeren Gehörganges und das Trommelfell eingesehen werden.

### Innervation des äußeren Gehörganges

| | |
|---|---|
| Dach und Vorderwand | N. meatus acustici externi aus N. auriculotemporalis. |
| Boden und Hinterwand | R. auricularis des N. vagus. |

### Spülung des äußeren Gehörganges

Vor jeder Spülung das Trommelfell auf eventuelle Löcher hin inspizieren. Körperwarmes Wasser sanft gegen das Dach des äußeren Gehörganges einspülen. Das Wasser fließt dann ohne Wirbelbildungen kontinuierlich am Trommelfell entlang abwärts und am Boden des äußeren Gehörganges wieder nach außen.

### Trommelfell

Das Trommelfell ist perlgrau, glänzend und durchscheinend. Es hat Trichterform und wird in eine Pars tensa und eine Pars flaccida (= Shrapnell-Membran) eingeteilt. Die zentrale Einziehung wird durch den Hammergriff verursacht.

| | |
|---|---|
| Neugeborenes | Fast rund, annähernd horizontal orientiert. |
| Erwachsener | In etwa elliptische Form:<br>Längsdurchmesser etwa 9 mm<br>Querdurchmesser etwa 8,5 mm<br>Das Trommelfell bildet mit dem Boden des äußeren Gehörganges einen spitzen Winkel von etwa 30°, mit dem Gehörgangsdach einen stumpfen Winkel von etwa 140°. |

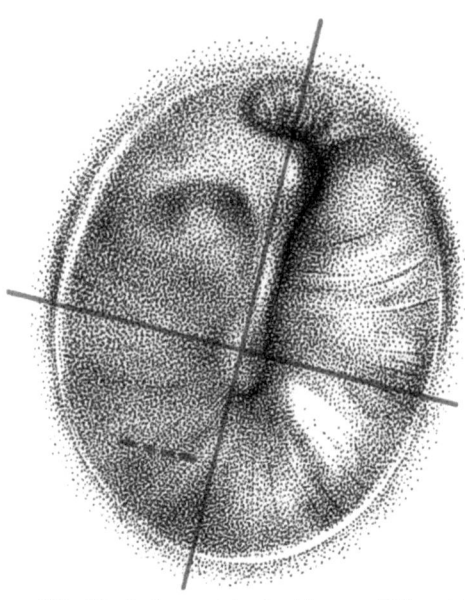

Abb. 15. Außenansicht des Trommelfells mit Einteilung in „Quadranten". Die gestrichelte Linie gibt die günstigste Paracentesestelle an

**Innervation des Trommelfells**

Sensibel  Außenfläche über Rr. membranae tympani des N. auriculotemporalis ($V_3$).
Innenfläche über N. glossopharyngeus, N. facialis, Plexus caroticus internus.
Motorisch  M. tensor tympani über N. mandibularis ($V_3$).

# Mittelohr

Als Mittelohr wird die Paukenhöhle mitsamt den Gehörknöchelchen bezeichnet. Aus ihr buchtet sich über den Recessus epitympanicus ein Zugang zu den mit Schleimhaut ausgekleideten Cellulae mastoideae. Die Tuba auditiva stellt die Verbindung zum Epipharynx her.

## Paukenhöhle

Die Paukenhöhle ist beim Erwachsenen etwa 0,7–1,5 cm hoch und 0,2–0,55 cm breit. In ihr finden sich Hammer, Amboß und Steigbügel. Zwischen Hammergriff und Amboß verläuft die Chorda tympani (daher Geschmacksstörungen bei Mittelohrentzündungen). Über die etwa 4 cm lange Tuba auditiva (Eustacchio-Röhre) besteht eine Verbindung zum Epipharynx, über die der Luftdruck in der Paukenhöhle reguliert werden und Flüssigkeit aus der Paukenhöhle abfließen kann. Da bei Schnupfen die in der Nähe der Choane gelegene Mündung durch die Vergrößerung der Tonsilla tubalis zuschwillt, ist die Hörfähigkeit bei Erkältungskrankheiten nicht selten herabgesetzt.

### Nachbarschaftsbeziehungen der Paukenhöhle

| | |
|---|---|
| Vorderwand | Oben: Öffnung zur Tuba auditiva.<br>Unten: Nähe zum Canalis caroticus. |
| Boden | Bulbus superior der V. iugularis interna (Gefahr der Thrombophlebitis bei Otitis media). |
| Hinterwand unten | N. facialis im Canalis nervi facialis. |
| Cellulae mastoideae | Der Processus mastoideus ist bei etwa 37% der Erwachsenen pneumatisiert, bei 20% aus Diploe aufgebaut und bei den restlichen 43% nur teilweise pneumatisiert.<br><br>Die pneumatisierten Räume im Processus mastoideus stehen mit dem Mittelohr über den Recessus epitympanicus in Verbindung. Bei einer Mittelohrvereiterung breitet sich deshalb die Entzündung auch gern in die Hohlräume des Warzenfortsatzes aus. Von hier besteht die Gefahr eines Übergreifens der Entzündung auf den oft nur durch eine dünne Knochenschicht abgetrennten Sinus sigmoideus. |

## Innenohr

### Aufbau

Das Innenohr besteht aus dem häutigen Labyrinth (= Gebilde des endolymphatischen und perilymphatischen Raumes) und aus dem umgebenden knöchernen Labyrinth.

| | |
|---|---|
| Gleichgewichtsorgan | 3 Bogengänge mit ihren ampullenartigen Erweiterungen in den 3 Ebenen des Raumes, Sacculus und Utriculus |
| Hörorgan | Häutige Schneckenspirale mit 2½ Windungen über Ductus reuniens mit dem Sacculus verbunden. Die Sinneszellen bilden zusammen mit Stützzellen das Corti-Organ, das die über die Perilymphe ankommenden Schallwellen registriert. |

### N. vestibulocochlearis

| | |
|---|---|
| N. vestibularis | Die Empfindungen aus den Bogengängen, dem Sacculus und dem Utriculus, werden zum Ganglion vestibulare (1. Perikaryon) geführt. Die zentralen Fortsätze des Ganglion vestibulare (= N. vestibularis) verlaufen durch den Porus acusticus internus und erreichen am Kleinhirnbrückenwinkel das Rautenhirn. Sie enden an den Nuclei vestibulares (2. Perikaryon) in der Rautengrube:<br><br>Nucleus vestibularis superior (Bechterew-Kern)<br>Nucleus vestibularis medialis (Schwalbe-Kern)<br>Nucleus vestibularis lateralis (Deiter-Kern)<br>Nucleus vestibularis inferior (Roller-Kern)<br><br>Von den Vestibulariskernen werden Verbindungen zum Kleinhirn, zum Nucleus ruber und zum Rückenmark hergestellt. Es besteht eine enge Nachbarschaftsbeziehung zu den Kerngebieten der Augenmuskelnerven (Nystagmus!). |
| N. cochlearis | Die Empfindungen aus den Hörzellen des Corti-Organs werden zum Ganglion spirale (1. Perikaryon) in der Schneckenachse geleitet. Dessen zentrale Fortsätze |

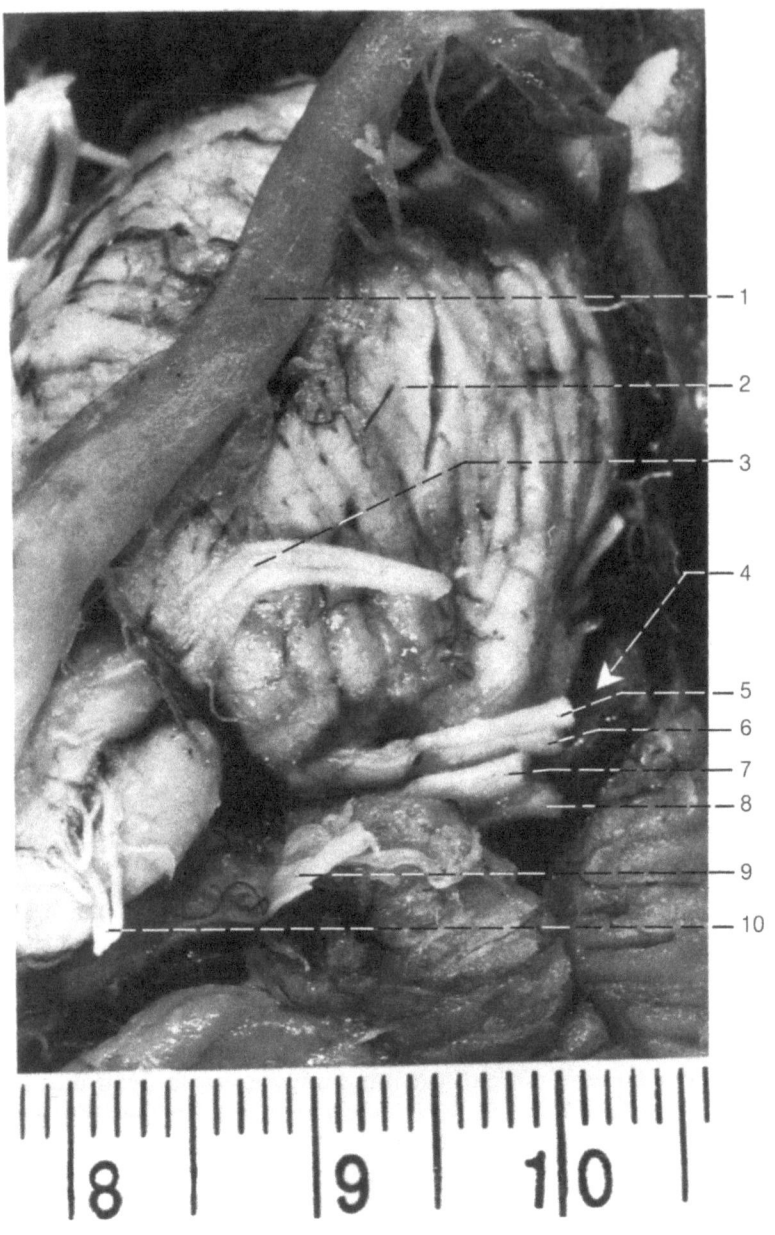

**Abb. 16.** Ansicht von caudal auf die Brücke und den linken Kleinhirnbrückenwinkel. *1*=A. basilaris, *2*=Pons, *3*=N. abducens, *4*=Kleinhirnbrückenwinkel, *5*=N. facialis, *6*=N. vestibulocochlearis, *7*=N. glossopharyngeus, *8*=N. vagus, *9*=N. accessorius, *10*=N. hypoglossus

verlaufen als N. cochlearis im Porus acusticus internus. Sie erreichen das Rautenhirn mitsamt dem N. vestibularis am Kleinhirnbrückenwinkel und enden in den nahe dem Pedunculus cerebellaris inferior gelegenen Nuclei cochleares ventralis und dorsalis (2. Perikaryon). Die Hauptmasse der Fasern des 2. Neurons zieht zum kontralateralen Colliculus inferior des Mesencephalons hinauf (3. Perikaryon). Vereinzelte Fasern bleiben ungekreuzt, ein anderer Teil wird über den Nucleus lemnisci lateralis oder in Ganglienzellen des Corpus trapezoideum noch zwischengeschaltet. Vom Colliculus inferior ziehen die Neuriten des 3. (4.) Neurons zum Corpus geniculatum mediale [4. (5.) Perikaryon]. Vom Colliculus inferior verlaufen zum Colliculus superior und zum Kleinhirn optisch-akustische Reflexbahnen. Vom Corpus geniculatum mediale zieht die Hörstrahlung unter der Capsula interna und dem Putamen hindurch zur Heschl-Querwindung und zum Wernicke-Hörzentrum in die Rinde des Temporallappens.

### Hörvorgang

Schallwellen erreichen das Trommelfell und setzen es in Schwingung. Die Schwingungen werden vom Hammer aufgenommen und über den Amboß zum Steigbügel übertragen, der sie an dem vestibulären Fenster auf die Perilymphe in der Scala vestibuli weitergibt. Die Verschiebungen der Perilymphe bewegen die Reissner-Membran, die Basilarmembran und die Endolymphe, wodurch die „Haare" der auf Schallwellen reagierenden Sinneszellen erregt werden.

### Untersuchungen des Innenohres

| | |
|---|---|
| Prüfung des N. cochlearis | Über Audiometrie: Prüfung der Hörfähigkeit bestimmter Prüftöne unterschiedlicher Tonhöhe und Stärke. |
| Hyperakusis | Übermäßige Feinhörigkeit bei erhöhter Erregbarkeit des N. cochlearis, bei Reizzuständen der akustischen Zentren der Hirnrinde, bei Ausfall des M. stapedius (N. VII), der die Beweglichkeit des Steigbügels in der Fenestra vestibuli abbremst, und bei Ausfall des M. tensor tympani (N. V). |
| Hörgrenzen | Der Hörbereich liegt etwa zwischen 16 und 21 000 Hz. Im Alter sinkt er auf Werte unter 10 000 Hz ab. Die Tonempfindlichkeit ist zwischen 2000 und 4000 Hz am größten. Etwa bei 1400 Hz wird die Eigenschwingung des Trommelfells erreicht. |
| Weber-Versuch | Stimmgabel C (128 Hz) auf Scheitelmitte aufsetzen. Gesunder hört keine Seitendifferenz, bei Mittelohrerkrankung wird der Ton auf die kranke Seite verlagert, bei Innenohrstörung wird der Ton vom kranken Ohr entweder nicht oder nur verkürzt wahrgenommen. |
| Prüfung des N. vestibularis | Romberg-Stehversuch. Bei zentraler Gleichgewichtsstörung fällt oder schwankt ein Patient zur Seite oder nach hinten, wenn man ihn auffordert, bei Fußschluß die Augen zu schließen und ruhig stehen zu bleiben (= Romberg +). |
| Richtungsbestimmter Nystagmus | Bei Schäden im vestibulären Anteil des Labyrinths oder im N. vestibularis zeigt sich bei verschiedenen Blickeinstellungen ein konstanter Nystagmus in eine Richtung. |

*Ausfall des N. vestibularis:* Nystagmus zur gesunden Seite hin.
*Reizung des N. vestibularis:* Nystagmus zur kranken Seite hin.

**Kleinhirnbrük-** Im Kleinhirnbrückenwinkel liegen die Nn. facialis, vestibulocochlearis, glosso-
**kenwinkeltumor** pharyngeus und vagus relativ eng benachbart. Nur einen knappen Zentimeter
**und Innenohr-** medial von ihnen befindet sich der N. abducens. Tumoren im Bereich des N. ve-
**symptomatik** stibulocochlearis gehen oft zunächst mit Ohrensausen, dann mit einer Hörver-
schlechterung einher. Ihnen folgt als nächstes häufig eine Parese des Hirnnervs
VII, noch später treten Ausfallserscheinungen der Nn. VI, IX, X und XI auf.

# Respirationssystem

**Inhalt**

Nase und Nasennebenhöhlen . . . . . . . . . . . . . . . . . . . . . . . 37
    Nase . . . . . . . . . . . . . . . . . . . . . . . . . . . . . . . . 37
    Nasentamponaden . . . . . . . . . . . . . . . . . . . . . . . . 38
    Nasennebenhöhlen . . . . . . . . . . . . . . . . . . . . . . . . 39
    Inspektion der Nasenhöhle . . . . . . . . . . . . . . . . . . . 41
Larynx . . . . . . . . . . . . . . . . . . . . . . . . . . . . . . . . . . 42
    Anatomie . . . . . . . . . . . . . . . . . . . . . . . . . . . . . 42
    Untersuchung . . . . . . . . . . . . . . . . . . . . . . . . . . . 45
    Notfalleingriffe . . . . . . . . . . . . . . . . . . . . . . . . . . 46
Thoraxwand und Pleurahöhlen . . . . . . . . . . . . . . . . . . . . 48
    Thoraxwand . . . . . . . . . . . . . . . . . . . . . . . . . . . . 48
    Trachea und Bronchialbaum . . . . . . . . . . . . . . . . . . 51
    Pleura . . . . . . . . . . . . . . . . . . . . . . . . . . . . . . . 52
    Lungen . . . . . . . . . . . . . . . . . . . . . . . . . . . . . . 54
    Perkussion und Auskultation . . . . . . . . . . . . . . . . . . 56
    Notfalleingriffe . . . . . . . . . . . . . . . . . . . . . . . . . . 58

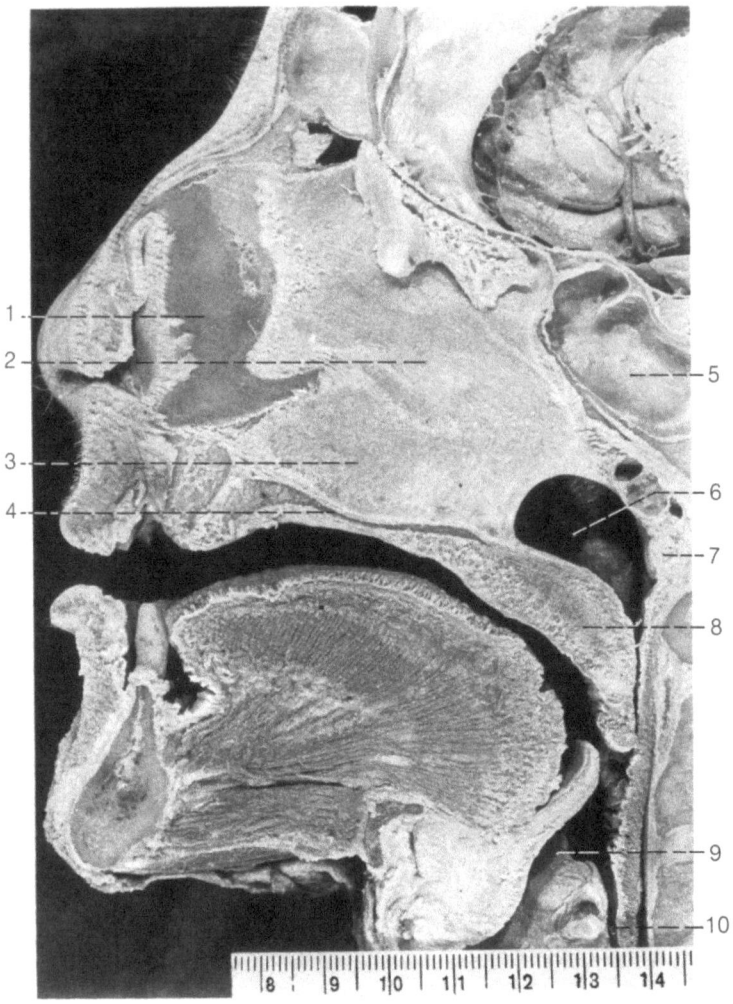

**Abb. 17.** Medianschnitt durch den Gesichtsschädel mit Blick auf das Nasenseptum. *1* = Cartilago septi nasi, *2* = Lamina perpendicularis des Os ethmoidale, *3* = Vomer, *4* = Processus palatinus der Maxilla, *5* = Sinus sphenoidalis, *6* = Choane, *7* = Tonsilla pharyngea, *8* = Palatum molle, *9* = Aditus laryngis, *10* = Oesophagus

**Abb. 18.** Medianschnitt durch den Gesichtsschädel, das Nasenseptum wurde entfernt. Blick auf die Nasenmuscheln und die Nasengänge. Markierung der Tonsillen des Waldeyer-Rachenringes. *1* = Meatus nasi superior, *2* = Meatus nasi medius, *3* = Meatus nasi inferior, *4* = Tonsilla pharyngea, *5* = Tonsilla tubaria, *6* = Tonsilla palatina, *7* = Tonsilla lingualis

# Nase und Nasennebenhöhlen

### Nase

Nasenseptum
a) Knöchern: 1. Lamina perpendicularis des Siebbeines
2. Vomer
b) Hyalin-knorpelig: Cartilago septi nasi

Nasenseptumdeviation
Asymmetrische Lage des Nasenseptum. Ursachen hierfür sind u. a. seitenungleiches Wachstum bei der Nasenentwicklung, Trauma (z. B. Boxernase) oder auch Kieferregulationen, bei denen Nasenseptumdeviationen als unerwünschte Begleiterscheinungen auftreten können.

Nasenschleimhaut
Mehrreihiges Flimmerepithel mit Becherzellen und seromukösen Drüsen. Durch eingelagerte Venenpolster im Bereich der mittleren und unteren Nasenmuschel

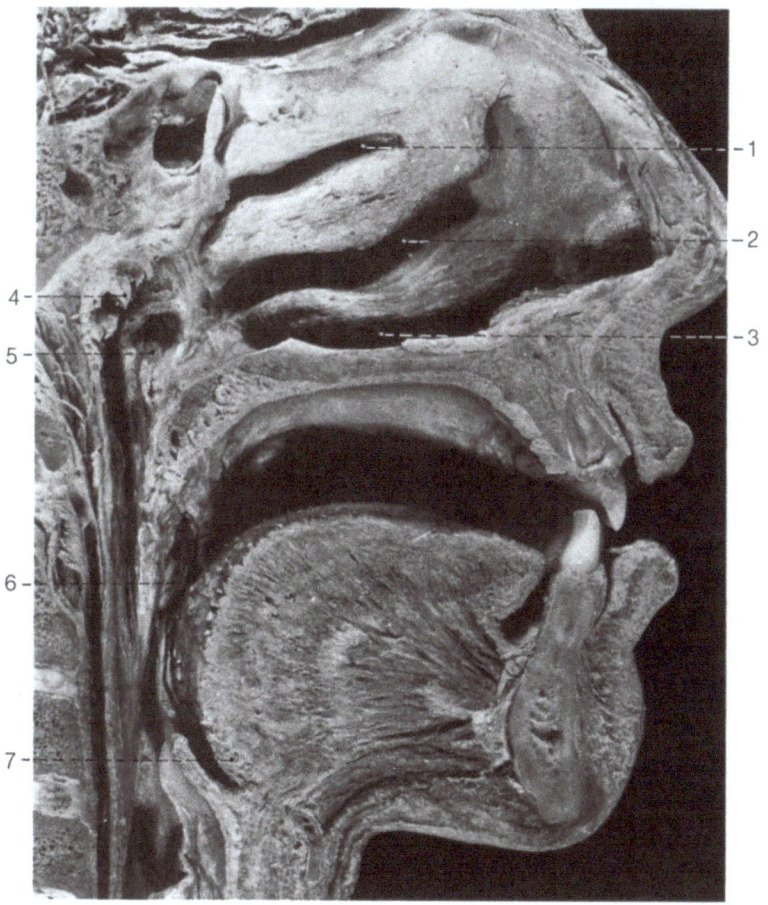

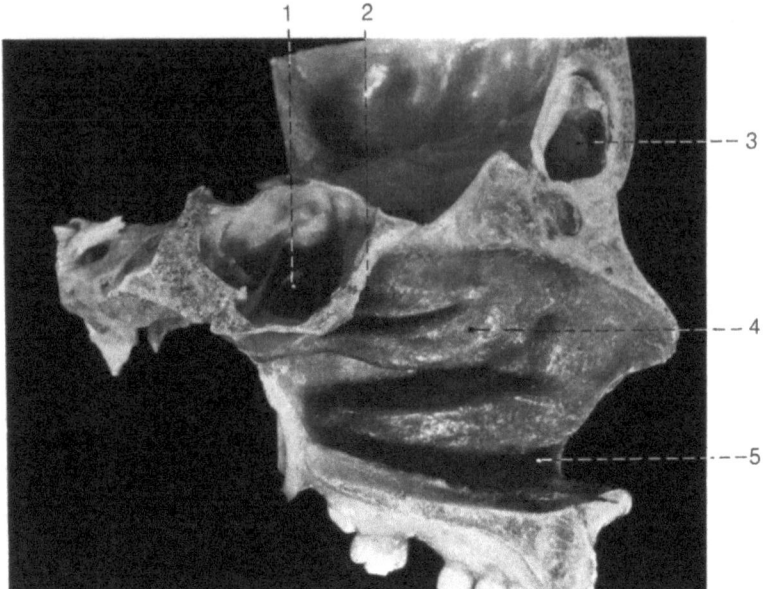

**Abb. 19.** Knochenskelet der Nasenwandung mit Blick auf die Sinus frontalis und sphenoidalis. *1* = Sinus sphenoidalis, *2* = Recessus sphenoethmoidalis, *3* = Sinus frontalis, *4* = Verdeckt von Concha nasalis media: Hiatus semilunaris, *5* = Meatus nasi inferior mit Mündung des Ductus nasolacrimalis

kann die Schleimhaut bei Schnupfen um 0,5 cm an Dicke zunehmen. Abschwellende Mittel dabei vasokonstriktiv wirksam (z. B. Otriven, Privin).

Gefäßversorgung der Nase

*Vorderer Teil der Nasenhöhle:* A. ethmoidalis anterior, eintretend durch die Siebbeinplatte; A. labialis superior und A. palatina major.

*Hinterer Teil der Nasenhöhle:* A. sphenopalatina, eintretend durch das Foramen sphenopalatinum; A. palatina major.

*Locus Kiesselbachii:* Dichtes Venenpolster im vorderen Nasenseptumbereich mit arteriellen Zuflüssen aus der A. ethmoidalis anterior, A. labialis superior und A. palatina major.

*Venenabflüsse* über oberflächliche und tiefe Gesichtsvenen und Orbitavenen.

## Nasentamponaden

Vordere Nasentamponade

Grund für eine Blutung im vorderen Nasenbereich ist meist eine Läsion der Schleimhaut im Bereich des Locus Kiesselbachii. Die Blutung wird rasch und einfach über einen mit einem Lokalanaestheticum getränkten Vasenolgazestreifen zum Stehen gebracht, den man schichtweise in die betroffene Nasenhälfte einlegt. Zur Stützung des Nasenseptums empfiehlt sich eine leichte zusätzliche Tamponade der anderen Nasenhälfte.

Im Notfall kann eine vordere Nasenblutung auch über einen Fingerling gestillt werden, den man in die betroffene Nasenhälfte einlegt und dann aufbläst.

Hintere Nasen- Meist handelt es sich hier um eine Blutung aus der A. sphenopalatina. Zur Blut-
tamponade stillung wird ein dünner, mit Vasenol gleitfähig gemachter Katheter durch die betroffene Nasenseite eingeführt, hinter dem Zäpfchen ergriffen und zur Mundöffnung herausgezogen. Am oralen Katheterende wird ein kräftiger Faden fixiert. Der Katheter wird nun zur Nase herausgezogen, der Faden bleibt liegen. Am oralen Fadenende befestigt man einen mit einem Lokalanaestheticum getränkten Vasenoltupfer und zieht diesen nasenwärts hoch. Das nasale Fadenende wird mit einem Pflaster fixiert.

## Nasennebenhöhlen

Sinus maxillaris Kieferhöhle: Volumen beim Erwachsenen etwa 15 cm³. Pflaumengroße Höhle zwischen Orbitaboden und den Prämolaren und dem erstem Molaren des Oberkiefers. Die runde bis elliptische Öffnung zum mittleren Nasengang liegt – wie ein Überlauf an der Badewanne – cranial an der medialen Wand.

Sinus frontalis Stirnhöhle: Abfluß am Boden der Stirnhöhle in den mittleren Nasengang knapp ventral der Mündung des Sinus maxillaris.

Sinus Keilbeinhöhle: Abfluß an der Ventralseite der Höhle in den Recessus sphenosphenoidalis ethmoidalis.

Cellulae ethmoi- Siebbeinzellen: Hintere Siebbeinzellen münden in oberen, vordere Siebbeinzel-
dales anteriores len in mittleren Nasengang.
et posteriores

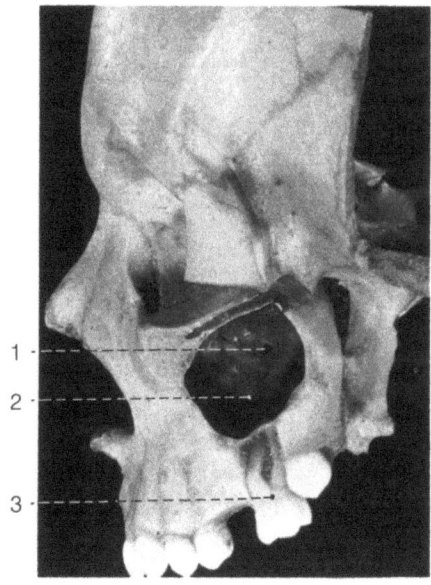

**Abb. 20.** Sinus maxillaris von lateral eröffnet. Beachte die topographische Nachbarschaft zwischen dem Boden der Kieferhöhle und der Zahnwurzel des ersten Molaren. *1* = Apertura sinus maxillaris, *2* = Sinus maxillaris, *3* = 1. Molarer

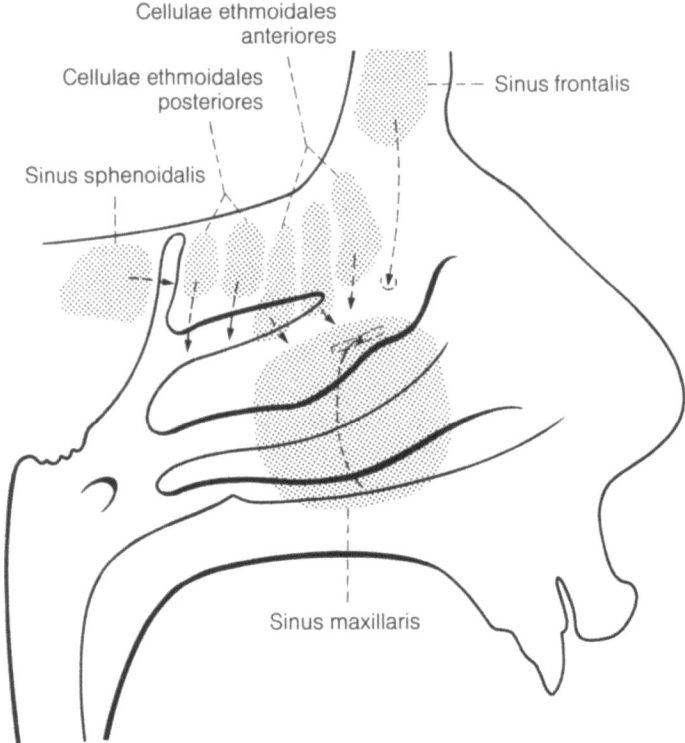

**Abb. 21.** Schematische Darstellung der Mündungsstellen der Nasennebenhöhlen

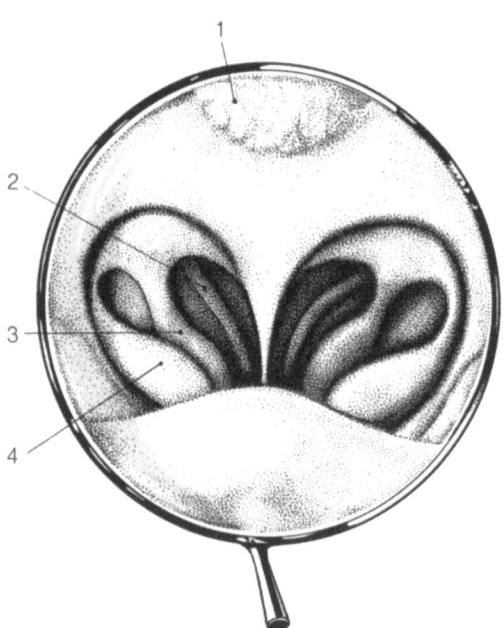

**Abb. 22.** Rhinoscopia posterior mit Blick auf die Nasenmuscheln (*2, 3, 4*) und die Tonsilla pharyngea (*1*)

## Inspektion der Nasenhöhle

| | |
|---|---|
| Rhinoscopia anterior | Beim Einführen des Nasenspekulums seine Spitze vom Nasenseptum weghalten, da das Nasenseptum sehr schmerzempfindlich ist und die Schleimhaut (Locus Kiesselbachii) leicht blutet. Inspektion des Vestibulum nasi und der Nasengänge. |
| Rhinoscopia media | Ausgedehnte Anaesthesie notwendig. Kopf nach dorsal geneigt. Spekulum in mittleren Nasengang einführen. Inspektion der Nasennebenhöhlenöffnungen. |
| Rhinoscopia posterior | Zunge mit Spatel nach unten drücken. Leicht erwärmten (gegen das Beschlagen), kleinen Rundspiegel neben dem Zäpfchen vorsichtig vorbeiführen und so drehen, daß man den Choanenbereich und die Tonsilla pharyngea betrachten kann. |
| Liquorfistel in die Nasenhöhle | „Laufende Nase", Tröpfeln von klarer Flüssigkeit (Liquor cerebralis) aus der Nase. Eine Liquorfistel zur Nasenhöhle kann nach einer Fraktur durch die vordere Schädelgrube (hier Os ethmoidale) auftreten. |

# Larynx

## Anatomie

Der Kehlkopf hat ein Knorpelskelett, das ab dem 2. Lebensjahrzehnt zu verknöchern beginnt. Mit Ausnahme des Kehldeckels, der aus elastischem Knorpel aufgebaut ist, bestehen alle anderen größeren Kehlkopfknorpel aus hyalinem Knorpel. Der Kehlkopf ist über das Ligamentum thyreohyoideum mit dem Zungenbein und über das Ligamentum cricotracheale mit der Luftröhre verbunden.

Außenskelett   Schildknorpel (Cartilago thyreoidea).

Binnenskelett   Ringknorpel (Cartilago cricoidea).
Zwei Stellknorpel (Cartilago arytaenoidea).
Kehldeckel (Epiglottis) und die Santorini-Knorpel (Cartilago corniculata).

Gelenke   *Stellgelenk* (Articulatio cricoarytaenoidea). In ihm wird der Stellknorpel gegen den Ringknorpel bewegt.
Effekt: Lageveränderung der Stimmbänder.

*Spanngelenk* (Articulatio cricothyreoidea). In ihm wird der Ringknorpel gegen den festgestellten Schildknorpel gekippt.
Effekt: Spannungsveränderungen an den Stimmbändern.

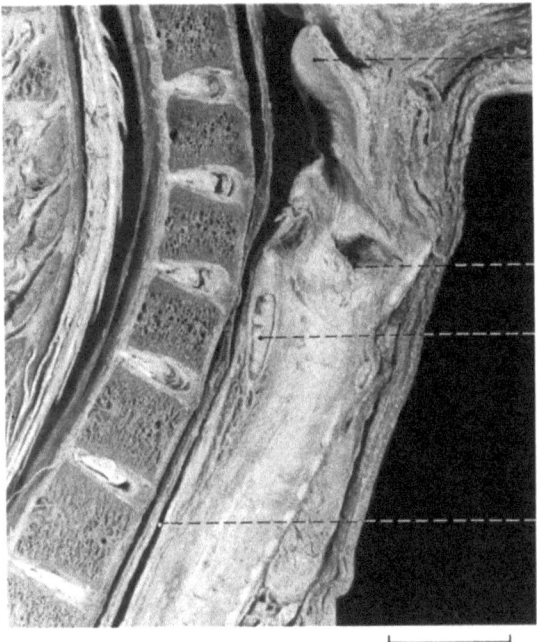

**Abb. 23.** Medianschnitt durch den Larynx. *1* = Epiglottis, *2* = Plica vocalis, *3* = Cartilago cricoidea, *4* = Oesophagus

| Innere Kehlkopfbänder | *Conus elasticus.* Das an der Basis rundliche, rohrartige Band beginnt an der Innenseite des Ringknorpels. Es konvergiert cranialwärts und endet in Höhe des Stellknorpels mit einem sagittal ausgerichteten spaltförmigen Oberrand. Der Conus elasticus gleicht also einem Rundzelt, dessen Spitze abgeschnitten wurde, wobei die Oberränder spaltförmig aneinandergedrückt wurden. Die beiden verdickten Oberränder des Conus elasticus bilden die *Stimmbänder (Ligamenta vocalia).* Als *Membrana quadrangularis* wird die fibroelastische dünne Membran zwischen Kehldeckel und Stellknorpel bezeichnet, deren Unterrand das „falsche Stimmband" bildet. |
|---|---|

### Einteilung der Kehlkopfbinnenräume

| | | |
|---|---|---|
| 4–5 cm ↕ „Falsche" Stimmbänder | Aditus laryngis  Vestibulum laryngis | Obere Etage |
| 1 cm ↕ „Echte" Stimmbänder | Ventriculus laryngis | Mittlere Etage |
| | Cavum infraglotticum | Untere Etage |

### Schleimhautrelief

| Recessus piriformis | Außen- und Innenskelett des Kehlkopfes mit ihrem Bandapparat sind durch eine nach caudal ausgerichtete Schleimhauttasche abgeschlossen, die nach dorsal zu in den Oesophagusmund führt. In dieser spaltartigen Schleimhauttasche – dem *Recessus piriformis* –, der ein wichtiger Abschnitt des Schluckweges ist, bleiben gern Tabletten oder Fischgräten hängen. |
|---|---|
| Glottisödem | Im Bereich der oberen Kehlkopfetage findet sich lockeres Bindegewebe unter der Schleimhaut, das beim Glottisödem rasch anschwillt und zum Verschluß des Kehlkopfeinganges führen kann. Im Bereich der echten Stimmbänder findet sich ein mehrschichtiges Plattenepithel, das mit dem Oberrand des Conus elasticus fest verwachsen ist und weißlich glänzend erscheint. |
| Stimmritze (Rima glottidis) | Die Stimmritze besteht aus  a) Pars intermembranacea (zwischen den Ligamenta vocalia)  b) Pars intercartilaginea (zwischen den Processus vocales der Stellknorpel). |

*Meßwerte beim Erwachsenen*
Länge:  Mann  2,0–2,4 cm
         Frau  1,6–2,0 cm

Breite in mittlerer Respirationsstellung:
         Mann  0,7–0,8 cm
         Frau  0,5–0,6 cm

### Kehlkopfmuskeln für das Stellgelenk

| M. cricoarytaenoideus posterior | „Posticus": Stimmritzenöffner. |
|---|---|
| M. cricoarytaenoideus lateralis | „Lateralis": Schließer der Pars intermembranacea und Öffner der Pars intercartilaginea der Stimmritze. |

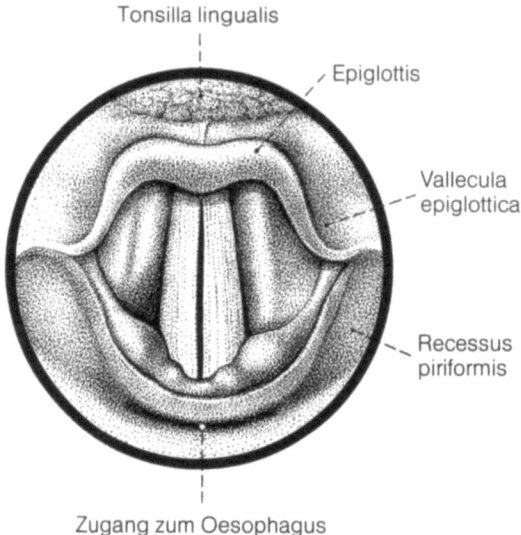

**Abb. 24.** Phonationsstellung der Stimmlippen im Kehlkopfspiegelbild

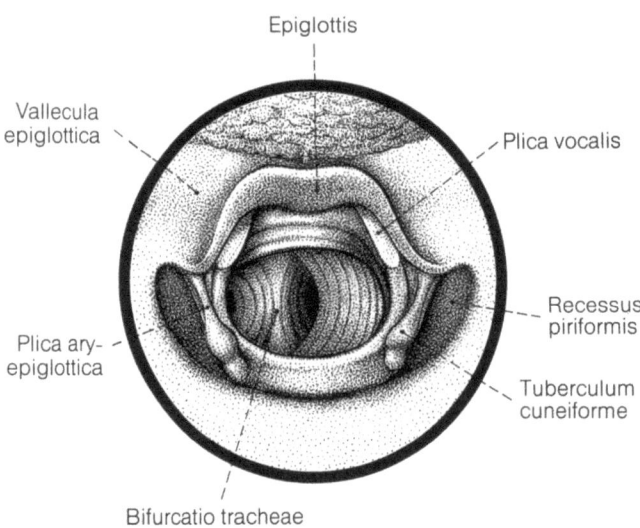

**Abb. 25.** Maximale Respirationsstellung der Stimmlippen im Kehlkopfspiegelbild

| | |
|---|---|
| Mm. cricoarytaenoidei obliquus und transversus | „Obliquus" und „Transversus": Schließer der Pars intercartilaginea der Stimmritze. |

### Kehlkopfmuskel für das Spanngelenk

| | |
|---|---|
| M. cricothyreoideus | „Anticus": Kippt den Ringknorpel gegen den festgestellten Schildknorpel und spannt so das Ligamentum vocale. |

### Kehlkopfmuskel für das Stimmband

| | |
|---|---|
| M. vocalis | Bewirkt die Feinmodulation in der Tonbildung durch isometrische Anspannung des Stimmbandes. |

### Kehlkopfnerven

1. N. laryngeus inferior (Endast des N. laryngeus recurrens) für
    a) alle Kehlkopfmuskeln, die am Stellgelenk wirken
    b) M. vocalis
    c) sensible Innervation der Kehlkopfschleimhaut caudal der Stimmritze
2. N. laryngeus superior
    a) Ramus externus für M. cricothyreoideus
    b) Ramus internus für Kehlkopfschleimhaut cranial der Stimmritze

### Lymphabfluß

| | |
|---|---|
| Obere Kehlkopfhälfte | Zu den cranialen Nodi lymphatici cervicales profundi und zu infrahyoidalen Lymphknoten. |
| Untere Kehlkopfhälfte | Zu den oberen Nodi lymphatici tracheales und zu den mittleren und caudalen Nodi lymphatici cervicales profundi. |

## Untersuchung

Palpation bei ventralgebeugtem Hals, Inspektion bei dorsalgebeugtem Hals am günstigsten.

| | |
|---|---|
| Tastbare Strukturen | Ventraler Schildknorpelanteil bis zur Linea obliqua, Membrana thyreohyoidea mit Ligamentum thyreohyoideum medianum, ventraler Bogenanteil des Ringknorpels. Vertiefung zwischen Schild- und Ringknorpel mit Widerstand durch das Ligamentum cricothyreoideum. |
| Verschieblichkeit | Der Larynx wird beim Schlucken in vertikaler (2–3 cm) und gering in anteroposteriorer Richtung bewegt. Nach lateral zu kann er nur durch manuelle Verschiebung oder über Verdrängung durch Nachbarorgane verlagert werden. |

### Anatomie des Untersuchungsweges

Die Inspektion erfolgt normalerweise mit einem Spiegel über eine indirekte Laryngoskopie. Eine direkte Laryngoskopie wird bei der Intubation durchgeführt.

| | |
|---|---|
| Indirekte Laryngoskopie | Ein kleiner angewärmter Rundspiegel wird bei vorgezogener Zunge zwischen den Gaumenbögen vorsichtig durchgeführt und so gekippt, daß er das aufgefan- |

gene Bild des Kehlkopfeinganges bis zur Stimmritze dem Betrachter zeigt. Im Spiegel sieht man oben die Epiglottis, die blaßweißlichen Stimmbänder in der Mitte von cranial nach caudal verlaufen und caudal die Pars intercartilaginea der Stimmritze mit den seitlich davon zu erkennenden Tubercula corniculata et cuneiformia. Durch geringe Verschiebungen des Spiegelchens können der Recessus piriformis und die Valleculae epiglotticae eingesehen werden.

In der Phonationsstellung ist die gesamte Stimmritze spaltförmig verschlossen.

In der ruhigen Respirationsstellung oder bei der Flüstersprache ist nur die Pars intercartilaginea der Stimmritze offen.

Bei starker Respiration ist die gesamte Stimmritze maximal geöffnet. Im Spiegel sieht man caudal einen breiten Zugang, der zum cranialen Spiegelende gespannt spitzwinklig zuläuft.

Bei der Recurrensparese steht das Stimmband bei gebogenem Kantenverlauf in einer Intermediärstellung zwischen maximaler Respirations- und Phonationsstellung.

## Notfalleingriffe

### Intubation

Die Trachea beginnt am Ringknorpelunterrand. Das entspricht beim Erwachsenen dem 6. und beim Säugling dem 4. Halswirbelkörper. Das Ende der Luftröhre, die Bifurkation der Trachea, befindet sich beim Säugling in Höhe des 2., beim Greis in Höhe des 6. und beim Erwachsenen normalerweise in Höhe des 4. Brustwirbelkörpers. Die Trachea des Erwachsenen ist etwa 10–12 cm lang bei einem Durchmesser von 1,1–1,3 cm. Eine Längsausdehnung um weitere 4 cm ist möglich. Der Abstand zwischen den Schneidezähnen und der Bifurkation der Trachea beträgt beim Erwachsenen etwa 25 cm. Die gängige Tubuslänge für Erwachsene wird mit etwa 20–22 cm angegeben. Die individuell benötigte Tubuslänge kann relativ einfach und genau nach der Distanz zwischen dem Oberrand des Ohrs bis zu einer Stelle 4 cm caudal des unteren Schildknorpelrandes bestimmt werden.

Der Patient wird in Rückenlage bei dorsalflektiertem Kopf gelagert. Ein kleines Nackenkissen streckt seine Articulationes atlantooccipitales und erleichtert den Zugang. Ein eventuell vorhandenes künstliches Gebiß wird dem Patienten herausgenommen. Das Laryngoskop wird mit der linken Hand ergriffen. Da Schneidezähne leichter als Backen- oder Mahlzähne brechen, wird der Laryngoskopspatel vom rechten Mundwinkel des Patienten her eingeführt. Der Spatel soll die Zungenmitte caudalwärts und die gesamte Zunge etwas nach links drücken. Der Spatel gleitet am Zungenrücken dorsalwärts zwischen den Gaumenbögen hindurch und lateral der Uvula vorbei. Kommt die Epiglottis in das Blickfeld, gleitet der Spatel in die Vallecula epiglottica. Hier bleibt die Laryngoskopspitze liegen. Durch Vorziehen der Zunge mit der nun freien linken Hand wird die Epiglottis ventralwärts gezogen, und die Stimmritze wird dadurch einsehbar. Der abgemessene Endotrachealtubus wird nun an der Führungsleiste des Laryngoskopspatels entlang durch die Stimmritze in die Trachea vorgeschoben. Da ein zu lang gewählter Tubus in den rechten Stammbronchus rutscht und dann beim

Abdichten des Tubus durch die Ballonmanschette nur die rechte Lunge belüftet würde, sind auf atemsynchrone beidseitige Thoraxbewegungen zu achten und beide Lungen zu auskultieren.

**Laryngotomie**

Notfalleingriff. Mit einer Trachealkanüle wird in der Körpermedianen bei dorsalflektiertem Kopf in den etwa 1 cm hohen Bereich zwischen Ringknorpelbogen und Schildknorpelunterrand eingegangen. Die Kanüle darf dabei nicht cranialwärts ausgerichtet werden! Sie dringt bei genau sagittalem Vorgehen etwa 1 cm unter den Stimmbändern in das Kehlkopflumen ein.

**Tracheotomie**

| | |
|---|---|
| Obere Tracheotomie | Oberhalb des Isthmus der Schilddrüse in Höhe der 2.–4. Trachealspange wird genau in der Medianen eingegangen. Nach etwa 1,2 cm Tiefe hat man beim Erwachsenen die Trachea erreicht. |
| Untere Tracheotomie | Unterhalb des Isthmus der Schilddrüse in Höhe der 6.–7. Trachealspange wird genau in der Medianen eingegangen. Nach etwa 2,3 cm Tiefe hat man beim Erwachsenen die Trachea erreicht, die mit einem Trachealhäkchen festgehalten werden muß, da sie gern wegrutscht. Bei der unteren Tracheotomie ist bei Kindern auch der Thymus zu berücksichtigen. Untere unpaare Schilddrüsenvenen und eine mögliche abnorm hoch verlaufende V. brachiocephalica sinistra können den Eingriff erschweren. |

# Thoraxwand und Pleurahöhlen

## Thoraxwand

### Orientierung

| | |
|---|---|
| Ventrale Medianlinie: | Longitudinale durch die Mitte des Brustbeines. |
| Parasternallinie: | Longitudinale parallel zum Brustbeinrand. |
| Medioclavicularlinie: | Longitudinale durch die Mitte des Schlüsselbeines. |
| Vordere Axillarlinie: | Longitudinale durch die vordere Achselfalte. |
| Mittlere Axillarlinie (=Axillarlinie): | Longitudinale durch die Mitte der Achselhöhle. |
| Hintere Axillarlinie: | Longitudinale durch die hintere Achselfalte. |
| Scapularlinie: | Longitudinale parallel zum Margo medialis des Schulterblattes. |
| Paravertebrallinie: | Longitudinale parallel zum lateralen Rand der Wirbelsäule. |
| Dorsale Medianlinie: | Longitudinale durch die Spitzen aller Dornfortsätze der Wirbelsäule. |

### Brustdrüse

Lage  Die Brustdrüse befindet sich in Höhe der 3.–6. Rippe. Sie liegt epifascial und ist damit gegen die Brustwandfascie verschieblich. Fixiert wird sie über feine Bindegewebszüge an dem sie umgebenden subcutanen Bindegewebe und an der oberflächlichen Fascie der Brustwand.

Lymphabfluß  Die Lymphe der Brustdrüse fließt über 3 Wege ab.

1. Über die Achselhöhle: Die Lymphe fließt entlang dem Unterrand des M. pectoralis maior (Sorgius-Lymphknotengruppe) zu den oberflächlichen und tiefen Achsellymphknoten, von hier über die infraclaviculären zu den supraclaviculären Lymphknoten und schließlich in den Venenwinkel.

2. Über die Brustwand nach cranial: Die Lymphe fließt zwischen M. pectoralis maior und minor zu den obersten axillären und den infraclaviculären Lymphknoten, von hier zu den supraclaviculären Lymphknoten und dann in den Venenwinkel.

3. Durch die Brustwand: Die Lymphgefäße dringen durch die Brustwand. Die Lymphe erreicht die parasternalen Lymphknoten, die entlang der Vasa thoracica interna liegen. Hier sind Verbindungen zur Gegenseite vorhanden. Der weitere Abfluß läuft über mediastinale Lymphknoten auf der linken Seite zum Ductus thoracicus und rechts über den Truncus bronchomediastinalis dexter zum Ductus lymphaticus dexter.

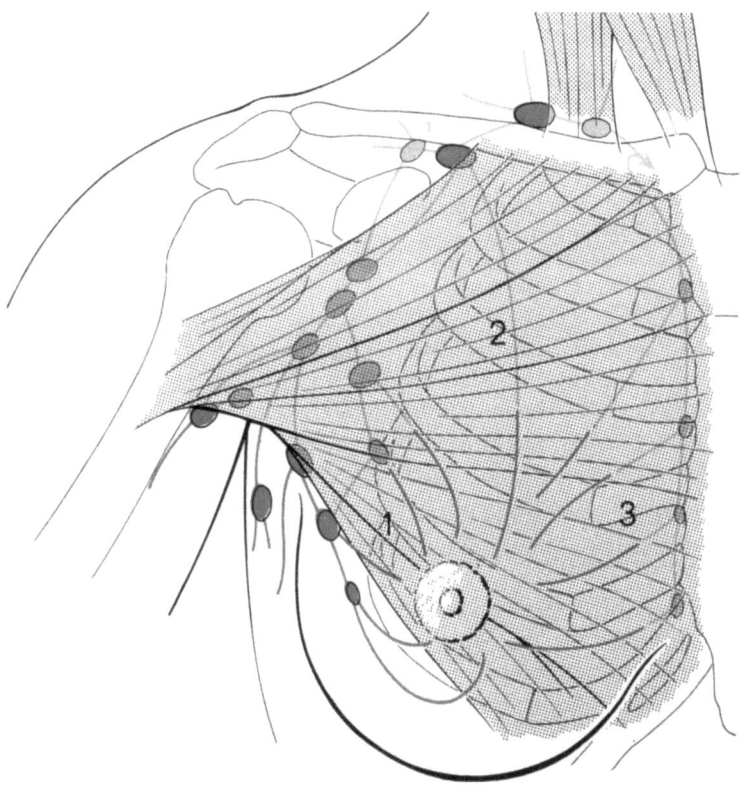

**Abb. 26.** Lymphabflußwege der Brustdrüse. *1* = Entlang des Unterrandes des M. pectoralis major (Sorgius-Lymphknoten) und zwischen großem und kleinem Brustmuskel zu den Lymphknoten in der Axilla, *2* = Unter Umgehung der Axilla direkt in die infraclaviculären Lymphknoten, *3* = In die para- und retrosternalen Lymphknoten, eventuell auch zur Gegenseite

*Untersuchung*

Zu 1 und 2: Arm in Adduktionsstellung. Den Unterrand des M. pectoralis maior entlang nach Lymphknoten abtasten. Arm dann abduzieren. Nach oberflächlich gelegenen Achsellymphknoten suchen. Arm wieder adduzieren und in der Tiefe der Achselgrube nach Lymphknoten tasten. Unterhalb und oberhalb des Schlüsselbeines von lateral nach medial zu nach tastbaren Lymphknoten suchen.

Zu 3: Dieser Weg kann nur indirekt untersucht werden und ist unsicher. Die Brustdrüse wird auf ihre Verschieblichkeit gegen die äußere Brustwandfascie geprüft. Ist dieser Lymphabflußweg carcinomatös befallen, so verliert die Brustdrüse ihre „schwimmende" Verschieblichkeit.

## Hautvenenstraßen an der Brustwand

| | |
|---|---|
| Im Bereich des Sternoclaviculargelenkes: | V. cervicalis superficialis |
| Im Bereich der Mohrenheim-Grube: | V. thoracoacromialis |
| Im Bereich der vorderen Axillarlinie: | V. thoracoepigastrica |
| Im Bereich der Parasternallinie: | Vv. perforantes aus der V. thoracica interna |

### Nervensegmentsprung an der Brustwand

Bis zur 3. Rippe herab erfolgt die sensible Innervation der ventralen Brustwand über die Nn. supraclaviculares ($C_4$). Ab hier übernehmen die Intercostalnerven ($Th_2$ und folgende) die segmentale Innervation. Somit findet sich an der Brustwandhaut in Höhe der 3. Rippe ein sprunghafter Übergang in der sensiblen Innervation von $C_4$ auf $Th_2$. Die fehlenden Segmentnerven finden sich im Plexus brachialis.

### Rippen

Die erste Rippe wird vom Schlüsselbein überlagert und ist deshalb nicht palpierbar. Den Rippenbogen bilden die Rippen 7–10. Die 11. und 12. Rippe enden frei. Zusätzliche Rippen im Halsbereich (Halsrippen) sind häufig. Wenn sie lang genug sind, können sie auf Äste des Plexus brachialis oder auf die A. subclavia drücken und Beschwerden bereiten.

Intercostalraum  Der Intercostalraum ist der Raum (beim Erwachsenen etwa 1,3 cm tief) zwischen zwei benachbarten Rippen. Von außen nach innen sind folgende Schichten vorhanden:

M. intercostalis externus, äußere Lamelle des M. intercostalis internus, Gefäßnervenstraße der segmentalen Leitungsbahnen im Intercostalraum, innere Lamelle des M. intercostalis internus (= M. intercostalis intimus), Fascia endothoracica. Im Intercostalraum verlaufen vor, zwischen und in der Intercostalmuskulatur derbe Bandzüge, die Ligg. intercostalia, die den Zwischenrippenraum verfestigen.

Die Gefäßstraße des Intercostalraumes liegt zu Beginn zwischen der Fascia endothoracica und dem M. intercostalis externus. Sie kommt dann ein kurzes Stück zwischen die Mm. intercostales internus und externus zu liegen. Auf ihrer Hauptstrecke verläuft sie im M. intercostalis internus, den sie damit in 2 Lamellen aufteilt. Die intercostalen Gefäße und Nerven sind durch ihre Lage im Sulcus costae am Unterrand der Rippe geschützt. Sie sind in craniocaudaler Richtung in der Reihenfolge Vene–Arterie–Nerv angeordnet. Bei der Inspiration heben sich die Rippen über die Gefäßnervenstraße hinweg.

### Rippenstellung und Atmung

Säugling  Fast horizontaler Hochstand der Rippen. Daher ist eine Rippenhebung in der Inspirationsphase nicht weiter möglich. Die Inspirationsvergrößerung des Thoraxraumes erfolgt nur über die Zwerchfellkontraktion (Bauchatmung).

Schulkinder und Erwachsene  Die Rippen sind in Intermediärstellung ventrocaudalwärts geneigt. Sie lassen sich in der Inspiration heben und über die normale Exspirationsstellung hinaus, bei forcierter Ausatmung, weiter absenken. Die Inspirationsvergrößerung des Thoraxraumes erfolgt über eine Rippenhebung (Brustatmung) bei gleichzeitiger Zwerchfellsenkung (Bauchatmung). In den letzten Monaten der Schwangerschaft muß wegen der behinderten Bauchatmung die Brustatmung verstärkt eingesetzt werden.

Im Alter  Durch die Einschränkung der Bewegungen in den Sternocostalgelenken und den Costovertebralgelenken und der Verknöcherung der Articulationes intercartilagineae wird der Thorax im Alter starrer. Die Rippen sind in ihrer Neigung nach

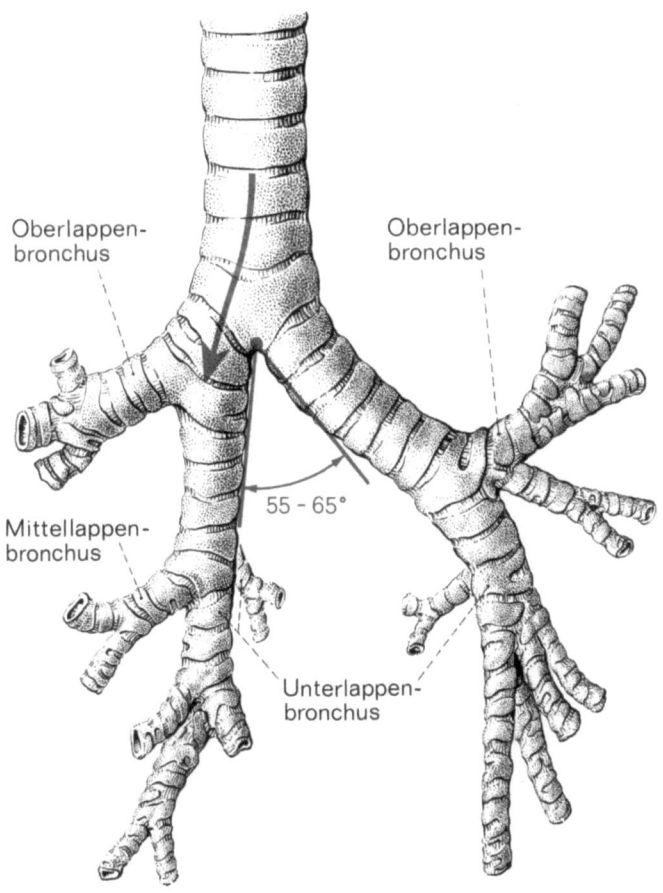

**Abb. 27.** Bronchialbaum mit Darstellung der Lappen- und Segmentbronchien. Der rote Pfeil zeigt den bevorzugten Aspirationsweg von Fremdkörpern

caudal (etwa noch 40° bis zur Lage in die Frontalebene) häufig fixiert. Die Inspirationsvergrößerung des Thoraxraumes kann im wesentlichen nur mehr über das Zwerchfell bewirkt werden (Bauchatmung). Der Alterungsprozeß an den Rippengelenken kann durch sportliche Betätigung bis ins hohe Alter hinein verzögert werden.

## Trachea und Bronchialbaum

### Trachea

Beginn In Höhe von $C_6$ am Ringknorpelende (Erwachsener).
In Höhe von $C_4$ am Ringknorpelende (Säugling).

Ende In Höhe des Angulus sterni ($Th_4$) an der Bifurkation der Trachea (Erwachsener).
In Höhe von $Th_2$ (beim Säugling).
In Höhe von $Th_6$ (beim Greis).

Länge 12 cm (beim Erwachsenen), um 25–30% in der Longitudinalen dehnbar.
Durchmesser 1,1–1,3 cm (beim Erwachsenen).

Distanz Schneidezähne bis Bifurkation der Trachea: etwa 25 cm (Erwachsener).

**Bronchialbaum**

| | | |
|---|---|---|
| Bifurkation der Trachea | Winkel beim Erwachsenen | 55–65° |
| | Winkel beim Kind | 70–80° |
| Rechter Stammbronchus | Erwachsener: | 3 cm lang<br>0,9 cm Durchmesser |
| Linker Stammbronchus | Erwachsener: | 4–5 cm lang<br>0,75 cm Durchmesser |

Mechanik Bei der Inspiration bewegt sich der Bronchialbaum caudalwärts, bei der Exspiration cranialwärts. Die basalen Bronchien werden bei der Inspiration in besonderer Weise mechanisch beansprucht. Beim Husten und Pressen dagegen werden die apicalen Bronchien aufgebläht, die bei der normalen Atmung sonst relativ schlecht belüftet werden.

**Hustenreflex**

1. Reizung sensibler Nervenendigungen von sympathischen und parasympathischen Nerven in der Tracheal- und Bronchialschleimhaut. Die Receptoren liegen bevorzugt an den Aufzweigungen des Bronchialbaumes.

2. Visceroafferente Impulse erreichen das Rautenhirn.

3. Von hier erfolgen Verbindungen zu den motorischen Kerngebieten der Hirnnerven V, VII, IX, X, XI, XII und zu motorischen Vorderhornzellen aller Cervical- und Thorakalsegmente.

4. Motorische Efferenzen führen zu: mimischer Muskulatur, Kaumuskeln, Zungen- und Pharynxmuskulatur, Zungenbeinmuskeln, Zwerchfell, Brustwandmuskeln, Bauchmuskeln und zum M. latissimus dorsi.

# Pleura

Die Pleura, eine seröse Haut, kleidet die Thoraxhöhle aus und teilt sie in die beiden Pleurahöhlen ein. Zwischen den Pleurahöhlen befindet sich das Mediastinum. Bei der Entwicklung der Lungen in die Pleurahöhle hinein wurde ein Teil des ans spätere Mediastinum angrenzenden Pleurawandmaterials von der Lungenanlage mitgenommen. Es überzieht die Lungen als Pleura visceralis (Lungenfell). Die wandständig verbliebene Pleura parietalis wird entsprechend ihrer Lage als Pleura costalis (Rippenfell), Pleura diaphragmatica und Pleura mediastinalis bezeichnet. Die Pleura ist in der Lage, Flüssigkeit „auszuschwitzen" und zu resorbieren.

Pleuraspalt Kapillärer Spaltraum zwischen Pleura visceralis und Pleura parietalis, der mit einem geringen Flüssigkeitsfilm ausgefüllt ist. Zwischen beiden Pleurablättern sind Adhäsionskräfte wirksam.

Druck im  Bei der Inspiration sinkt der Druck von −3 auf −6 cm $H_2O$ gegenüber dem atmo-
Pleuraspaltraum sphärischen Außendruck ab.

Bei der Exspiration steigt der Druck von −6 auf −3 cm $H_2O$ gegenüber dem atmosphärischen Außendruck an.

Der gegenüber dem Luftdruck im Bronchialbaum (entspricht dem atmosphärischen Außendruck) geringfügig niedrigere Druck im Pleuraspalt wird durch die dem atmosphärischen Außendruck entgegengerichtete Dehnungsspannung der elastischen Fasern der Lungen bewirkt.

Druck im Pleuraspalt = atmosphärischer Druck minus Dehnungsspannung der elastischen Fasern der Lungen. Die Dehnungsspannung paßt sich den Luftdruckschwankungen der Atmosphäre laufend an und stellt auch bei nur geringen Außendruckveränderungen den Druck im Pleuraspalt neu ein.

Recessus des  Recessus sind spaltförmige Aussackungen der Pleura parietalis, die sich bei der
Pleuraspalt-  Inspiration erweitern. In sie werden die Lungen bei der Inspiration durch die
raumes  Adhäsionskräfte zwischen Pleura visceralis und Pleura parietalis hineingesaugt. Der größte Recessus ist der Recessus costodiaphragmaticus zwischen Zwerchfell und caudalen Rippen. Er ist in der Exspiration in der mittleren Axillarlinie mit 10 cm (beim Erwachsenen) am tiefsten. Die basalen Lungenabschnitte sind ihm benachbart. Sie werden deshalb auch besonders stark mechanisch beansprucht (u. a. Lokalisation für „Besenreisercarcinome", Bronchiektasen). Ein beidseitig vorhandener kleiner Reserveraum der Pleurahöhle ist der Recessus mediastinalis anterior hinter dem Sternum. In ihn gleiten bei der Inspiration die Vorderränder der Lungen, die damit den Herzbeutel größtenteils überlappen.

**Grenzen der Pleura parietalis**

Rechte Seite  Die rechte Pleurakuppel reicht etwa 3 cm über den Vorderrand der oberen Thoraxapertur hinaus. Die Pleuragrenze verläuft leicht konkav medianwärts hinter das rechte Drittel des Manubrium sterni. Von hier erstreckt sie sich in einem leicht konvexen Bogen nahe der vorderen Medianlinie zum caudalen Rand des Gelenkes zwischen Brustbein und 6. Rippe. Auf ihrem Verlauf nach lateral und dorsal schneidet die rechte Pleuragrenze in der Medioclavicularlinie die 7. Rippe, in der vorderen Axillarlinie die 8. Rippe, in der (mittleren) Axillarlinie die 9. Rippe, in der hinteren Axillarlinie die 10. Rippe, in der Scapularlinie die 11. Rippe und erreicht paravertebral die 12. Rippe. Von hier zieht die rechte hintere Pleuragrenze paravertebral aufwärts zur rechten Pleurakuppel, die mit ihrer dorsalen Höhenbegrenzung dem wirbelnahen Teil der 1. Rippe entspricht.

Linke Seite  Die linke Pleurakuppel reicht etwa 3 cm über den Vorderrand der oberen Thoraxapertur hinaus. Die Pleuragrenze verläuft leicht konkav medianwärts hinter das linke Drittel des Manubrium sterni. Von hier zieht sie in einem konvexen Bogen, der fast die vordere Medianlinie erreicht, zum linken 4. Sternocostalgelenk. Hier biegt die linke Pleuragrenze nach lateral zu ab und schneidet in der Medioclavicularlinie die 7. Rippe, in der vorderen Axillarlinie die 8. Rippe, in der (mittleren) Axillarlinie die 9. Rippe, in der hinteren Axillarlinie die 10. Rippe, in der Scapularlinie die 11. Rippe und erreicht paravertebral die 12. Rippe. Von hier zieht die linke hintere Pleuragrenze paravertebral kranialwärts zur linken Pleurakuppel, die dorsal in der Höhe dem wirbelnahen Teil der 1. Rippe entspricht.

# Lungen

## Atmung

Die Inspiration von Luft in die Alveolen wird über eine aktive Vergrößerung des Thoraxraumes bewirkt, dem die Lungen durch die Adhäsion zwischen der Pleura parietalis und der Pleura visceralis nachfolgen müssen. Die Exspiration der verbrauchten Alveolarluft folgt passiv durch die in der Inspirationsphase gedehnten elastischen Fasernetze der Lungen, die wieder auf ihre Ausgangslänge zurückstreben. Eine verstärkte Ausatmung kann über die Kontraktion der Bauchwand- und Beckenbodenmuskeln (Bauchpresse) erfolgen.

Die atmende Oberfläche beider Lungen (etwa 70 m$^2$) verkleinert sich beim Altersemphysem oder beim chronischen Asthma bronchiale (exspiratorische Dyspnoe), da die geblähten Alveolen kugelförmig werden und miteinander konfluieren.

*Atemfrequenz in Ruhe pro Minute*

Neugeborener: um 50
Säugling 3. Monat: um 65
Ende 1. Lebensjahr: 23–24
6. Lebensjahr: um 20
Ab 12. Lebensjahr: um 16

*Pathologische Atemfrequenz und Atmung*

Dyspnoe   Atemnot, Kurzatmigkeit, erschwerte Atmung.
Orthopnoe   So starke Atemnot, daß der Patient sich nicht hinlegen kann.
Tachypnoe   Beschleunigte Atmung.

## Lungengrenzen

Die Lungengrenzen fallen im wesentlichen mit den Pleuragrenzen zusammen. Nur im Bereich der Komplementärräume des Pleuraspaltes – also der Recessus mediastinalis anterior und costodiaphragmaticus – weichen die beiden Grenzen deutlich voneinander ab. Von den angegebenen „mittleren Lungengrenzen" verschieben sich bei normaler Ausatmung die unteren Grenzen um eine Rippenhöhe nach cranial, bei normaler Einatmung um eine Rippenhöhe nach caudal.

*Rechte Lungengrenze bei mittlerer Exspirationsstellung*

Die rechte Lungenspitze überragt die obere Thoraxapertur vorn um etwa 3 cm. Die mediale Grenze erreicht in einem zunächst leicht konkaven, dann gering konvexen Bogen die Rückseite des lateralen Drittels des Manubrium sterni. Sie zieht dann etwas lateral der Medianlinie an der Hinterwand des Corpus sterni zum Oberrand der Sternalinsertion der 6. rechten Rippe. Ab hier beginnt die Untergrenze, die nach lateral dem Oberrand des knorpeligen Anteils der 6. Rippe folgt, die Medioclavicularlinie in Höhe des Unterrandes der 6. Rippe schneidet, in der mittleren Axillarlinie die 8. Rippe, in der Scapularlinie die 10. Rippe kreuzt und nach kurzem fast horizontalem Verlauf in Höhe der 11. Rippe para-

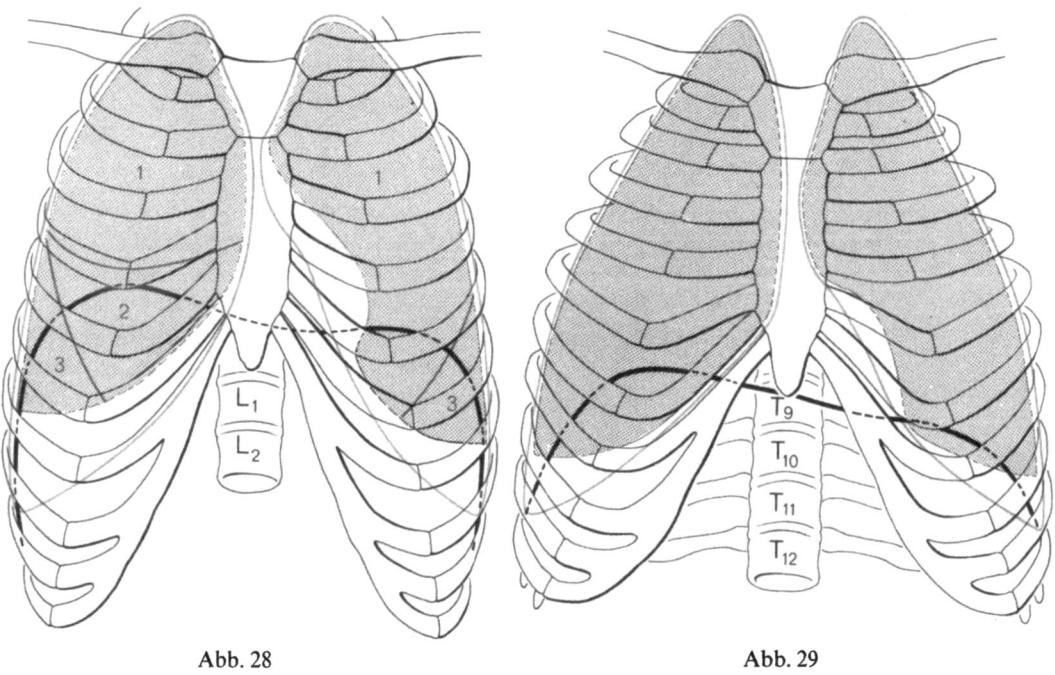

Abb. 28. Lungen- und Pleuragrenzen (blau) in der Exspiration. *1* = Oberlappen, *2* = Mittellappen, *3* = Unterlappen

Abb. 29. Lungen- und Pleuragrenzen (blau) in der Inspiration. Die Lungenspitzen überschreiten die Schlüsselbeinhöhe

vertebral endet. Die hintere Kontur der rechten Lungengrenze verläuft dann paravertebral cranialwärts bis in Höhe des 2. Brustwirbeldornfortsatzes. Hier biegt sie leicht lateralwärts ab und zieht zur rechten Lungenspitze, die dorsal bis zur Höhe der ersten Rippe reicht.

*Linke Lungengrenze bei mittlerer Exspirationsstellung*

Die linke Lungenspitze überragt die obere Thoraxapertur vorn um etwa 3 cm. Nach medial und caudal zu liegt die linke vordere Lungengrenze zunächst hinter dem lateralen Drittel des Manubrium sterni. In Höhe der Unterkante der Sternalinsertion der 3. linken Rippe biegt sie in einem konkaven Bogen (Incisura cardiaca) nach lateral und caudal ab. Sie schneidet dabei die linke 4. und 5. Rippe etwas medial der Knorpel-Knochen-Grenze. Der Unterrand der linken Lunge folgt vorn zunächst der 6. Rippe bogenförmig dorsalwärts. Im Bereich der Medioclavicularlinie schneidet er dabei die 6. Rippe. In der mittleren Axillarlinie wird die 8. Rippe und in der Scapularlinie die 10. Rippe erreicht. Paravertebral liegt der fast horizontale Unterrand der linken Lunge gerade in Höhe der 11. Rippe. Von hier biegt die linke untere Lungenkontur cranialwärts und verläuft paravertebral bis etwa in Höhe des 2. Brustwirbeldornfortsatzes. Hier wendet sie sich leicht lateralwärts und bildet die hintere Kontur der linken Lungenspitze. Die linke Lungenspitze entspricht dorsal der Höhe der 1. Rippe.

### Topographische Lage der Lungenlappen zur Thoraxwand

Rechts  Die dorsale Grenze zwischen Ober- und Unterlappen beginnt etwa in Höhe des Processus spinosus des 3. Brustwirbels. Von hier verläuft die Grenzlinie (Fissura obliqua) bogenförmig oberhalb des unteren Schulterblattwinkels zum Schnittpunkt zwischen mittlerer Axillarlinie und 4. Intercostalraum. Zwischen der hier beginnenden Fissura horizontalis, die parallel zur 4. Rippe zum Sternum verläuft, und der Fortsetzung der Fissura obliqua, die in der Medioclavicularlinie in Höhe der 6. Rippe endet, befindet sich der Mittellappen. Die Fissura obliqua begrenzt den Unterlappen nach cranial.

Links  Die dorsale Grenze zwischen Oberlappen und Unterlappen beginnt etwa in Höhe des Processus spinosus des 3. Brustwirbels. Von hier verläuft die Grenzlinie (Fissura obliqua) bogenförmig oberhalb des unteren Schulterblattwinkels zum Schnittpunkt zwischen mittlerer Axillarlinie und 4. Intercostalraum. Die Fissura obliqua endet etwas medial der Knorpel-Knochen-Grenze der 6. Rippe.

### Lymphabfluß der Lungen

Die regionären Lymphknoten der Lungenlappen, die Nodi lymphatici bronchopulmonales, liegen nahe dem Lungenhilus (Hiluslymphknoten) am Beginn der Lappenbronchi. Von hier sind Verbindungen zu den Nodi lymphatici tracheobronchiales, bronchomediastinales und mediastinales anteriores et posteriores gegeben.

## Perkussion und Auskultation

### Perkussion der Lungen

Lungenspitzen  Der Patient sitzt nach vorne geneigt, seine Arme hängen entspannt herab. Perkussion der Lungenspitzen am Rücken von lateral entlang der Fossa supraspinata auf den Dornfortsatz von $C_7$ (Vertebra prominens) zu. Beide Lungenspitzen dabei auf ihre symmetrische Lage hin überprüfen.

Untere Lungengrenzen  Der Patient liegt auf dem Rücken. Zunächst in der Medioclavicularlinie, dann in der mittleren Axillarlinie und schließlich parasternal den Grenzbereich zwischen heller gewordenem Lungenschall (relative Lungendämpfung) und Beginn des leisen Leberschalls festlegen.

Lungenlappen  Am Rücken entspricht die Fissura obliqua, die Ober- und Unterlappen voneinander trennt, bis zur Skapularlinie etwa dem Verlauf der 4. Rippe. Daher perkutiert man den Oberlappen am Rücken von cranial auf die 4. Rippe zu, den Unterlappen caudal dieser Grenzhöhe. An der ventralen Brustwand kann man auf der *linken Seite* nur den Oberlappen perkutieren. Auf der *rechten Seite* reicht der Oberlappen nur etwa bis zum 3. Intercostalraum. An ihn schließt sich caudalwärts der Mittellappen an, der Unterlappen reicht nach ventral nur bis etwa zur vorderen Axillarlinie.

### Auskultation der Lungen

Mit Hilfe der Auskultation der Lungen können Aussagen über die Beschaffenheit des Bronchialraumes, der Lunge und der Pleura gemacht werden. Man unterscheidet zwischen dem *vesikulären Atmen,* dem *Bronchialatmen* und *einem unbestimmten Atmen,* wobei jeweils Atemgeräusche von normaler, abgeschwächter oder auch erhöhter Stärke auftreten können.

*Auskultationsstellen der Lungen*

Dorsal
a) Beidseits paravertebral in Höhe von $Th_1$:
die Spitze des Oberlappens.
b) Beidseits paravertebral etwas unterhalb der Höhe des Angulus inferior scapulae:
den basalen Anteil des Unterlappens.

In der Axillarlinie
a) Beidseits oberhalb der 4. Rippe den Oberlappen.
b) Beidseits unterhalb der 5. Rippe den Unterlappen.

Ventral rechts
a) Den Oberlappen oberhalb der 4. Rippe.
b) Den Mittellappen zwischen der 4. und 6. Rippe.

Ventral links  Nur den Oberlappen.

### Atemgeräusche

Vesikuläres Atmen  In der Inspiration über respirierendem lufthaltigem Lungengewebe tiefes – einem Fichtenwaldrauschen ähnliches – physiologisches Atemgeräusch, das in der Exspiration sehr leise wird. Bei vertiefter Inspiration wird das vesikuläre Atemgeräusch lauter, da es mit erhöhter Ausdehnung der Lunge zunimmt.

Bronchiales Atmen  Bronchialatmen ist ein besonders in der Exspiration deutlicher zu hörendes, klanghelleres, schärferes und hauchendes Röhrenatmen. Es wird durch die Luftbewegung im Bronchialbaum bewirkt und ist nur zu hören, wenn sich das sonst um den Bronchialbaum herum schallisolierend wirkende, luftgefüllte Lungengewebe verdichtet hat und luftleer geworden ist. Ein dem Bronchialatmen ähnliches Atemgeräusch kann man am Hals über der Trachea hören, das Bronchialatmen selbst nur sehr leise am Rücken paravertebral etwa in Höhe von $Th_1-Th_4$. Es wird hier aber vom vesikulären Atemgeräusch überlagert.

Unbestimmtes Atmen  Nicht eindeutig dem Vorhergehenden zuzuordnendes Atemgeräusch. Die tiefen Töne des vesikulären Atmens werden zugunsten höherer Töne verdeckt. Kann man das Atmen nicht eindeutig definieren, weil z.B. ein Pleuraerguß das Auskultieren erschwert, so spricht man ebenfalls von einem unbestimmten Atmen.

Amphorisches Atmen  Das immer pathologische Atemgeräusch ähnelt dem tiefen und hohlen Geräusch, das beim Blasen über einer Flaschenöffnung entsteht. Es findet sich bei einer großen Lungenkaverne und beim Pneumothorax.

Pfeifendes Atemgeräusch  Verengung im Bereich der oberen Luftwege.

### Nebengeräusche

Rasseln — Es entsteht durch verschiedene Sekrete im Bronchialbaum, die im Luftstrom mitbewegt werden.

Pleuritische Reibegeräusche — Holperiges, knarrendes Geräusch, das in der Inspiration zunimmt. Es wird durch höckerige Auflagerungen an der physiologischerweise glatten Pleura verursacht.

### Auskultation der Stimme

Stimmfremitus — Fühlbares Mitschwingen der Brustwand bei lautem Reden und tiefem Singen.

Auskultation der Stimme — Normalerweise nur als dumpfe tiefe Töne zu hören.

## Notfalleingriffe

### Fremdkörperaspiration

Falls der Fremdkörper oberhalb des Larynx liegt, digital entfernen; evtl. Tracheotomie nötig. Wenn der Fremdkörper den Larynx passiert hat, steckt er meist im rechten Stammbronchus (weiteres Lumen und geringere Abwinkelung als linker). Patient in Kopftieflage schütteln, falls vergeblich, Entfernung des Fremdkörpers mittels Bronchoskop.

### Pleurapunktion

Bei größerer Flüssigkeitsmenge im Pleuraspalt wird in der mittleren Axillarlinie am Oberrand der 7. oder 8. Rippe punktiert.

### Mediastinalflattern

Lebensbedrohliche, atemsynchrone Verschiebungen des Herzens beim offenen Pneumothorax. Öffnung abdichten.

### Spannungspneumothorax

Bei Thoraxwand- oder Bronchienverletzung inspirationssynchrones Eindringen von Luft in den Pleuraspalt. Die Luft kann in der Exspiration durch einen sich schließenden Ventilmechanismus nicht mehr entweichen. Durch Verdrängung des Herzens auf die gesunde Thoraxseite hin entsteht ein lebensbedrohlicher Zustand. Entlastungspunktion auf der verletzten Seite in der Medioclavicularlinie, am Oberrand der 2. oder 3. Rippe. Die Punktion wird mit einer mittelstarken Kanüle, der ein an der Spitze abgeschnittener Fingerling aufgesetzt ist, durchgeführt.

# Kreislauforgane und Blut

**Inhalt**

Herz . . . . . . . . . . . . . . . . . . . . . . . . . . . . . . . . . 60
    Perkussion . . . . . . . . . . . . . . . . . . . . . . . . . . . 60
    Auskultation . . . . . . . . . . . . . . . . . . . . . . . . . . 61
    Coronararterien . . . . . . . . . . . . . . . . . . . . . . . . . 63
    Reizbildung und Reizleitung . . . . . . . . . . . . . . . . . . 65
    EKG-Ableitungsstellen . . . . . . . . . . . . . . . . . . . . . 65
    Herzrhythmus . . . . . . . . . . . . . . . . . . . . . . . . . 66
    Volumina . . . . . . . . . . . . . . . . . . . . . . . . . . . 67
    Head-Zone des Herzens . . . . . . . . . . . . . . . . . . . . 67
    Notfallhilfen am Herzen . . . . . . . . . . . . . . . . . . . . 69
Gefäßsystem . . . . . . . . . . . . . . . . . . . . . . . . . . . . 73
    Blutzirkulation . . . . . . . . . . . . . . . . . . . . . . . . . 73
    Blutdruck . . . . . . . . . . . . . . . . . . . . . . . . . . . 74
    Puls- und Abdrückstellen von Arterien . . . . . . . . . . . . 76
    Venenstämme . . . . . . . . . . . . . . . . . . . . . . . . . 78
    Venenkatheter . . . . . . . . . . . . . . . . . . . . . . . . . 78
    Hautvenen am Arm . . . . . . . . . . . . . . . . . . . . . . 81
    Hautvenen am Bein . . . . . . . . . . . . . . . . . . . . . . 83
    Pfortaderkreislauf . . . . . . . . . . . . . . . . . . . . . . . 85
    Shuntstellen im fetalen Blutkreislauf . . . . . . . . . . . . . 87
Blut . . . . . . . . . . . . . . . . . . . . . . . . . . . . . . . . . 88
    Allgemeine Blutwerte . . . . . . . . . . . . . . . . . . . . . 88
    Blutgruppen . . . . . . . . . . . . . . . . . . . . . . . . . . 88
    Blutzellen . . . . . . . . . . . . . . . . . . . . . . . . . . . 89

# Herz

| | |
|---|---|
| Größe und Gewicht | Etwa faustgroß; Körpergröße und Körpergewicht beeinflussen die Herzgröße und das Herzgewicht (mittleres Herzgewicht des Erwachsenen 250 g ♀, 300 g ♂). |
| Lage | Herzbasis: Vom 2. Intercostalraum links bis zum 3. Rippenknorpel rechts.<br>Herzspitze: In Höhe der 6. linken Rippe, medial der Medioclavicularlinie. |
| Herzspitzenstoß | Projiziert sich an der Brustwand etwas cranialwärts der tatsächlichen Lage der Herzspitze. Im linken 5. Intercostalraum medial der Medioclavicularlinie Anschlagen der Herzspitze an die Thoraxwand zu fühlen. |

## Perkussion

Die *relative Herzdämpfung* gibt wichtige Auskunft über die Herzgröße und eventuelle Rechts- oder Linksherzvergrößerung. Perkussionsdämpfung im Bereich der gesamten Herzprojektion auf die Brustwand.

a) Bei großer Statur (Mann) (mittlere Inspiration)
   Rechte Herzgrenze: 4–5 cm rechts der Medianen.
   Linke Herzgrenze: 9–10 cm links der Medianen.
b) Bei kleiner Statur (mittlere Inspiration):
   Rechte Herzgrenze: 3–4 cm rechts der Medianen.
   Linke Herzgrenze: 8–9 cm links der Medianen.
c) Bei Frauen
   Im Mittel sind die Meßwerte für die relative Herzdämpfung um 0,5–1 cm geringer als beim Mann.

Bei maximaler Inspiration verschieben sich die Grenzen der relativen Herzdämpfung etwas nach medial, bei maximaler Exspiration verbreitern sie sich nach lateral (besonders nach links).

Die *absolute Herzdämpfung* ist in der Aussagekraft gering. Sie ist das Areal stärkster perkussorischer Dämpfung und entspricht dem der Brustwand direkt anliegenden rechten Ventrikel.

Die Obergrenze verläuft entlang des Unterrandes der linken 4. Rippe oder etwas caudal hiervon.
Die rechte Grenze fällt in etwa mit dem linken Sternalrand zusammen.
Die linke Grenze verbindet leicht nach lateral konvex den linken 4. Rippenknorpel mit dem Herzspitzenstoß im linken 5. Intercostalraum.
Die untere Grenze läßt sich nicht festlegen, da sie mit der Leberdämpfung zusammenfällt.

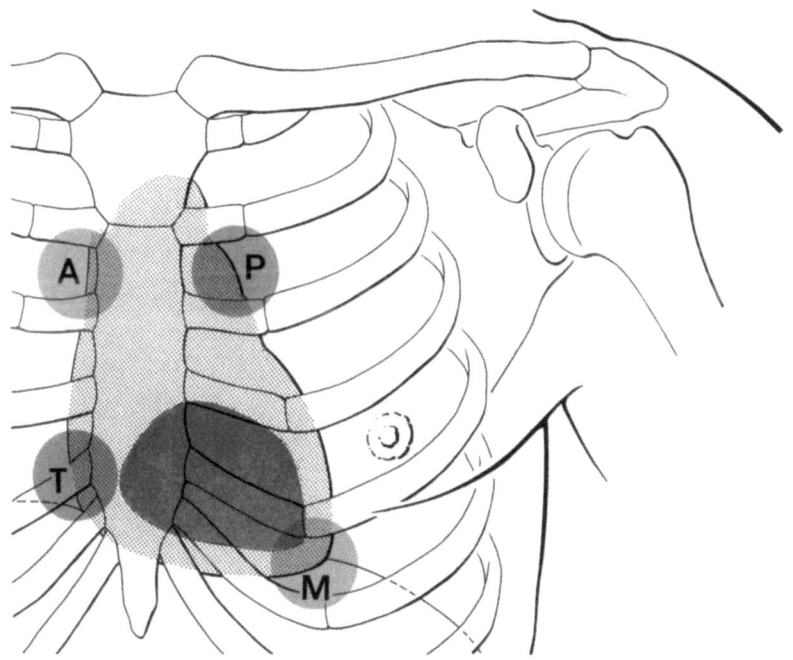

**Abb. 30.** Mittlere Inspirationsstellung. Absolute Herzdämpfung dunkel gerastert, relative Herzdämpfung hell gerastert. Auskultationsstellen des Herzens für: $A$ = Aortenklappe, $P$ = Pulmonalklappe, $T$ = Tricuspidalklappe, $M$ = Mitralklappe

## Auskultation

### Auskultationsstellen der Herzklappen

| | |
|---|---|
| Mitralklappe | Über der Herzspitze. Im 5. Intercostalraum links, 8–11 cm von der Medianen. |
| Tricuspidalklappe | Über dem Sternalansatz der 5. rechten Rippe oder darunter im 5. Intercostalraum. |
| Pulmonalklappe | Am Sternalrand des linken 2. Intercostalraumes. |
| Aortenklappe | Am Sternalrand des rechten 2. Intercostalraumes (weiterhin über dem Ansatz der linken 4. Rippe am Sternum). |

### Auskultation der Herztöne

| | |
|---|---|
| I. Ton | Er wird verursacht durch die angespannten und geschlossenen Segelklappen (Mitral-, Tricuspidalklappe) und die Anspannung der Kammermuskulatur. „Anspannungston". |
| Auskultation | Über der Herzspitze (lauter und tiefer als II. Herzton). |
| II. Ton | Er wird verursacht durch den Schluß der Taschenklappen (Pulmonal-, Aortenklappe), „Klappenton". |
| Auskultation | Über der Herzbasis (lauter und höher als der I. Herzton). |

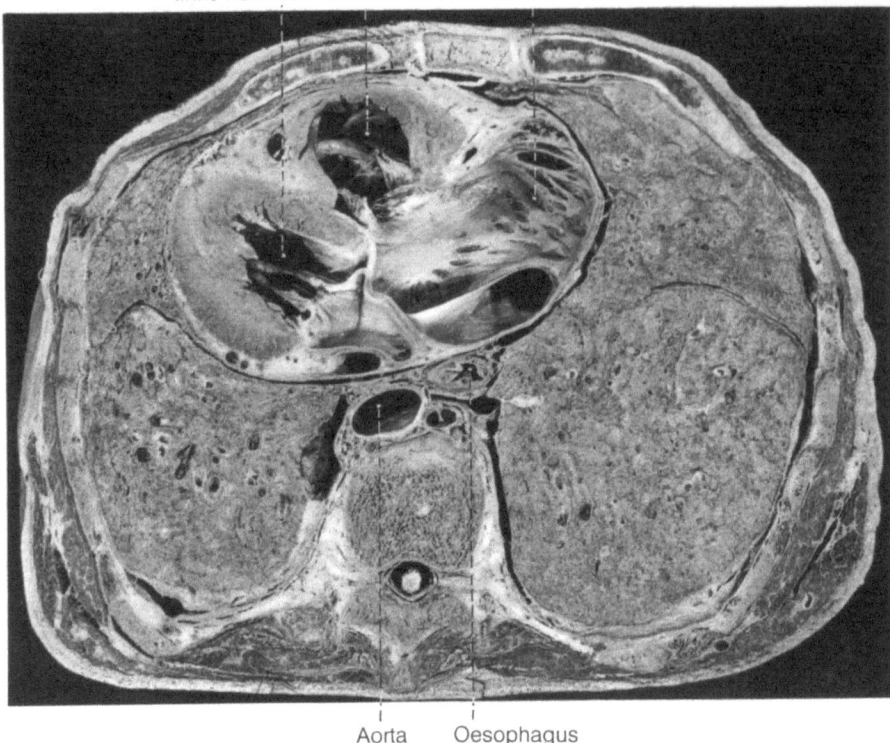

Abb. 31. Ansicht von cranial auf einen Horizontalschnitt in Höhe von Th 8

Die Ventrikelsystole entspricht damit dem Intervall zwischen dem I. und II. Herzton.

Die Ventrikeldiastole entspricht damit dem Intervall zwischen dem II. und dem nächstfolgenden I. Herzton.

Bei Kindern und Jugendlichen und während der Inspiration gedoppelter II. Herzton physiologisch (etwas zeitlich versetzter Schluß von Aorten- und Pulmonalklappe).

**Auskultation von Herzgeräuschen**

Herzgeräusche sind ein an-, abschwellendes, spindelförmiges oder bandförmiges Zischen, Schwirren, das im Herzen oder den unmittelbar herznahen Gefäßen entsteht.

Ursachen
a) Physiologisch: Funktionelle, akzidentelle Geräusche (z. B. durch stärkere Trabekelausbildung des Ventrikelmyokards).
b) Pathologisch:
  1. Wirbelbildungen an stenosierten oder insuffizienten Klappen.
  2. Arteriovenöse Shuntverbindungen im Herzen.
  3. Erhöhte Blutfließgeschwindigkeit.

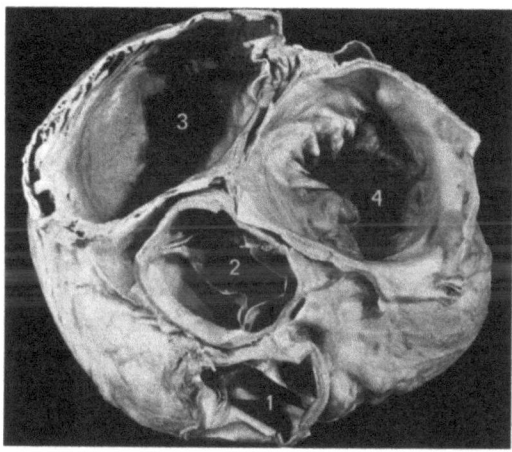

**Abb. 32.** Ansicht von cranial auf die Ventilebene des Herzens. *1* = Pulmonalklappe, *2* = Aortenklappe, *3* = Tricuspidalklappe, *4* = Mitralklappe

## Coronararterien

Die beiden Herzkranzarterien sind funktionelle Endarterien, da ihre wenigen und dünnen Anastomosen untereinander für eine gegenseitige Ersatzversorgung nicht ausreichen.

Je nach Größe der Versorgungsgebiete der beiden Coronararterien spricht man vom:

a) Ausgeglichenen Versorgungstyp
b) Linksversorgungstyp (Linkstyp)
c) Rechtsversorgungstyp (Rechtstyp)

### a) Ausgeglichener Versorgungstyp

Der R. interventricularis anterior aus der A. coronaria sinistra im Sulcus interventricularis anterior und der R. interventricularis posterior aus der A. coronaria dextra im Sulcus interventricularis posterior markieren die Grenzen der etwa gleich großen Versorgungsgebiete der beiden Kranzarterien.

Versorgungsgebiet der A. coronaria sinistra: Die Wand des linken Vorhofs, der Hauptteil des Vorhofseptums, die Wand des linken Ventrikels ohne seine Unterseite, die beiden Papillarmuskeln des linken Ventrikels, die vorderen ⅔ des Ventrikelseptums, rechts neben dem Sulcus interventricularis anterior ein schmaler Wandstreifen des rechten Ventrikels und dessen vorderer Papillarmuskel.

Versorgungsgebiet der A. coronaria dextra: Die Wand des rechten Vorhofs, ein geringer Teil des Vorhofseptums, die Wand des rechten Ventrikels (mit Ausnahme der schmalen Zone im Bereich des Sulcus interventricularis anterior) und sein hinterer und septaler Papillarmuskel, die Unterseite des linken Ventrikels und das dorsale Drittel des Ventrikelseptums.

### b) Linkstyp

In diesem Fall ist der R. interventricularis posterior ein Ast der A. coronaria sinistra. Deshalb überwiegt das Versorgungsgebiet der linken Kranzarterie. Zusätz-

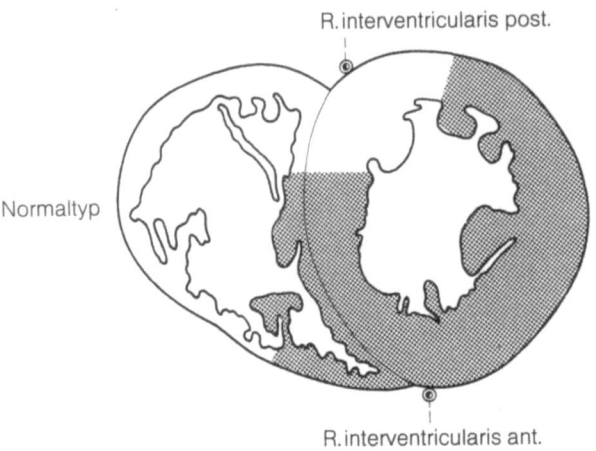
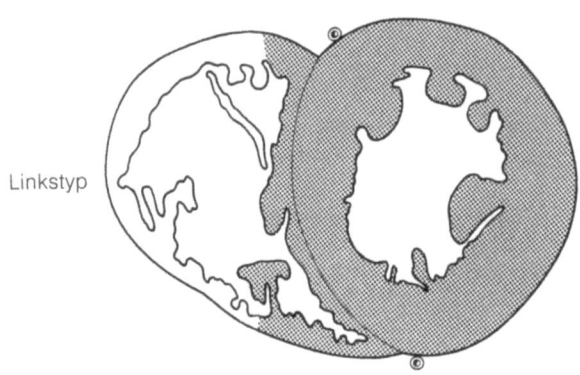
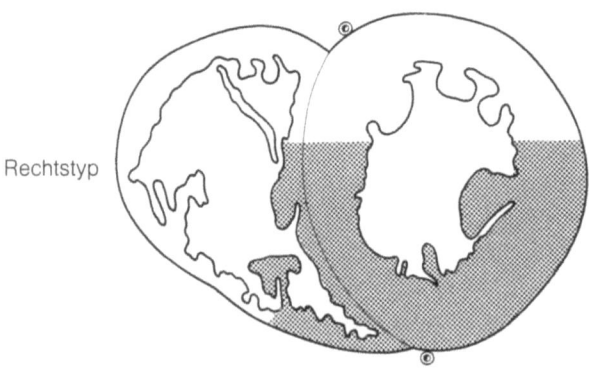

**Abb. 33.** Arterielle Versorgung des Herzens. Dunkel gerastert = Versorgungsgebiet der A. coronaria sinistra. Hell = Versorgungsgebiet der A. coronaria dextra

liches Einzugsgebiet der A. coronaria sinistra ist das dorsale Drittel des Ventrikelseptums und die ihm unmittelbar benachbarten Bezirke des rechten und linken Kammermyokards.

### c) Rechtstyp

In diesem Fall ist die A. posterior ventriculi sinistri ein Ast der A. coronaria dextra. Deshalb überwiegt das Versorgungsgebiet der rechten Kranzarterie. Zusätzliches Einzugsgebiet der A. coronaria dextra ist die gesamte dorsale Wand des linken Ventrikels.

## Reizbildung und Reizleitung

Reizbildung  Die Reizbildung geht aus vom Keith-Flack-Sinusknoten, der auf der Vorderseite der Einmündungsstelle der oberen Hohlvene in den rechten Vorhof liegt. Der Sinusknoten wird vom vegetativen Nervensystem beeinflußt (Reizbildung, Reizleitung und Erregbarkeit des Myokards werden vom Parasympathicus gehemmt, vom Sympathicus gesteigert). In der Reizbildung ist der Sinusknoten auch von der Körpertemperatur abhängig (bei erhöhter Körpertemperatur raschere, bei erniedrigter Körpertemperatur verlangsamte Reizbildung).

Erregungs-  Über spezifizierte Vorhofmuskelzellen gelangt die Erregung zum Atrioventricu-
leitung  larknoten (Aschoff-Tawara-Knoten). Von hier breitet sie sich über den rechten und linken Schenkel des His-Bündels im Ventrikelseptum herzspitzenwärts aus und erreicht über die Purkinje-Fasern das Kammerwandmyokard.

### Arterielle Versorgung der Reizbildungs- und Reizleitungsstellen

Keith-Flack-  Er wird über die A. sinuatrialis aus der rechten oder linken Kranzarterie ver-
Sinusknoten  sorgt.

Aschoff-Tawara-  *Beim ausgeglichenen Versorgungstyp und beim Rechtstyp:* Versorgung über die A.
Knoten  coronaria dextra.

*Beim Linkstyp:* Versorgung über die A. coronaria sinistra.

His-Bündel  Versorgung über Rr. septales der beiden Kranzarterien.

*Beim ausgeglichenen und beim Rechtstyp:* Rechter und linker vorderer Ast des His-Bündels werden aus der A. coronaria sinistra, der hintere Ast des His-Bündels aus der A. coronaria dextra versorgt.

*Beim Linkstyp:* Alle Äste des His-Bündels erhalten ihre Versorgung nur aus der A. coronaria sinistra.

## EKG-Ableitungsstellen

### Standardableitungen nach Einthoven

Ableitung I  Rechter Arm – linker Arm.
Ableitung II  Rechter Arm – linkes Bein
Ableitung III  Linker Arm – linkes Bein.

## Unipolare Ableitungen nach Wilson und Goldberger

| | |
|---|---|
| $V_1$-Ableitung | 4. rechter Intercostalraum parasternal. |
| $V_2$-Ableitung | 4. linker Intercostalraum parasternal. |
| $V_3$-Ableitung | 5. linke Rippenknorpelgrenze. |
| $V_4$-Ableitung | 5. linker Intercostalraum, Medioclavicularlinie. |
| $V_5$-Ableitung | Schnittpunkt zwischen linker vorderer Axillarlinie und Horizontaler durch $V_4$-Ableitungsstelle. |
| $V_6$-Ableitung | Schnittpunkt zwischen linker mittlerer Axillarlinie und Horizontaler durch $V_4$. |

Zusätzlich:

| | |
|---|---|
| $V_7$-Ableitung | Schnittpunkt zwischen linker hinterer Axillarlinie und Horizontaler durch $V_4$. |
| $V_8$-Ableitung | Schnittpunkt zwischen linker Skapularlinie und Horizontaler durch $V_4$. |
| $V_9$-Ableitung | Schnittpunkt zwischen linker Paravertebrallinie und Horizontaler durch $V_4$. |

## Herzrhythmus

Pulsfrequenz des Neugeborenen um 130 pro Minute.
Pulsfrequenz des Kindes etwa 90–100 pro Minute.
Pulsfrequenz des Erwachsenen etwa 60–80 pro Minute.
Pulsfrequenz des Greises etwa 70–90 pro Minute.

### Pulsqualitäten

| | |
|---|---|
| Pulsus magnus | Puls mit hoher Amplitude zwischen systolischem und diastolischem Druck. |
| Pulsus parvus | Puls mit niedriger Amplitude zwischen systolischem und diastolischem Druck. |
| Pulsus durus | Harter, schwer unterdrückbarer Puls des Hypertonikers. |
| Pulsus mollis | Weicher, leicht unterdrückbarer Puls des Hypotonikers. |
| Pulsus celer | Puls mit rasch an- und absteigendem Druck, bei großer Amplitude. |
| Pulsus tardus | Puls mit verlängerter an- und absteigender Druckphase. |
| Pulsus regularis | Puls mit regelmäßigem Schlagrhythmus. |
| Pulsus irregularis | Puls mit wechselndem Schlagrhythmus. |

### Veränderte Herzaktionen

| | |
|---|---|
| Bradykardie | Pulsverlangsamung, Verminderung der Herzschlagfrequenz durch Vagusreiz, chemische Substanzen (z. B. Gallensäuren) oder einen veränderten Herzzustand (Myokarditis, Coronarsklerose u. a.). |
| Sportlerherz | Gleichmäßige, alle Herzteile erfassende Zunahme des gut kapillarisierten Myokards (Hypertrophie und Hyperplasie). Durch die Vergrößerung der Herzhohlräume ist das Herzschlagvolumen erhöht. Herzschlagfrequenz in Ruhe bis auf 40 pro Minute erniedrigt. |

| Tachykardie | Beschleunigter Puls, Erhöhung der Herzschlagfrequenz über einen Sympathicusreiz, einen veränderten Herzzustand (z. B. bei einer Myokarditis) und durch Fieber (pro 1° erhöhte Körpertemperatur etwa 8 Schläge pro Minute mehr). |
|---|---|
| Vorhofflattern | Rasch aufeinander folgende (250–300 pro Minute) regelmäßige Vorhofkontraktionen, mit etwa 1:3 Überleitung auf die Kammern. |
| Vorhofflimmern | Sehr schnelle, unkoordinierte Zuckungen des Vorhofmyokards mit einer Frequenz von etwa 300–600 pro Minute. Nug vereinzelte Impulse erreichen das Kammermyokard. |
| Kammerflattern | Rasch aufeinander folgende (über 160 pro Minute) regelmäßige Ventrikelkontraktionen. |
| Kammerflimmern | Hochfrequente, asynchrone Kontraktionen einzelner Areale des Kammermyokards = „funktioneller Herzstillstand". |

## Volumina

Die vier Herzbinnenräume fassen jeweils gleiche Blutvolumina.

| Schlagvolumen | Pro Herzaktion vom linken Ventrikel ausgeworfene Blutmenge (in Ruhe 70–100 ml). |
|---|---|
| Minutenvolumen | Schlagvolumen multipliziert mit Herzschlagfrequenz pro Minute (in Ruhe also etwa: 70 ml × 70 = 4900 ml = 4,9 l; bei schwerster körperlicher Arbeit: zwischen 20 und 30 l pro Minute). |
| Sauerstoffverbrauch | In Ruhe Sauerstoffverbrauch eines normal großen Erwachsenenherzens 30 cm$^3$ pro Minute (entspricht etwa $\frac{1}{10}$ der Gesamtsauerstoffaufnahme des Menschen). |

## Head-Zone des Herzens

Herzschmerzen werden im wesentlichen über die sensiblen Nervenfasern in den sympathischen Rami cardiaci cervicales et thoracici abgeleitet. Ihnen sind die drei sympathischen Halsganglien und die ersten fünf thorakalen Grenzstrangganglien zugeordnet.

Über die Rami communicantes albi werden die Schmerzimpulse den Spinalnerven der oberen Thorakalsegmente zugeleitet. Über die Radices dorsales erreichen sie die Spinalganglien und danach das Rückenmark. Entsprechend des segmentalen Zuflusses dieser vegetativen Schmerzimpulse werden auch über die Erregung der segmentalen sensiblen Ganglien „Scheinschmerzen" über die Segmentnerven in die zugehörigen Dermatome projiziert. Die für das Herz zutreffenden Head-Zonen sind in den beiden Abb. 34a, b angegeben. Pectanginöse Beschwerden oder ein Herzinfarkt können deshalb über ihre vegetativen Schmerzprojektionen u. a. die Symptomatik eines akuten Abdomens, Schmerzen in der linken Schulter oder zwischen den Schulterblättern und Schmerzen an der Innenseite des linken Armes vortäuschen.

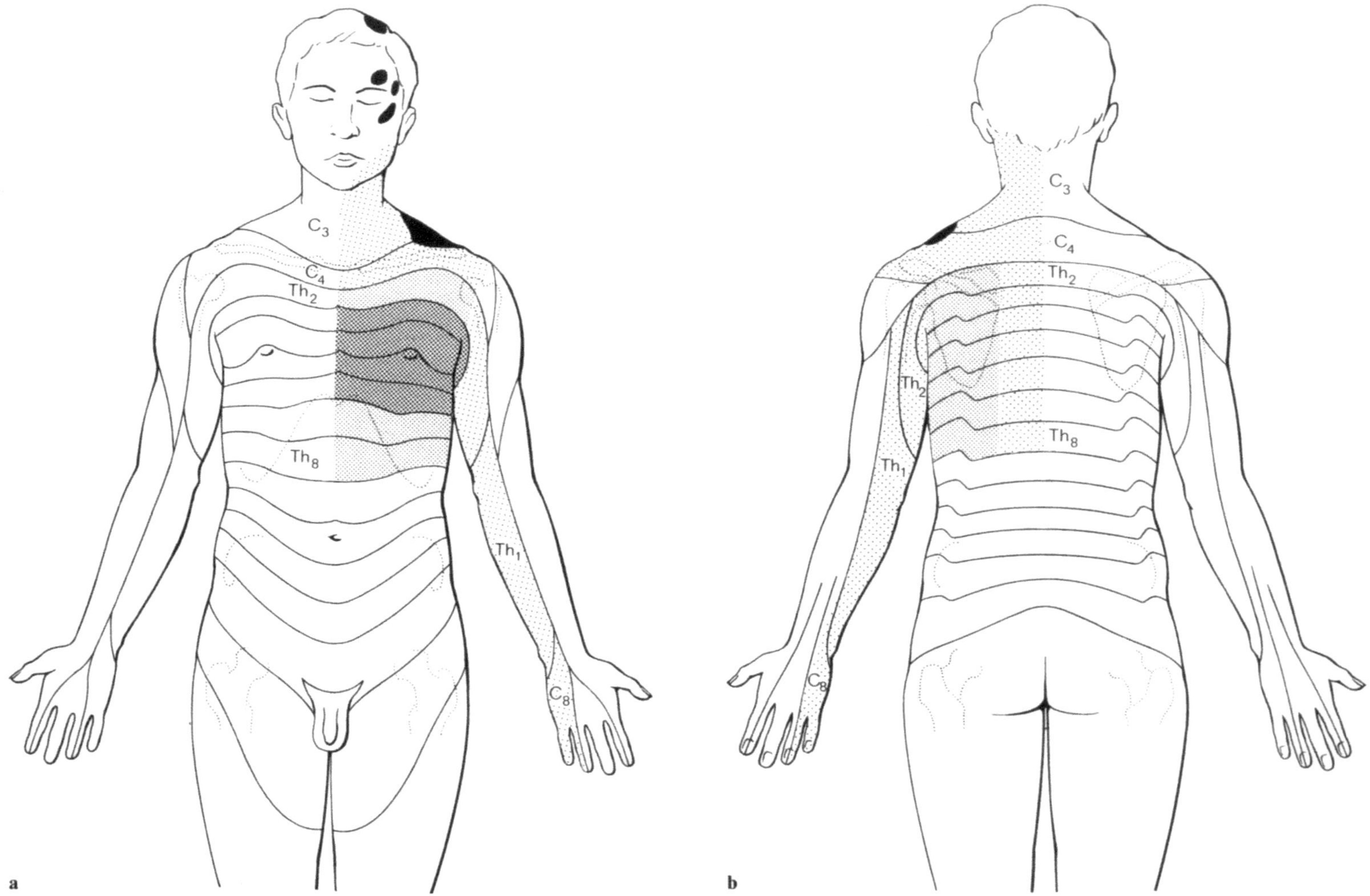

Abb. 34a, b. Head-Zonen des Herzens (nach Hansen-Schliack) von ventral (**a**) und dorsal (**b**)

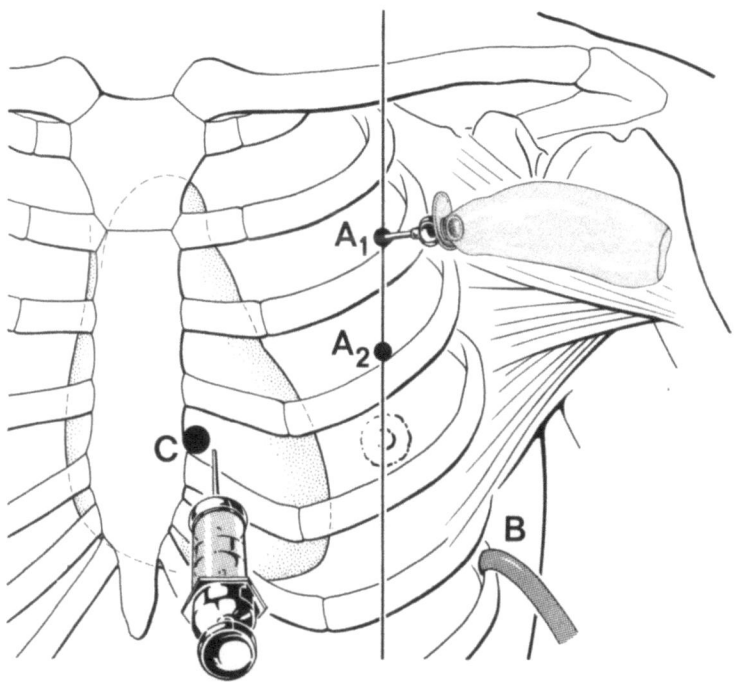

**Abb. 35.** Anatomisch günstige Zugangsstellen für Notfallmaßnahmen am Thorax. $A_1$ und $A_2$ = Entlastungspunktionsstellen beim Spannungspneumothorax links, B = Anlagestelle für eine Thoraxsaugdrainage links, C = Einstichstelle für eine intrakardiale Injektion

## Notfallhilfen am Herzen

### Äußere Herzmassage

Beim Erwachsenen
Patient auf harter Unterlage gelagert. Künstliche Beatmung (Intubation, Mund-zu-Mund-Beatmung etwa 10mal pro Minute). Linke Handfläche auf unteres Sternaldrittel legen, rechte Hand auf linke legen. Bei gestreckten Ellenbogengelenken etwa 60mal pro Minute unter Ausnutzung des eigenen Körpergewichtes mit etwa 15 kg Druck den Thorax des Patienten komprimieren. Sternum wird etwa 3–4 cm tief eingedrückt und preßt das Herz aus. Gefahr der Rippenfrakturen beim alten Menschen.

Beim Kind
Im Prinzip gleiche Technik. Beim Säugling und Kleinkind 2 Finger für den geringeren Druck auf die Herzgegend ausreichend, bei Kindern eine Hand. Erhöhung der Kompressionsfrequenz auf etwa 100 pro Minute.

### Intrakardiale Injektion

Mit 8–10 cm langer und 0,8 mm dicker Kanüle am Oberrand der linken 5. Rippe (also im linken 4. Intercostalraum) unmittelbar am Sternalrand etwa 3,5–5 cm tief senkrecht einstechen. Die kontrollierende Aspiration von Blut in die Spritze geht der Injektion von Effortil und Coramin voraus.

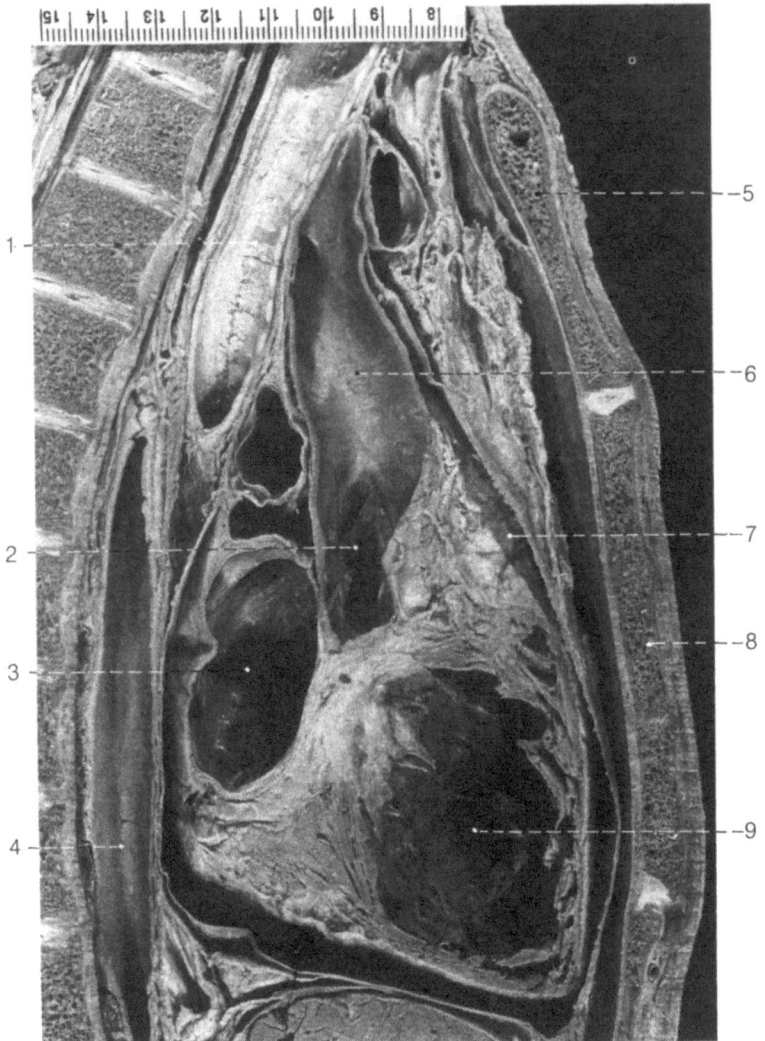

**Abb. 36.** Medianschnitt durch das Mediastinum. Beachte die Lage des Herzens zwischen Brustwirbelsäule und Sternum, deren Kenntnis zum Verständnis der äußeren Herzmassage notwendig ist. *1* = Trachea, *2* = Aortenklappe, *3* = linker Vorhof, *4* = Aorta descendens, *5* = Manubrium sterni, *6* = Aorta ascendens, *7* = Truncus pulmonalis, *8* = Corpus sterni, *9* = rechter Ventrikel

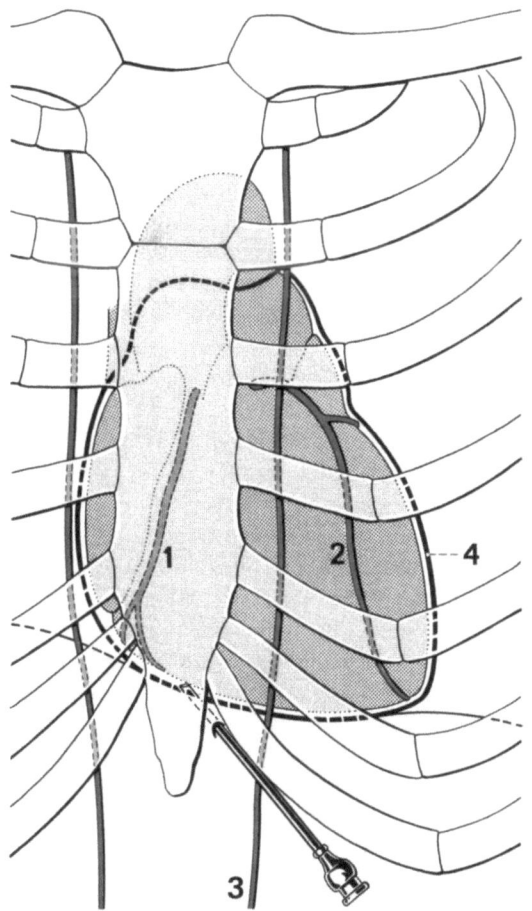

**Abb. 37.** Anatomisch günstigste Ausrichtung der Kanüle bei der Herzbeutelpunktion vom Epigastrium her mit Angabe der Arterien im Bereich des Punktionsweges. *1* = A. coronaria dextra, *2* = R. interventricularis anterior der A. coronaria sinistra, *3* = A. thoracica interna sinistra mit ihrer Fortsetzung als A. epigastrica superior sinistra, *4* = Herzbeutelkontur

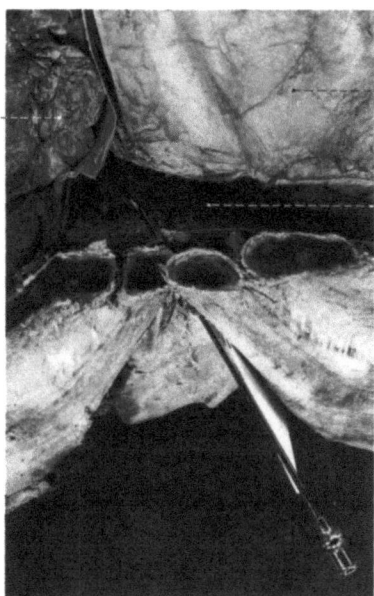

**Abb. 38.** Epigastrische Herzbeutelpunktion am Präparat. Ausrichtung der Kanüle im linken costoxiphoidealen Winkel

**Herzbeutelpunktion**

Lagerung
: Halbsitzend.

Herzsituation
: Der Erguß im Herzbeutel hat sich nach unten abgesenkt. Das Herz ist nach ventral und cranial gedrängt.

Punktionstechnik
: Die Punktion vom epigastrischen Winkel her sollte die Methode der Wahl sein. Bei ihr sind weder die Pleurahöhlen und die Lungen noch der R. interventricularis der linken Kranzarterie oder die A. marginalis dextra gefährdet. Die Peritonealhöhle wird nicht tangiert, da die Kanülenführung sich an den Oberrand der Pars sternalis des Zwerchfells hält. Die Punktion vom epigastrischen Winkel her berücksichtigt auch die etwa 0,6–1,5 cm parasternal verlaufende linke 3 mm starke A. thoracica interna, die im Regelfall 2,6 cm lateral des Punktionsweges liegt.

Eine Lokalanaesthesie im oberen Winkel zwischen Processus xiphoideus und linker 7. Rippe mit nicht zu feiner Nadel sollte den Eingriff einleiten. Die Kanüle wird 2–3 cm tief im 45°-Winkel zur Haut schräg nach rechts oben auf das Acromion zu unter Infiltration des Lokalanaesthetikums vorgeschoben. Nach kurzer Einwirkzeit mit kräftiger, kurz abgeschliffener, etwa 8–10 cm langer Hohlnadel in gleicher Richtung (32°–33° zur Frontalebene auf das rechte Acromion zu) einstechen. Nach $4,6 \pm 0,1$ cm langem Weg entlang des Oberrandes der Pars sternalis des Zwerchfells wird der Herzbeutel erreicht. Das Kanülenende kommt dabei, je nach Größe des Ergusses, nicht näher als 0,5 cm an die A. coronaria dextra zu liegen. Perikardarterien aus den Zwerchfellarterien oder aus der A. thoracica interna liegen nicht auf diesem Punktionsweg.

# Gefäßsystem

## Blutzirkulation

Die Hämodynamik (= strömungsphysikalische Betrachtung des Blutflusses) ist abhängig vom Vasomotorenspiel, vom Gefäßwiderstand und von der Signalgebung der gefäßeigenen Receptoren.

In unserem Gefäßsystem findet der Hauptdruckverlust von etwa 50 mm Hg zwischen den kleinsten Arterien (70 mm Hg) und dem Ende des arteriellen Kapillarschenkels (20–30 mm Hg) statt. Im Kapillargebiet ist die Fließgeschwindigkeit des Blutes mit etwa 0,05 cm pro Sekunde am geringsten.

Das Herz als Druck-Saug-Pumpe unseres Kreislaufs wäre allein nicht in der Lage, den Kreislauf aufrecht zu erhalten. Es benötigt Hilfen:

**Arterielle Hilfseinrichtungen**

1. Die Aorta und die Anfangsstücke ihrer großen Äste sind in der Lage, den bei der Kammersystole ruckartig ankommenden Blutstoß über die Elastizität ihrer Wandkonstruktion abzufangen. Über ihre Wanddehnung speichern sie also einen Teil der vom Herzen abgegebenen Energie, den sie in der Ventrikeldiastole an die Blutsäule wieder zurückgeben. Damit fließt das Blut kontinuierlich und nicht stoßweise („Windkesselwirkung" der elastischen Gefäße).
2. Arterielle Drosseleinrichtungen sind in der Lage, das zirkulierende arterielle Blut von nichtaktiven Gebieten größtenteils fernzuhalten. Die arterielle Durchblutung des Gehirns bleibt ziemlich konstant.
3. Über das Vasomotorenzentrum der Formatio reticularis können Gefäße verengt werden.

**Venöse Hilfseinrichtungen**

1. Venentaschenklappen richten den Blutstrom herzwärts aus.
2. Durch Bewegung der Extremitätenmuskeln wird das Blut aus den Arm- und Beinvenen herzwärts gedrückt („Skeletmuskelpumpe").
3. Die arterielle Pulswelle und systolische Volumenerweiterung der Arterien übertragen sich auf die unmittelbar benachbarten Extremitätenvenen.

**Atmungsbedingte Hilfseinrichtungen**

1. In der Inspiration weitet sich der Thoraxraum. Die intrathorakalen Venen und der rechte Vorhof bekommen dadurch einen Blutdruckabfall. Der Bauchraum wird durch die inspiratorische Zwerchfellverlagerung komprimiert und der Druck in den intraabdominellen Venen steigt an. In der Inspiration erfolgt deshalb ein beschleunigter Blutfluß von den Bauchraumvenen zu den herznahen thorakalen Venen und zum rechten Vorhof hin.

In der Exspiration erhöht sich der Druck im Thoraxraum, der Blutdruck in den intrathorakalen Venen steigt wieder an, während er in den Bauchraumvenen abfällt.
2. Bei der Inspiration kontrahiert sich das Zwerchfell nach caudal. Die V. cava inferior ist am sehnigen Anteil des Zwerchfells fixiert, ihr Lumen bleibt daher unbeeinflußt. Da das Herz über den Herzbeutel am Zwerchfell fixiert ist, wird die Ventilebene des Herzens caudalwärts verschoben. Das von caudal ankommende venöse Blut „fällt" dadurch leichter in den rechten Vorhof hinein. Der rechte Ventrikel muß in der folgenden Ventrikeldiastole eine erhöhte Blutmenge aufnehmen.

## Blutdruck

### Lokalisation der Pressoreceptoren (Blutdruckzügler)

1. In der Adventitia und Media der A. carotis interna, nahe ihrem Ursprung aus der A. carotis communis.
2. In der Adventitia und Media des Aortenbogens und des Truncus brachiocephalicus.

### Lokalisation der Chemoreceptoren (Atmungsregulation und Kontrolle des Blutchemismus)

1. Am Aortenbogen (Glomus aorticum).
2. An der Carotisgabel (Glomus caroticum).
3. Im Myel- und Metencephalon (Atemzentrum).

### Blutdruckschwankungen

Tagesrhythmus  Abends höchster Blutdruck; im Schlaf Blutdruck erniedrigt.

Orthosthatisch  Beim abrupten Übergang vom Liegen zum Stehen erfolgt ein kurzfristiger Blutdruckabfall. Der venöse Rückfluß zum Herzen ist bis zur Korrektur durch den Sympathicus gestört, da das Blut nach den Gesetzen der Schwerkraft beckenwärts drängt.

### Normalwerte des arteriellen Blutdrucks

| Lebensjahr | Blutdruck in mm Hg (Mittelwerte) | |
| --- | --- | --- |
| | Systolisch | Diastolisch |
| Neugeborenes | 80± 16 nach Nadas | 46±16 |
| 1 | 96± 30 | 66±25 |
| 3 | 100 | 65 |
| 6 | 100 | 65 |
| 12 | 105 | 70 |
| 18 | 115 – 120 | 70 – 75 |
| 30 | 120 – 125 | 75 – 80 |
| 40 | 125 – 130 | 78 – 80 |
| 50 | 130 – 135 | 78 – 85 |
| 60 | 135 – 145 | 78 – 85 |
| 70 | 145 – 155 | 78 – 85 |
| 80 | 145 – 160 | 78 – 85 |

| | |
|---|---|
| Blutdruckmessung am Arm (nach Riva-Rocci = „RR") | Arm in Höhe des Herzens lagern. Blutdruckmanschette oberhalb der Ellenbeuge nicht zu locker anlegen. Manschette zunächst auf einen Wert um 100 aufpumpen und über der gestreckten Ellenbeuge etwas ulnar der Ellenbeugenmitte Pulston auskultieren. Nun Manometerdruck bis zum Verschwinden des „Klopftones" erhöhen. Beim langsamen Absenken des Manometerdruckes gibt der Meßwert bei gerade hörbarem klopfendem Ton den systolischen Blutdruck an, die Manometernadel „tanzt" dabei pulswellensynchron. Das Aufhören des pochenden Tones bei weiterem Ablassen des Manschettendruckes gibt den diastolischen Wert an. Der Blutdruck im Sitzen, Stehen und Liegen ist unterschiedlich. Der Belastungsblutdruck ist zur Interpretation der Kreislaufregulierung am aussagekräftigsten. |
| Hypertonie | Systolischer Blutdruck über 160 mm Hg und diastolischer Blutdruck über 95 mm Hg beim Erwachsenen. |
| Schock | Zusammenbruch des Kreislaufs. Akute Herabsetzung der kardialen Förderleistung unter den Strömungsbedarf. Akuter Abfall von Herzminutenvolumen, Blutdruck und Blutfluß. |

**Schockformen**

| Ursachen | Wirkung | Körperregulierung bei ausreichender Hirndurchblutung |
|---|---|---|
| 1. Hypovolämischer Schock (Blutung, Plasmaaustritt, Exsiccose, Erythrocytenaggregation) | Der venöse Rückstrom ist herabgesetzt. Der periphere Gefäßwiderstand ist erhöht | Über die Pressoreceptoren erfolgt ein Sympathicusreiz: a) Vasoconstriction besonders von Nieren-, Haut- und Muskelgefäßen |
| 2. Septischer Schock | „ | b) Sympathicusreiz am Herzen |
| 3. Endokriner Schock (Coma diabeticum, Coma hypothyreoticum, Addison-Krise, Phäochromocytom) | „ | c) Ausschüttung von Nebennierenmark- und Nebennierenrindenhormonen |
| 4. Anaphylaktischer Schock (Freisetzen von Gewebshormonen Histamin, Serotonin, Bradykinin etc.) | Der venöse Rückstrom ist herabgesetzt. Verengung der Bronchioli terminales | |
| 5. Kardiogener Schock (Herzinfarkt, Myokarditis, Herzrhythmusstörungen, Perikarderguß, Lungenembolie) | Herzförderleistung wird stark herabgesetzt oder bricht zusammen | |
| 6. Neurogener Schock (traumatische, chemische oder hypoxämische Schädigung des ZNS) | Der venöse Rückstrom ist herabgesetzt. Die peripheren Gefäße sind weitgestellt | |
| 7. Traumatischer Schock | Kreislaufzentralisation | |

## Puls- und Abdrückstellen von Arterien

A. carotis communis
Der Puls der A. carotis communis läßt sich am Vorderrand des M. sternocleidomastoideus etwa in Kehlkopfhöhe tasten.

Die Arterie läßt sich im Notfall kurzfristig gegen das Tuberculum caroticum am Querfortsatz des 6. Halswirbels abdrücken.

A. facialis
Der Puls der A. facialis läßt sich am Unterkiefer unmittelbar am Vorderrand des M. masseter tasten. Die A. facialis läßt sich hier leicht gegen die Mandibula abdrücken.

A. subclavia
Die A. subclavia kann am Austritt aus der Scalenuslücke mit Hilfe des M. subclavius und der Clavicula gegen die 1. Rippe abgedrückt werden, wenn der betroffene Arm kräftig dorsocaudalwärts gezogen wird.

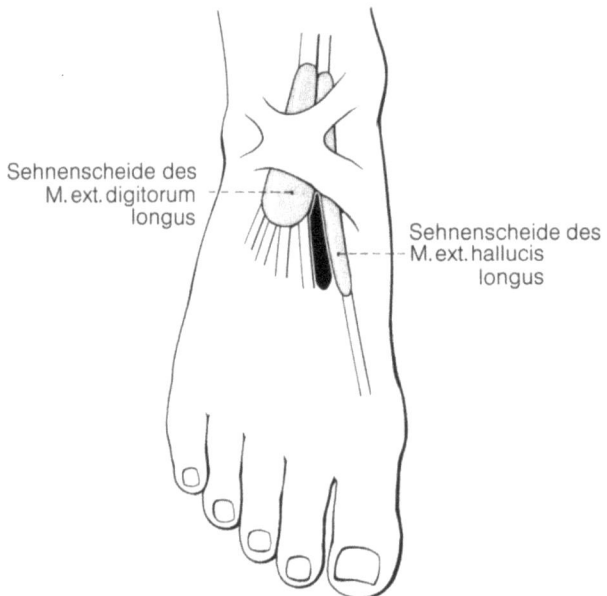

**Abb. 39.** Pulsstelle der A. dorsalis pedis (schwarzes Feld)

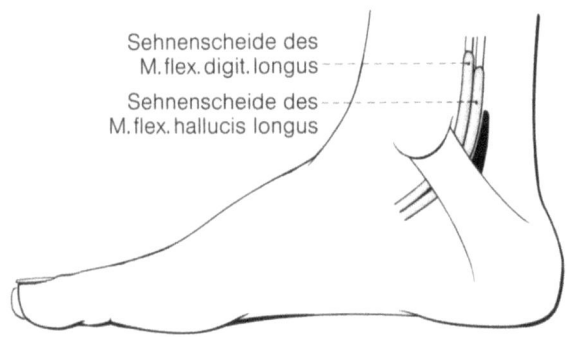

**Abb. 40.** Pulsstelle der A. tibialis posterior (schwarzes Feld)

| | |
|---|---|
| A. brachialis | Der Puls der A. brachialis wird im Sulcus bicipitalis medialis getastet. Die Arterie kann hier gegen den Humerus gedrückt werden. |
| A. radialis | Der Puls ist etwas oberhalb des proximalen Handgelenks, besonders bei dorsal flektierter Hand, zwischen den Sehnen des M. brachioradialis und des M. flexor carpi radialis zu tasten. Die Arterie kann hier gegen den Radius gedrückt werden. |
| A. ulnaris | Der Puls ist in Höhe des proximalen Handgelenks direkt radial der Sehne des M. flexor carpi ulnaris zu tasten. (Die A. radialis zieht über das Retinaculum flexorum.) |
| A. femoralis | Ihr Puls läßt sich etwas caudal der Mitte des Leistenbandes zwischen dem M. pectineus und dem M. iliopsoas tasten. In ihrem Verlauf unter dem Leistenband läßt sie sich leicht gegen das Pecten ossis pubis abdrücken. |
| A. poplitea | Bei passiv gebeugtem Kniegelenk läßt sich ihr Puls zwischen den beiden Köpfen des M. gastrocnemius in der Tiefe der Fossa poplitea palpieren. Ihre Unterbindung würde zur Nekrose des Unterschenkels führen. |
| A. dorsalis pedis | Bei Dorsalflexion des Fußes läßt sich ihr Puls am Fußrist, unmittelbar lateral der vorspringenden Sehne des M. extensor hallucis longus, tasten. |
| A. tibialis posterior | Ihr Puls läßt sich, besonders bei dorsalflektiertem Fuß, in der Mitte zwischen Malleolus medialis und Achillessehnenansatz tasten. |

**Funktionelle Besonderheiten von Gefäßen**

| | |
|---|---|
| Kollateralgefäße | Zusätzliche Gefäße, die aus einem Hauptgefäß abzweigen und über die ein Umgehungskreislauf für ein bestimmtes Gebiet gebildet werden kann. |
| Arteriovenöse Anastomose | Verschließbare Shuntverbindung zwischen bestimmten Arterien und Venen. Durch ihren Verschluß wird ein Gebiet nur bei besonderer Beanspruchung dem vollen Blutdurchfluß ausgesetzt. |
| Anatomische Endarterie | Eine Arterie, die ein Gebiet allein versorgt. Beim Verschluß des Gefäßes geht das nachfolgende Versorgungsgebiet zugrunde (Cohnheim 1872). |
| Funktionelle Endarterie | Eine Haupt- und eine oder mehrere kleinere Nebenarterien versorgen zusammen ein Gebiet. Beim Ausfall der Hauptarterie (funktionelle Endarterie) wird das Gebiet über die kleineren Nebengefäße nicht mehr ausreichend ernährt und geht größtenteils zugrunde. |

## Venenstämme

Die großen Venenstämme spielen für den Allgemeinarzt eine besondere Rolle bei der raschen Kreislaufauffüllung über einen zentralen Venenkatheter. Es wird hier deshalb nur auf die großen Zuflüsse zur oberen Hohlvene eingegangen.

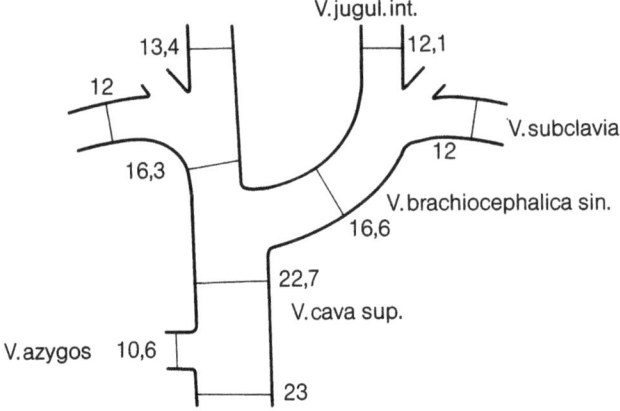

Zuflüsse zur V. cava superior mit mittleren Kaliberangaben in mm

| Vene | Mittelwert des Durchmessers mit Angabe der Standardabweichung (mm) | n | Streubreite (mm) |
|---|---|---|---|
| V. jugularis interna links | 12,1 ± 1,1 | 56 | 7–25 |
| V. jugularis interna rechts | 13,4 ± 1,1 | 57 | 9–21 |
| V. subclavia links | 11,9 ± 0,9 | 56 | 7–16 |
| V. subclavia rechts | 12,0 ± 1,1 | 55 | 7–18 |
| V. brachiocephalica links | 16,6 ± 0,9 | 71 | 10–25 |
| V. brachiocephalica rechts | 16,3 ± 1,0 | 66 | 12–21 |
| V. cava superior (oberhalb der V. azygos) | 22,7 ± 1,0 | 67 | 17–28 |
| V. cava superior (herznah) | 23,0 ± 1,1 | 57 | 16–28 |
| V. azygos | 10,6 ± 0,8 | 57 | 7–18 |

Kalibermessungen an den Zuflüssen zur V. cava superior

Positiver Venenpuls — Pulsation herznaher großer Venen (z. B. bei Tricuspidalinsuffizienz).

Gestaute Halsvenen — Sie finden sich bei einem Abflußhindernis für die Halsvenen (z. B. Rechtsherzinsuffizienz, retrosternale Struma).

## Venenkatheter

### Vena subclavia

Topographie  Die V. axillaris überkreuzt den lateralen Rand der ersten Rippe und unterkreuzt das mittlere Drittel der Clavicula (Länge der Clavicula beim Erwachsenen 15 cm). Ab hier wird die Achselvene V. subclavia genannt. Clavicula und erste Rippe verlaufen nicht parallel zueinander und sind gegeneinander beweglich.

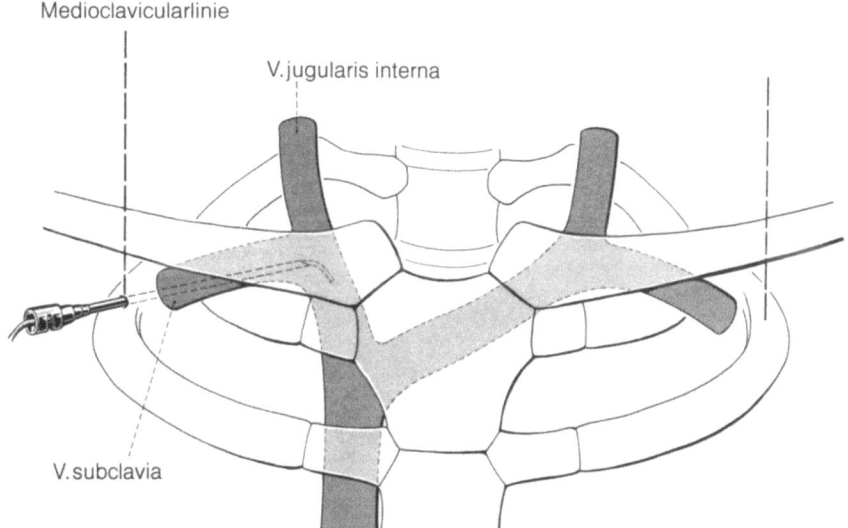

**Abb. 41.** Infraclaviculäre Subclaviapunktion

Die erste Rippe hat keine Flächenkrümmung, ihre Fläche verläuft parallel zur oberen Thoraxapertur, die entsprechend zur Ex- oder Inspirationsstellung des Thorax steiler oder flacher nach ventral abfällt. Der Spaltraum zwischen Clavicula und erster Rippe ist deshalb, je nach Stellung des Schlüsselbeines, unterschiedlich hoch und tief. Im Bereich des mittleren Drittels der Clavicula ist er mit etwa 0,8–1 cm bei hochgenommener Schulter am größten. Der Spaltraum zwischen den beiden Knochen ist im Bereich des medialen Drittels der Clavicula zwischen 1,8 und 2 cm tief.

Die V. subclavia ist mit der Unterseite der Fascia clavipectoralis so verspannt, daß sie nicht kollabieren kann. Gegen das Schlüsselbein zu wird die Vene durch den M. subclavius abgepolstert. Die Verlaufsrichtung der V. subclavia weist unter der Schlüsselbeinmitte zunächst in Richtung auf den Ringknorpel zu. In Höhe der oberen Claviculakontur – etwa 2,5 cm tief von der Haut entfernt – biegt die Vene in einem nach cranial konvexen Bogen hinter dem M. sternocleidomastoideus und vor dem M. scalenus anterior, den N. phrenicus überkreuzend, zum Venenwinkel. Der Venenwinkel ist der Außenwinkel an der Mündungsstelle der V. jugularis interna in die V. subclavia. Hat die V. subclavia den Vorderrand des M. scalenus anterior passiert, so ist sie in ihrem weiteren Verlauf bis zum Venenwinkel nur 3–5 mm von der A. subclavia und dem Truncus thyreocervicalis entfernt. Der Venenwinkel befindet sich etwa 1 cm dorsal der Clavicula und meist 2–3 cm lateral des Sternoclaviculargelenkspaltes. Dorsal des sternalen Endes der Clavicula ist die V. subclavia nur etwa 4 mm von der Pleurahöhle entfernt.

Punktion *Lagerung:* Kopftieflage, Arm und Schulter der betreffenden Seite können zur Erleichterung etwas cranialwärts genommen werden.

*Einstichstelle:* 1 cm unterhalb der Claviculamitte.

*Ausrichtung der Kanüle:* Etwa 35° zur Frontalebene leicht cranialwärts in Richtung auf die Dorsalseite der Trachea.

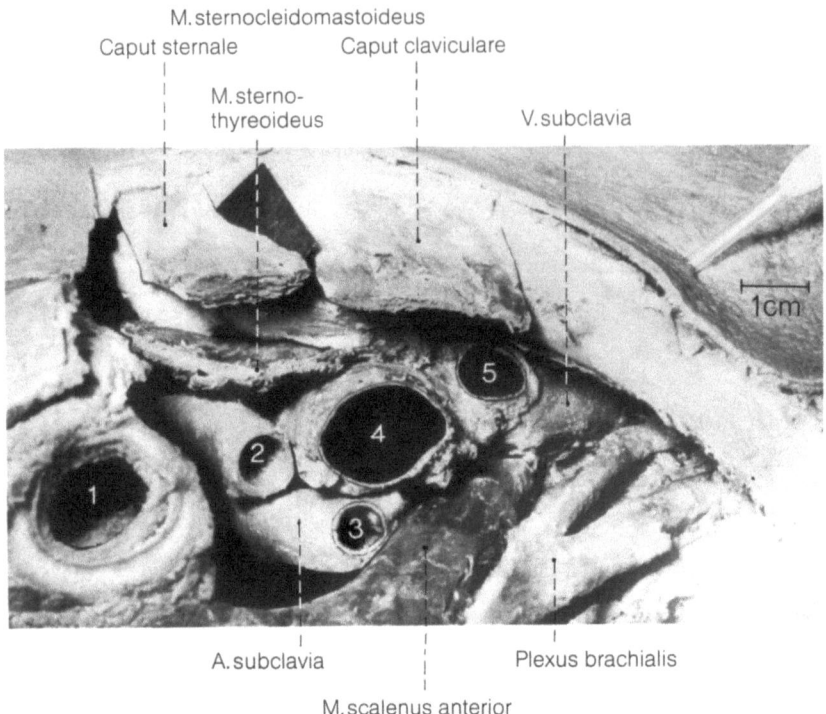

**Abb. 42.** Topographie des rechten Venenwinkels in der Ansicht von cranial. *1* = Trachea, *2* = A. carotis communis, *3* = Truncus thyreocervicalis, *4* = V. jugularis interna, *5* = V. jugularis externa

*Punktionstiefe:* Nach 2,5 cm ist die V. subclavia erreicht, sie wird schräg getroffen, nach etwa 4,5 cm wird die Venenrückwand durchstochen (Kunststoffkanülen biegen gern an der Vene ab).

Ursachen für Komplikationen bei der Punktion der V. subclavia

Verletzungen des Plexus brachialis können bei der Subclaviapunktion nur dann eintreten, wenn man zu weit lateral der Claviculamitte eingeht und dabei noch zu steil dorsalwärts vordringt.

Arterien werden dann punktiert, wenn die Kanüle medial der Claviculamitte in Richtung auf den 7. HW zu tief vordringt (nach etwa 5 cm A. subclavia, Truncus thyreocervicalis) oder wenn man mit der Spitze der Punktionsnadel in den Raum etwa 1,5 cm dorsal des Sternoclaviculargelenkes gelangt (A. carotis communis).

Der Pleuraspalt kann bei einem zu steilen Vordringen der Kanüle im Bereich der Claviculamitte schon nach etwa 3,5 cm Tiefe erreicht werden.

**Vena jugularis interna**

Topographie

Die V. jugularis interna verläuft mit der A. carotis communis und dem N. vagus am Hals in einer gemeinsamen Gefäßnervenscheide. Im cranialen Verlaufsdrittel liegt die Vene dorsolateral zur Arterie und dem Nerven, weiter caudalwärts verwindet sie sich in der Gefäßnervenscheide zunehmend ventralwärts und kommt schließlich lateroventral zum N. vagus und zur A. carotis communis zu liegen. In ihrem Verlauf ist die Vene größtenteils vom M. sternocleidomastoideus verdeckt. Sobald die V. jugularis interna den M. omohyoideus unterquert, ist sie bis zu ihrer Mündung an das mittlere Blatt der Halsfascie fixiert. Dadurch wird das Lumen der Vene offengehalten. Die Fascienbewegungen werden auf die Venenwand übertragen und der Blutrückfluß zum Herzen begünstigt. Dreht man den Kopf und den Hals zur Gegenseite, so verläuft die V. jugularis interna in der Regio sternocleidomastoidea in etwa auf einer Verbindungslinie, die zwischen dem Processus mastoideus und der medialen Kante der Pars clavicularis des M. sternocleidomastoideus zu denken wäre. Unmittelbar vor der Einmündung in die V. brachiocephalica ist die V. jugularis interna bulbusartig vergrößert. Hier liegen regelmäßig Klappen. Die Mündungsstelle in die V. brachiocephalica liegt etwa 2 cm lateral des Sternoclaviculargelenkspaltes, etwa 1 cm dorsal der Clavicula.

Punktion *Einstichstelle:* Cranialer Winkel zwischen Caput claviculare und Caput sternale des M. sternocleidomastoideus.

*Ausrichtung der Kanüle:* Zu einem Areal 2,5 cm lateral des Sternoclaviculargelenkes und etwa 1 cm dorsal der Clavicula. Die Kanüle wird von der Einstichstelle somit fast parallel zum Vorderrand des claviculären Kopfes des M. sternocleidomastoideus mit leichter Divergenz nach dorsal geführt. Die V. jugularis interna liegt beim Erwachsenen am Hals in einer Tiefe von etwa 1,5–2 cm. Sie wird auf dem Punktionsweg nach 3–3,5 cm erreicht.

Komplikationen bei der Punktion der V. jugularis interna
Eine versehentliche Punktion der A. carotis communis oder des Truncus thyreocervicalis muß sich bei fehlender Pulsation der Arterie anbieten. Diese Fehlpunktion läßt sich vermeiden, wenn man die Kanüle streng am medialen Rand des Caput claviculare des M. sternocleidomastoideus oder noch etwas lateral von der Kontur ausrichtet.

Der Pleuraspalt wird bei zu steilem und zu tiefem Vordringen der Kanüle erreicht, der Grenzwert von 4 cm sollte nicht überschritten werden.

# Hautvenen am Arm

V. cephalica Die Vene verläuft auf der radialen Unterarmbeugeseite in Längsrichtung. Sie anastomosiert in der Ellenbeuge über die V. mediana cubiti mit der V. basilica. Die V. cephalica verläuft proximal der Ellenbeuge im Sulcus bicipitalis lateralis, danach durch die Mohrenheim-Grube in die V. subclavia.

V. basilica Sie entsteht aus mehreren längsgerichteten Hautvenen an der ulnaren Unterarmbeugeseite. Über die V. mediana cubiti anastomosiert sie mit der V. cephalica. Proximal der Ellenbeuge verläuft die V. basilica im Sulcus bicipitalis medialis, dringt etwa in Oberarmmitte durch die oberflächliche Armfascie und mündet in die ulnare V. brachialis ein.

V. mediana cubiti Anastomose zwischen V. cephalica und V. basilica in der Ellenbeuge. Sie hat klappenlose Verbindungen zu den tiefen Vv. brachiales.

## Günstige Blutentnahmestellen am Arm

Hautvenen des Handrückens Sie haben meist für die Anlage einer Infusion ein ausreichend langes gerades Verlaufsstück. Die Venen rollen gern und sind bei älteren, arteriosklerotischen Patienten oft brüchig. An den Mündungsstellen der Fingervenen in das Rete ve-

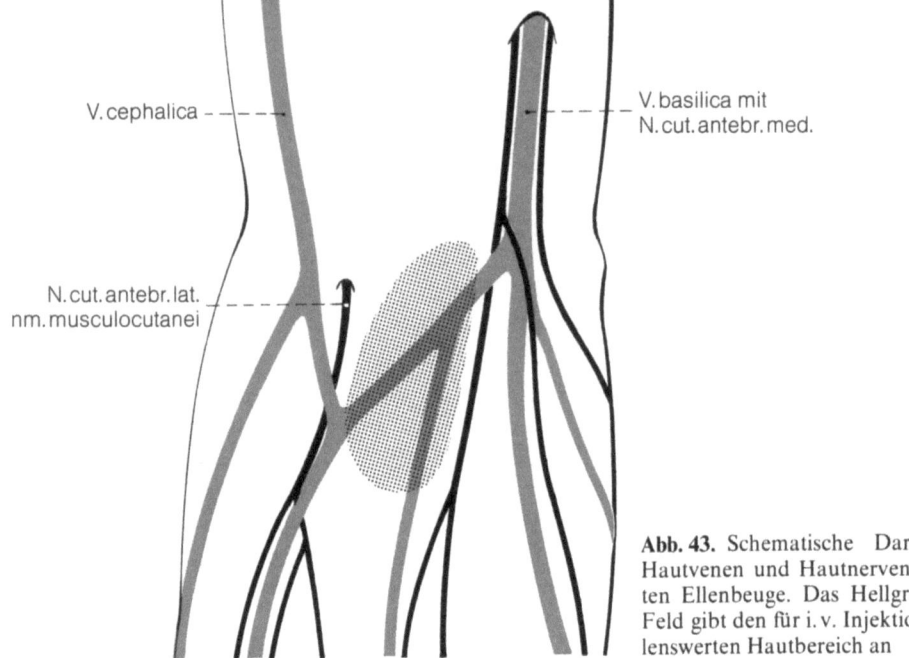

Abb. 43. Schematische Darstellung der Hautvenen und Hautnerven in der rechten Ellenbeuge. Das Hellgrau gerasterte Feld gibt den für i. v. Injektionen empfehlenswerten Hautbereich an

nosum dorsale manus sind gabelartige Venenzusammenflüsse. Bei leicht gespannter Haut über der vorgesehenen Punktionsstelle lassen sich die Venen hier problemlos und relativ schmerzfrei punktieren. Hand- und Ellenbogengelenk bleiben über die Dauer der Infusion beweglich.

V. cephalica im Bereich des Handgelenks
Bei ulnarwärts abduzierter Hand und bei gestauten Hautvenen kann man etwas proximal und dorsal des Processus styloideus radii, ulnar der Sehne des M. abductor pollicis longus, den Hauptstamm der V. cephalica tasten. Seine Punktion kann durch den unmittelbar benachbarten R. superficialis des N. radialis und die meist dicke Haut besonders schmerzhaft sein.

Längsvenenstämme an der Unterarmbeugeseite
Die ulnare und die radiale Randvenenstraße werden von den beiden sich stark verästelten Nn. cutanei antebrachii medialis et lateralis begleitet. Die Hautvenen haben einen geraden Verlauf und „rollen" nur gering. Die Kanüle läßt sich bei Infusionen gut fixieren, im Ellenbogengelenk kann bewegt werden. Durch die Nachbarschaft zu den Hautnerven ist die Kanülenanlage relativ schmerzhaft.

V. mediana cubiti
Im mittleren Verlaufsstück dieser Vene ist eine hautnervenarme Umgebung. Die Haut in der Ellenbeuge ist dünn. An Verlaufsvariationen von Arterien sollte gedacht werden, ein Durchstechen des bei gestreckter Ellenbeuge gespannten Lacertus fibrosus (Aponeurose des M. biceps brachii) muß vermieden werden, um die Gefäßnervenstraße in der Ellenbeuge nicht zu gefährden.

Beim Säugling wird oft anstelle von Hautvenen am Arm, die V. frontalis, manchmal auch der Sinus sagittalis superior (vom Mittelpunkt der vorderen Fontanelle aus) für Blutentnahmen gewählt.

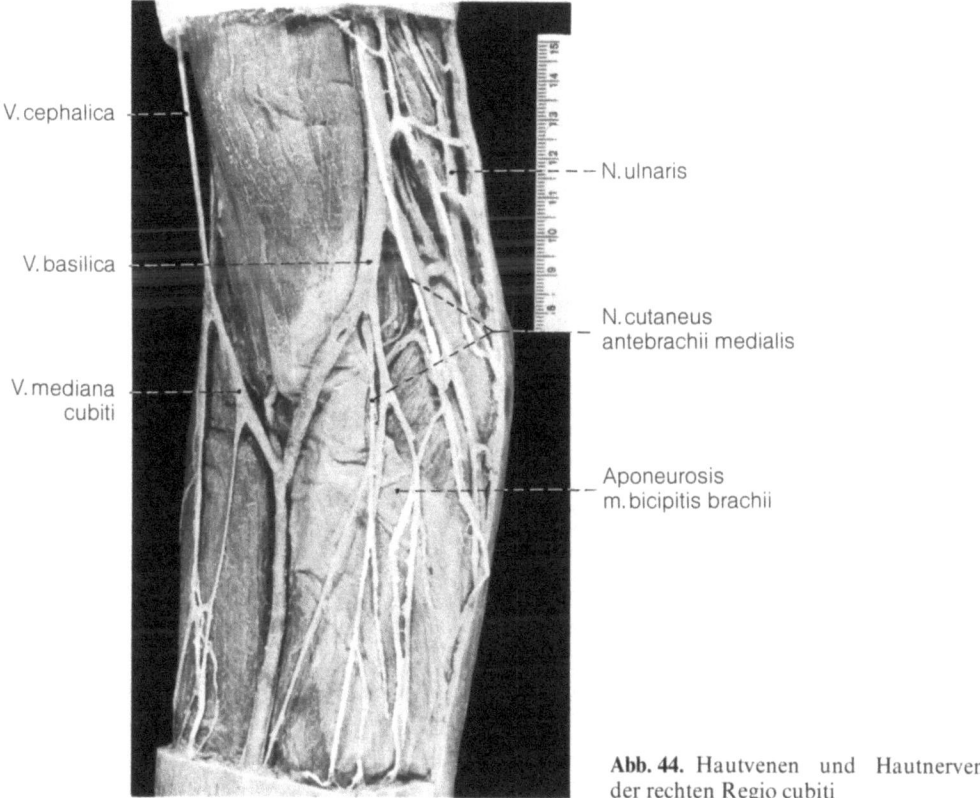

**Abb. 44.** Hautvenen und Hautnerven der rechten Regio cubiti

## Hautvenen am Bein

V. saphena magna
Die Vene sammelt an der medialen Seite des Fußrückens das Blut aus dem Rete venosum dorsale pedis. Sie zieht mit ihrem Hauptast vor dem Malleolus medialis, mit einem Nebenzweig dorsal von ihm, vorbei und baut dabei um den Innenknöchel ein Hautvenennetz auf. Gemeinsam mit dem N. saphenus verläuft die Vene an der medialen Seite des Unterschenkels cranialwärts, biegt in Höhe des Kniegelenks etwas nach dorsal hinter die Beuge-Streck-Achse und zieht am Oberschenkel zunächst an der medialen Seite des M. sartorius epifascial leistenwärts. Etwa 3–4 cm unterhalb und etwas lateral des Tuberculum pubicum durchbricht die V. saphena magna, im Hiatus saphenus, die Fascia lata und mündet fast rechtwinklig in die V. femoralis ein. In ihrem mündungsnahen Gebiet erhält die V. saphena magna mehrere Hautvenenzuflüsse: V. saphena accessoria, V. epigastrica superficialis, Vv. pudendae externae und V. circumflexa ilium superficialis.

V. saphena parva
Die Vene beginnt an der lateralen Seite des Rete venosum dorsale pedis, zieht hinter dem Malleolus lateralis vorbei und verläuft in der Wadenmitte epifascial cranialwärts. In Höhe der beiden Gastrocnemiusköpfe durchbricht die V. saphena parva die Fascia cruris und mündet in der Tiefe in die V. poplitea. Aus der Haut um den Malleolus lateralis erhält die Vene zahlreiche Zuflüsse. Um die

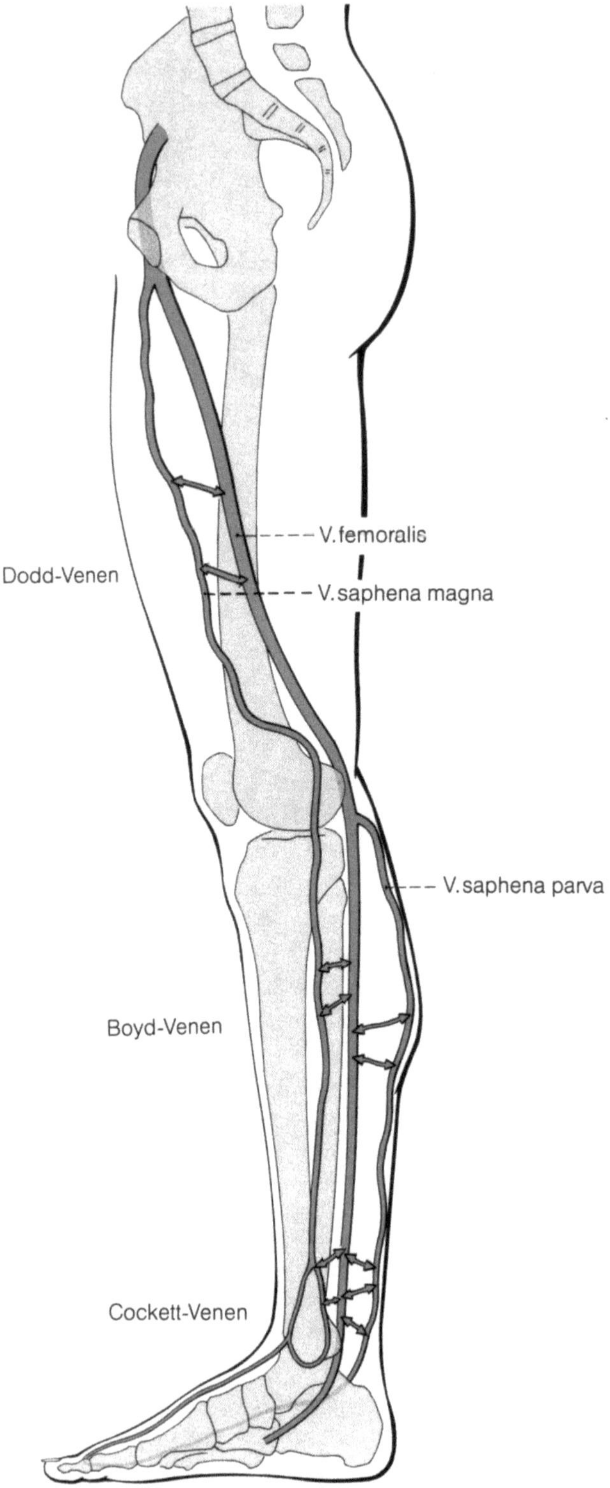

**Abb. 45.** Große Hautvenen am Bein mit Angabe der Vv. perforantes zu den tiefen Beinvenen

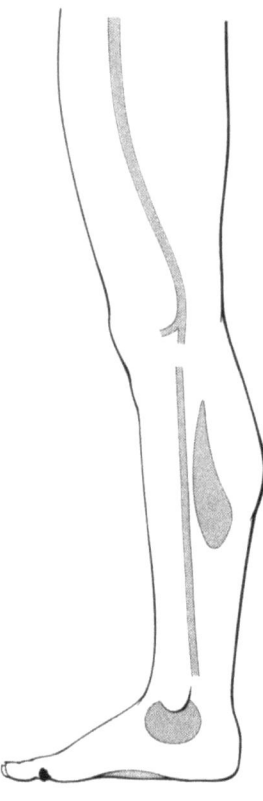

**Abb. 46.** Druckschmerzhafte Bereiche (gerastert) am Bein bei Phlebitis und Phlebothrombose entlang der Venenstraßen

Innenseite des Unterschenkels herum steht die V. saphena parva über mehrere Anastomosen mit der V. saphena magna in Verbindung.

Vv. perforantes   Anastomosen zwischen den Hautvenen und den tiefen Beinvenen.

### Vv. perforantes der V. saphena magna

*Cockett- oder Kulissenvenen* sind Verbindungsvenen hauptsächlich zwischen einem, hinter dem Malleolus medialis verlaufenden, konstanten R. posterior der V. saphena magna und den tiefen Vv. tibiales posteriores.

Die Zone der Cockettschen Vv. perforantes geht „nahtlos" in die Gruppe der *Boyd-Venenanastomosen* über. Sie verbinden den Hauptstamm der V. saphena magna mit den Vv. tibiales posteriores. Sie finden sich im mittleren Verlaufsdrittel der V. saphena magna am Unterschenkel und enden knapp handbreit unter dem Kniegelenk.

Über die *Dodd-Venen* anastomosiert die V. saphena magna am Oberschenkel in Höhe des Adduktorenkanals mit der V. femoralis.

*Vv. perforantes der V. saphena parva*

Bis handbreit unter das Kniegelenk finden sich im gesamten Unterschenkelverlauf der V. saphena parva wiederholt Vv. perforantes zu den tiefen Vv. tibiales posteriores.

### Prüfung auf Funktionstüchtigkeit der Vv. perforantes

Trendelenburg-Test   Patient liegt. Die gefüllten varicös erweiterten Hautvenen am Bein werden ausgestrichen. Eine Staubinde wird am Oberschenkel angelegt und der Patient aufgefordert, aufzustehen.

Bei insuffizienten Vv. perforantes füllen sich die Hautvenen rasch über die insuffizienten Anastomosenstellen distalwärts auf. Funktioniert der Klappenmechanismus an der Mündungsstelle der V. saphena magna nicht mehr, so füllt sich die Hautvene nach Abnahme der Staubinde rasch von oben her auf.

Die Vv. perforantes sind intakt, wenn sich bei angelegter Staubinde die Hautvenen nicht oder nur sehr langsam auffüllen.

### Prüfung auf Funktionsfähigkeit der tiefen Beinvenen

Perthes-Test   Unterhalb des Kniegelenks wird am stehenden Patienten eine Staubinde angelegt. Der Patient wird aufgefordert, mit angelegter Staubinde rasch zu gehen. Die Muskelpumpe „drückt" die prall varicös erweiterten Hautvenen aus, wenn die Vv. perforantes und die tiefen Beinvenen durchgängig sind.

## Pfortaderkreislauf

### V. portae

Die Pfortader sammelt das relativ sauerstoffreiche Darmvenenblut (arterioportale $O_2$-Differenz etwa um 1,9%) und führt es zur Leber (1–1,2 l/min). Der Pfortaderdruck beträgt zwischen 5 und 15 mm Hg, das Gefäßlumen beträgt beim Er-

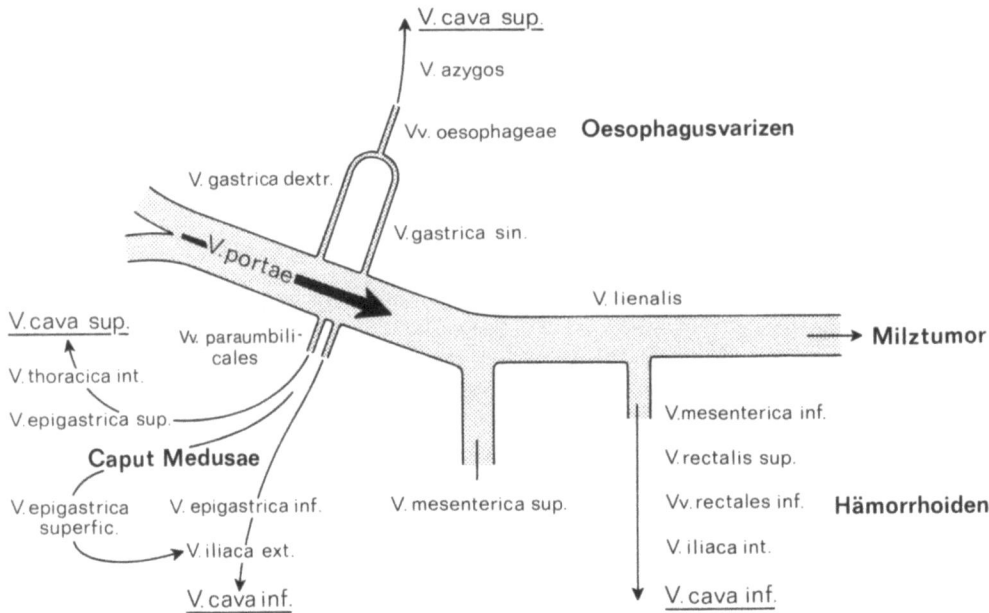

**Abb. 47.** Schematische Darstellung der portocavalen Abflußmöglichkeiten bei einem Pfortaderstau mit Angabe der Gefäßveränderungen

wachsenen etwa 1,2 cm, die Länge der V. portae variiert zwischen 5 und 6 cm. Die Pfortader erhält leberhiluswärts geordnet folgende Zuflüsse:

V. lienalis, V. mesenterica inferior, V. mesenterica superior, Vv. gastricae, Vv. parumbilicales und im Regelfall die V. cystica. Das Blut in den Pfortaderzuflüssen staut sich bei portaler Hypertension auf und sucht sich Umgehungskreisläufe für die Leber. Dabei entstehen Venenerweiterungen in den Umgehungskreisläufen (Hämorrhoiden, Caput medusae, Oesophagusvarizen). Obliterierte Gefäßstränge – wie etwa die V. umbilicalis als Ligamentum teres hepatis – können sich dabei rekanalisieren.

## Shuntstellen im fetalen Blutkreislauf

Foramen ovale  Im fetalen Blutkreislauf ist das Foramen ovale physiologischerweise offen. Im postnatalen Kreislauf bei lückenhaft aneinander gepreßtem Septum primum und Septum secundum kann eine Spaltbildung in der Vorhofscheidewand verbleiben.

Ductus arteriosus  Physiologische Shuntverbindung des fetalen Blutkreislaufes zwischen der Gabelungsstelle des Truncus pulmonalis und der Unterseite des Aortenbogens. Das Gefäß obliteriert postnatal zum Ligamentum arteriosum. Der linke N. laryngeus recurrens schlingt sich um das „Band". Nach Botallo wird der Ductus arteriosus auch Ductus Botalli genannt.

Ductus venosus  Physiologische Shuntverbindung des fetalen Blutkreislaufes zwischen V. umbilicalis und V. cava inferior. Das Gefäß trennt den rechten und den linken Leberlappen voneinander und wird im postnatalen Kreislauf zum Ligamentum venosum zurückgebildet. Nach Arantius wird der Ductus venosus auch Ductus venosus Arantii genannt.

# Blut

## Allgemeine Blutwerte

Blutbestandteile  Blutzellen (46%) und Blutplasma (54%).

Blutplasma  Serum mit Fibrinogen (0,2–0,35 g%).

Blutmenge  
Neugeborenes (3–4 kg) etwa 250– 320 ml  
Säugling 6. Monat (7–8,5 kg) etwa 550– 700 ml  
Kleinkind 2½ Jahre (11–16 kg) etwa 850–1300 ml  
Erwachsener etwa 60–80 ml pro kg Körpergewicht (= etwa 8% oder 1/12 des Körpergewichts).

Hämoglobinwert des Vollblutes (Hb-Wert)  Der Hb-Wert entspricht der Hämoglobinkonzentration in mmol/l.

| | Hb-Wert |
|---|---|
| Neugeborenes | 10,0–15,5 mmol/l |
| Säugling 6. Monat | 6,2– 9,3 mmol/l |
| Kleinkind 2½ Jahre | 6,8– 8,7 mmol/l |
| Mann | 8,7–11,2 mmol/l |
| Frau | 7,5–10,0 mmol/l |

Hämatokrit  Er gibt den prozentualen Volumenanteil der Erythrocyten im Blut an.  
Mann 47±7 Vol.-% Erythrocyten im Blut  
Frau  42±5 Vol.-% Erythrocyten im Blut

Blutungszeit  Zeit zwischen dem Entstehen einer etwa 1 mm tiefen blutenden Verletzung im Kapillargebiet und ihrer ersten Abdichtung durch Thrombocyten. Beim Menschen etwa 1–3 min.

Blutgerinnungszeit  Zeit zwischen dem Entstehen einer kapillären Blutung und ihrer festen Abdichtung durch einen Fibrinpfropf. Beim Menschen etwa 5–8 min.

## Blutgruppen

| Phänotyp | Genotyp | Häufigkeit in Europa |
|---|---|---|
| 0 | 00 | um 40% |
| A | AA und A0 | um 40% |
| B | BB und B0 | um 15% |
| AB | AB | um  5% |

In den Blutgruppen A und AB finden sich – entsprechend der Reaktionsintensität – die *Untergruppen* $A_1$–$A_5$ bzw. $A_1B$–$A_5B$.

Die *Blutgruppenspezifität* wird durch unterschiedliche Seitenketten in dem feinen Überzug von Mucopolysacchariden an den Erythrocyten bestimmt.

Rhesussystem  Die „Rhesuseigenschaft" wird durch 3 allele Genpaare eines Chromosoms bewirkt. Die Antigene werden nach Fischer und Race als C,c, D,d und E,e bezeichnet. Häufig finden sich im europäischen Gebiet die Genotypen CDe/CDe (= $Rh_1 Rh_1$), CDe/cDE (= $Rh_1 Rh_2$) und cde/cde (= rh rh).

Rhesusfaktor (Namengebung)  Die Entdeckung des Rhesusfaktors geht auf Landsteiner und Wiener (1940) zurück.

Sie injizierten Kaninchen Erythrocyten von Rhesusaffen. Die Kaninchen bildeten gegen die artfremden Erythrocyten Antikörper. Die im Kaninchenserum enthaltenen Antikörper waren in der Lage, auch die Erythrocyten von 84% der Menschen zu agglutinieren. Diese Agglutinationsbereitschaft wurde als Rhesuspositiv (Rh+; DD) bewertet. War diese Bereitschaft nicht vorhanden (16%), so bezeichnete man dies als Rhesus-negativ (rh –; dd).

Hauptkreuzprobe (Majortest)  Zur Bestimmung der Verträglichkeit oder Unverträglichkeit zwischen Spender- und Empfängerblut:

2 Tropfen Spendererythrocytensediment mit 2 Tropfen Empfängerserum und 1 Tropfen Albuminlösung mischen.

Nach 10 min bei Raumtemperatur in feuchter Kammer erste makroskopische Befundung und danach das Gemisch für weitere 20 min bei 37 °C im Brutschrank feucht halten.

Die makroskopische und mikroskopische Befundung über Verträglichkeit, Agglutination oder Hämolyse schließt sich an.

## Blutzellen

### Lebensdauer von Blutzellen

| | |
|---|---|
| Erythrocyten: | etwa 100–130 Tage |
| Granulocyten: | etwa 6–10 Tage |
| Lymphocyten: | etwa 10% bis 12 Tage |
| | etwa 90% bis 500 Tage |
| Thrombocyten: | etwa 4 Tage |

### Leukocyten

Leukocytenzahl
| | |
|---|---|
| Säugling (1. Lebensjahr) | um $12000 \pm 6000$ pro mm³ |
| Kleinkind 2 Jahre | um $11000 \pm 5000$ pro mm³ |
| Kind 10 Jahre | um 8000 (5000–12000) pro mm³ |
| Erwachsener | um 7000 (3000–11000) pro mm³ |

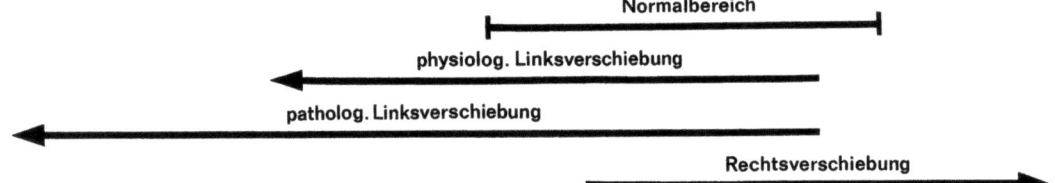

**Abb. 48.** Graphische Darstellung der möglichen Verschiebungen im Differentialblutbild

**Differentialblutbild (Angaben in %)**

| Zellen | Säugling | Kind (6–10 Jahre) | Erwachsener |
|---|---|---|---|
| Granulocyten | | | |
| stabkernige | 3–5 | um 3 | um 3 |
| segmentkernige | um 30 | um 50–60 | um 55–60 |
| eosinophile | 2–3 | 2–3 | 2–3 |
| basophile | 0–1 | 0–1 | 0–1 |
| Lymphocyten | 50–60 | um 40 | 25–35 |
| Monocyten | 5–6 | 4–5 | um 5 |

**Verschiebungen des weißen Blutbildes**

*Linksverschiebung des weißen Blutbildes*

a) Physiologische Linksverschiebung (bei akuten Infekten u. a.):
Reaktive Vermehrung der Stabkernigen und Metamyelocyten bis zu vereinzelten Myelocyten im Blut.

b) Pathologische Linksverschiebung (z. B. bei chronischer myeloischer Leukämie):
Alle sonst nur im Knochenmark nachweisbaren Vorstufen der Granulocyten (Myeloblasten, Promyelocyten und Myelocyten) im Blut zu finden.

*Rechtsverschiebung des weißen Blutbildes* (perniciöse Anämie, Hungerzustände u. a.).

Überalterte, hypersegmentierte neutrophile Granulocyten stark vermehrt im Blut.

Leukopenie  Verminderung der Leukocytenzahl, meist der Zahl der Granulocyten, unter die Norm. Beim Erwachsenen bei Leukocytenzahl unter 4000 im mm$^3$.

Leukocytose  Vermehrung der Leukocytenzahl auf Werte über die Norm. Beim Erwachsenen bei Werten über 9000 im mm$^3$ Nüchternblut.

# Verdauungssystem

**Inhalt**

| | |
|---|---|
| Mundhöhle | 93 |
|     Zähne | 93 |
|     Zunge | 94 |
|     Mundspeicheldrüsen | 97 |
|     Mißbildungen der Mundhöhle | 98 |
| Pharynx (Schlund) | 99 |
|     Einteilung und Verlauf | 99 |
|     Schluckablauf | 99 |
|     Schluckreflex | 100 |
|     Tonsillen | 100 |
| Oesophagus | 103 |
|     Funktionelle Morphologie | 103 |
|     Engen und Weiten des Oesophagus | 103 |
|     Fixierung des Oesophagus am Zwerchfell | 104 |
|     Oesophagusdivertikel | 105 |
|     Untersuchungen und Notfalleingriffe | 105 |
| Bauch · Bauchwand | 108 |
|     Begrenzung und Gliederung | 108 |
|     Bauchwandkonstruktion | 109 |
|     Arterien und Venen der Bauchwand | 110 |
|     Linien, Druckpunkte und Punktionsstellen an der Bauchwand | 111 |
|     Leistengruben | 111 |
|     Leistenkanal | 112 |
|     Schwache Stellen der Bauchwand | 113 |
|     Bauchwandbrüche | 113 |
|     Scrotum | 115 |
| Bauchhöhle | 117 |
|     Peritoneum | 117 |
|     Peritonealverhältnisse | 117 |
|     Recessus der Bauchhöhle | 118 |
| Organe der Bauchhöhle | 119 |
|     Magen | 119 |
|     Duodenum | 124 |
|     Leber | 124 |
|     Ableitende Gallenwege | 128 |
|     Pankreas | 129 |
|     Milz | 132 |

| | |
|---|---|
| Darm | 134 |
|   Jejunum und Ileum | 134 |
|   Colon | 135 |
| Rectum | 138 |
|   Topographie | 138 |
|   Gefäße des Rectums | 140 |
|   Analverschluß | 140 |
|   Hämorrhoiden | 142 |
|   Anal- und Rectumatresien | 142 |
|   Austastung des Rectums | 142 |

# Mundhöhle

## Zähne

Milchgebiß
: 20 Zähne
(2 Schneidezähne, 1 Eckzahn, 2 Milchgebißbackenzähne pro Kieferhälfte).

Zahndurchbruch
: Schneidezahn I         im  6.– 8. Monat
Schneidezahn II        im  8.–12. Monat
Milchgebißbackenzahn I  im 12.–16. Monat
Eckzahn                im 15.–20. Monat
Milchgebißbackenzahn II im 20.–40. Monat

Erwachsenengebiß
: 32 Zähne (maximal bei 4 Weisheitszähnen)
(2 Schneidezähne, 1 Eckzahn, 2 Backenzähne, 3 Mahlzähne pro Kieferhälfte).

Zahndurchbruch
: Mahlzahn I       im  6.– 7. Lebensjahr
Schneidezahn I    im  6.– 8. Lebensjahr
Schneidezahn II   im  7.–10. Lebensjahr
Backenzahn I      im  9.–13. Lebensjahr
Eckzahn           im  9.–14. Lebensjahr
Backenzahn II     im 11.–14. Lebensjahr
Mahlzahn II       im 10.–14. Lebensjahr
Mahlzahn III      ab 16. Lebensjahr
(=Weisheitszahn, kommt nicht immer zum Durchbruch)

### Innervation der Zähne

Oberkieferzähne
: Sie werden über den N. infraorbitalis aus dem N. maxillaris ($V_2$) innerviert. Der Plexus dentalis superior aus dem N. infraorbitalis gibt die Rr. dentales superiores ab.

Die sensible Innervation der *palatinalen* Gingiva propria der Oberkieferzähne erfolgt:

In Höhe des Schneidezahnes I: Über den N. palatinus major und den N. nasopalatinus.

Vom Schneidezahn II bis zum 1. Backenzahn: Über den N. palatinus major.

Vom 2. Backenzahn bis zum Weisheitszahn: Über die Nn. palatini major und minores.

Die sensible Innervation der *buccalen* Gingiva propria der Oberkieferzähne erfolgt über den N. buccalis.

Unterkieferzähne
: Sie werden über den N. alveolaris inferior aus dem N. mandibularis ($V_3$) innerviert. Der Plexus dentalis inferior aus dem N. alveolaris inferior gibt die Rr. dentales inferiores ab.

Bei Verdacht auf entzündliche Prozesse an den Zähnen werden die zugehörigen *Trigeminusdruckpunkte* überprüft.

Für die Oberkieferzähne gilt der Trigeminusdruckpunkt II: Druck gegen das Foramen infraorbitale.

Für die Unterkieferzähne gilt der Trigeminusdruckpunkt III: Druck gegen das Foramen mentale.

Dentin — Das Dentin kann, solange der Zahn lebt, von den Odontoblasten nachgebildet werden. Es wird in den Dentinkanälchen von sensiblen Nervenfasern durchzogen.

Desmodontium — Auch die Wurzelhaut, über die der Zahn in der Alveole gering federnd aufgehängt ist, wird sensibel innerviert. Ein „toter Zahn" bereitet deshalb beim Übergreifen der Entzündung auf seine Wurzelhaut Schmerzen.

### Lymphabfluß der Zähne

Oberkieferzähne — In die hinteren Nodi lymphatici submandibulares.

Unterkieferzähne — Von den Schneidezähnen zu den Nodi lymphatici submentales, von den übrigen Zähnen zu den Nodi lymphatici submandibulares.

### Bißformen

Scherenbiß — Neutrale, physiologische Bißform.

Zangenbiß — Die Schneidekanten der Schneidezähne des Ober- und Unterkiefers treffen sich genau.

Progenie — Die Schneidezähne des Unterkiefers stehen wegen übermäßig entwickeltem Kinn zu weit ventralwärts.

Überbiß — Die Schneidezähne des Oberkiefers beißen mit ihren Schneidekanten über die Schneidezähne des Unterkiefers hinaus.

## Zunge

### Farbe und Aussehen (nach Jacoby)

a) *Gesunder*

Matt-rosa; leicht grauer Schimmer am Zungengrund, feuchte samtartige Oberfläche, keine besonderen Einkerbungen.

b) *Pathologische Zungenveränderungen bei*

Rechtsherzinsuffizienz — Zyanotisch, rot-violett; bei schwerster Form eine mediane und mehrere transversale Einkerbungen.

Hypertonie — Rosa bis karminfarben ohne Schwellung.

Asthma cardiale — Grundton rosa-karmin mit bläulichem Kolorit.

Asthma bronchiale — Grundton rot-bläulich mit aschgrauem Kolorit.

Herzinfarkt — Zunge zunächst stark belegt, später rosa bis karminfarben.

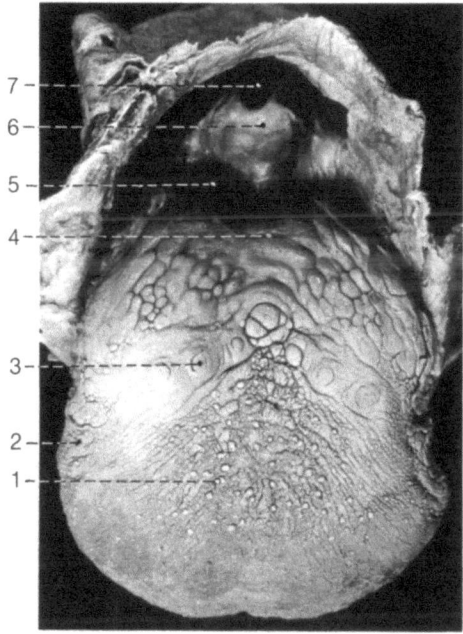

**Abb. 49.** Dorsalansicht der Zunge mit Blick auf Zungengrund, Epiglottis und Recessus piriformis. *1* = Papilla fungiformis, *2* = Papilla foliata, *3* = Papilla vallata, *4* = Tonsilla lingualis, *5* = Vallecula epiglottica, *6* = Epiglottis, *7* = Zugang zum Larynx

| | |
|---|---|
| Allergie, Schock | Erdbeer- bis himbeerfarben; häufig geschwollen mit medianer und transversalen Einkerbungen. |
| Atrophische Mangelzunge | *Vorstadium:* Glossitis, Zunge rot, dann evtl. erst einzelne atrophische Areale.<br>*Hauptstadium:* Glattglänzend, Papillen nicht sichtbar, rot-violett bis kardinalrot, Zungenbrennen. |

**Lymphabfluß**

| | |
|---|---|
| Zungenspitze | Nodi lymphatici submentales. |
| Zungenkörper | Nodi lymphatici submandibulares, Nodi lymphatici cervicales superficiales et profundi. |
| Zungengrund | Hintere submandibuläre Lymphknoten im Bereich des Unterkieferwinkels. |

**Innervation der Zunge**

| | |
|---|---|
| Motorisch | N. hypoglossus. |
| Sensibel | Vordere zwei Drittel (bis zu den Papillae vallatae): N. lingualis.<br>Hinteres Drittel (Zungengrund): N. glossopharyngeus. |
| Sensorisch | Vordere zwei Drittel: Chorda tympani.<br>Hinteres Drittel (Zungengrund): N. glossopharyngeus.<br>Im Bereich der Valleculae epiglotticae: N. vagus. |

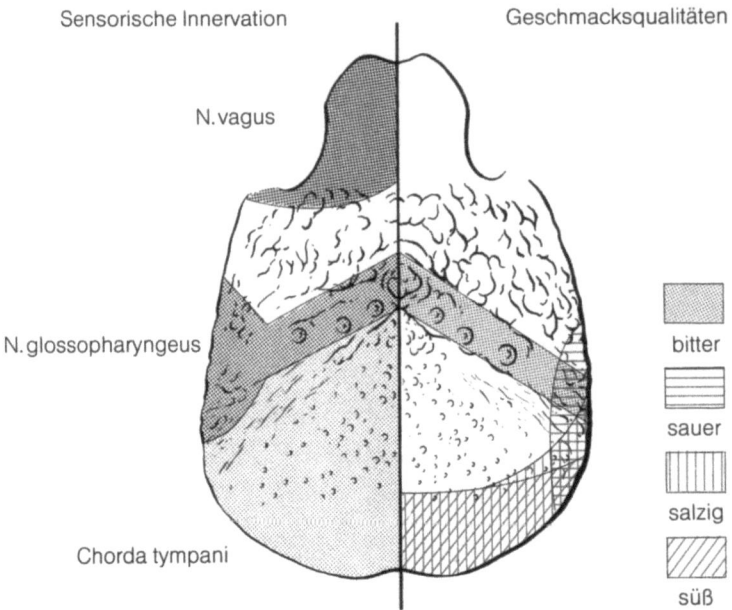

**Abb. 50.** Sensorische Innervation der Zunge und Lokalisation der Geschmacksrezeptoren

**Geschmackssinn**

Sensorische Qualitäten und Lage der Geschmacksrezeptoren:

Süß: Zungenspitze
Bitter: Zungengrund
Salzig: Zungenspitze und Zungenrand
Sauer: Zungenrand

Vereinzelte Geschmacksrezeptoren finden sich am Kehldeckel, an der Rachenwand und am weichen Gaumen. Kinder können auch in der Mitte des Zungenrückens noch Geschmacksqualitäten wahrnehmen.

**Prüfung der Geschmackswahrnehmung**

a) Überprüfung der über die Chorda tympani abgeleiteten Geschmackswahrnehmungen im Bereich der vorderen zwei Drittel der Zunge.
An der Zungenspitze beginnend, dorsalwärts folgende Prüflösungen in der angegebenen Reihenfolge auftragen:

1. Süß (10% Zuckerlösung)
2. Sauer (5% Zitronensäure)
3. Salzig (5% Kochsalzlösung)

b) Überprüfung der über den N. glossopharyngeus abgeleiteten Geschmackswahrnehmungen.

4. Bitter (0,5% Chininlösung)

Am Zungengrund nacheinander beidseits die bittere Geschmacksprobe auftragen.

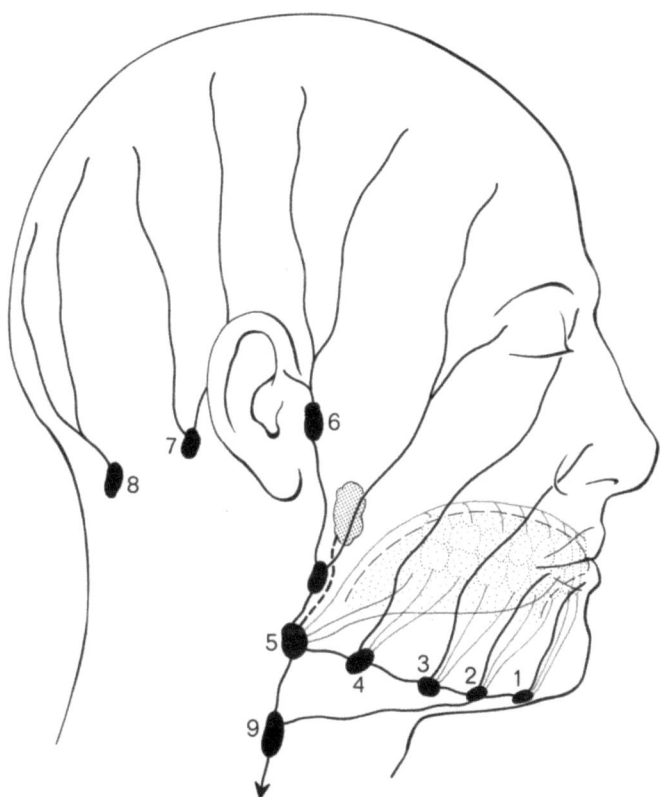

**Abb. 51.** Einzugsgebiete der submandibulären und retroauriculären Lymphknoten. *1* = Nodi lymphatici submentales, *2–5* = Nodi lymphatici submandibulares, *6* = Nodi lymphatici parotidei, *7* = Nodi lymphatici retroauriculares, *8* = Nodi lymphatici occipitales, *9* = Nodi lymphatici cervicales profundi

Alle Geschmacksproben werden zunächst auf die rechte, dann auf die linke Zungenhälfte aufgetupft und auch im Seitenvergleich überprüft.

## Mundspeicheldrüsen

Glandula parotis  Die Drüse liegt ventral des äußeren Gehörganges und in der Fossa retromandibularis. Sie reicht um den Ramus mandibulae herum bis zum M. pterygoideus medialis. Da die Ohrspeicheldrüse von einer derben Bindegewebskapsel umgeben ist und bei Kaubewegungen massiert wird, ist eine entzündliche Vergrößerung der Drüse (wie bei „Mumps") sehr schmerzhaft.

Ihr Ausführungsgang (beim Erwachsenen mündungsnah etwa 1 mm Durchmesser) mündet lateral des oberen zweiten Mahlzahnes (Zahnsteinbelag!) in das Vestibulum oris.

Sekret-pH-Wert  5,7 (5,1–6,25).

Glandula submandibularis  Die Drüse liegt zwischen den Mm. mylohyoideus, hyoglossus und styloglossus. Ihr etwa 6 cm langer Ausführungsgang (Durchmesser beim Erwachsenen mün-

| | dungsnah etwa 1 mm) mündet auf der Caruncula sublingualis neben dem Frenulum linguae. |
|---|---|
| Sekret-pH-Wert | 6,4 (5,9–7,3). |
| Glandula sublingualis | Das lateral des M. genioglossus und unmittelbar unter der Mundbodenschleimhaut gelegene Drüsenpaket besteht oft aus vielen Einzeldrüsen. Mehrere kleine Ausführungsgänge münden auf der Plica sublingualis, ein großer Ausführungsgang mündet auf der Caruncula sublingualis. |
| Kleine Speicheldrüsen | Neben diesen paarigen großen Speicheldrüsen gibt es noch viele kleine Drüsen in der Wangen-, Lippen-, Zungen- und Gaumenschleimhaut. Der pH-Wert des Speichels aller Mundspeicheldrüsen beträgt bei Kindern um 7,3 (6,4–8,24), bei Erwachsenen um 6,4 (5,8–7,1). |

## Mißbildungen der Mundhöhle

| | |
|---|---|
| „Echte" Hasenscharte | Mediane Lippenspalte (sehr selten). |
| Seitliche Lippenspalte | Wachstumsstörung zwischen medialem Nasenfortsatzwulst und Oberkieferwulst mit Spaltbildung („falsche" Hasenscharte). |
| Lippen-Kiefer-Spalte | Seitliche Lippenspalte, die sich in den Oberkiefer fortsetzt. |
| Gaumenspalte (Wolfsrachen) | Spaltbildung im Gaumen dorsal der Fossa incisiva. |
| Lippen-Kiefer-Gaumenspalte | Seitliche Lippenspalte, die sich durch den Oberkiefer und den Gaumen fortsetzt. |

# Pharynx (Schlund, Rachen)

## Einteilung und Verlauf

### Einteilung des Pharynx

Epipharynx  Rachenabschnitt oberhalb einer Horizontalebene durch die Uvulaspitze.

Mesopharynx  Rachenabschnitt zwischen Horizontalebenen durch die Uvulaspitze und durch die Epiglottisspitze.

Hypopharynx  Rachenabschnitt zwischen Horizontalebenen durch die Epiglottisspitze und den Oesophagusmund.

### Verlauf

Der Rachen ist ein 13–15 cm langer Muskelschlauch, der sich vom Keilbeinkörper an der Unterseite der Schädelbasis bis zum Oesophagusmund in Höhe des Ringknorpels (6.–7. Halswirbel) erstreckt. Er hat über die Choanen Verbindung nach ventral zur Nasenhöhle und über den Isthmus faucium zur Mundhöhle, über die Tubae auditivae nach lateral zum Mittelohr und geht nach caudal in den Oesophagus und in den Larynx über. Der Pharynx ist somit Speise- und Luftweg zugleich.

## Schluckablauf

| | Beteiligte Hirnnerven |
|---|---|
| 1. Der zerkaute Bissen wird von der Zunge gegen den Gaumen und nach dorsal gedrückt. | XII |
| 2. Das Gaumensegel wird gehoben (a) und spannt sich an (b). Die Pars pteryngopharyngea des oberen Schlundschnürers kontrahiert sich (c). Der Zugang zum Epipharynx ist verschlossen. | a) IX, X, (VII) b) $V_3$ c) IX |
| 3. Der Bissen wird von den Gaumenbögen „abgeschnitten" und kann somit nicht mehr in die Mundhöhle zurück. | IX |
| 4. Das Zungenbein wird durch die Mundbodenmuskeln, den M. digastricus und den M. stylohyoideus angehoben. | $V_3$, VII |
| 5. Die Schlundheber ziehen den Pharynxschlauch über den Bissen. | IX |
| 6. Der Schildknorpel und mit ihm der gesamte Larynx wird an das Zungenbein herangezogen. Das Corpus adiposum laryngis muß nach dorsal ausweichen und drückt dabei passiv die Epiglottis über den Larynxeingang. | X |

7. Mittlere und untere Schlundschnüreranteile umgreifen den Bissen und halten ihn fest, worauf der Schlundhebertonus nachläßt. Dadurch sinkt der Bissen in den unteren Hypopharynxbereich. Hier wird er von der unteren Pharynxmuskulatur in den Oesophagus gedrückt.     IX, X

8. Der Bissen wird von der Oesophagusmuskulatur (a) übernommen und peristaltikgemäß weitergegeben. Alle noch angespannten Pharynx- und oberen Zungenbeinmuskeln haben sich entspannt. Die Unterzungenbeinmuskeln (b) haben das Zungenbein und den Larynx wieder nach caudal gezogen.     a) X    b) $C_2, C_3 (C_4)$

## Schluckreflex

1. Reizung sensibler Nervenendigungen:
   a) Im Epipharynx:   N. $V_2$ (Nn. pterygopalatini) (nicht am Schluckreflex beteiligt?)
   b) Im Mesopharynx: N. IX (Plexus pharyngeus)
   c) Im Hypopharynx: N. X (Plexus pharyngeus, N. laryngeus superior).
2. Afferente Impulse erreichen das Schluckzentrum am distalen Ende der Rautengrube und in der Medulla oblongata: den Nucleus ambiguus und ein Netz von Schaltneuronen in seiner Umgebung.
3. Efferente Impulse verlaufen über die Hirnnerven $V_3$, VII, IX, X, XII und über Äste der Rr. ventrales von $C_2, C_3, (C_4)$.

## Tonsillen (Waldeyer-Rachenring)

### Tonsilla pharyngea

Lage    Am Rachendach.

Inspektion    Nur indirekt über Spiegelung (Rhinoscopia posterior).

Klinik    Die vergrößerte Tonsilla pharyngea verlegt die Choanen. Dadurch wird die Nasenatmung behindert (besonders bei Kindern, „offener Mund").

Lymphabfluß    In hintere submandibuläre Lymphknoten am Unterkieferwinkel, Nodi lymphatici cervicales profundi.

### Tonsillae tubales

Lage    Paarig, um Mündungen der Tubae auditivae gelegen.

Inspektion    Nur indirekt über Spiegelung (Rhinoscopia posterior).

Klinik    Die vergrößerten Tonsillae tubales drücken bei katarrhalischen Infekten („Tubenkatarrh") die Mündungen der Tubae auditivae zu. Dadurch entsteht ein „Druckgefühl im Ohr". (Deshalb werden schleimhautabschwellende Nasentropfen bei Mittelohrentzündungen verordnet.)

Lymphabfluß    Submandibuläre Lymphknoten am Unterkieferwinkel, Nodi lymphatici cervicales profundi.

**Tonsillae palatinae**

Lage  Beidseits zwischen den Gaumenbögen gelegen. Sie sind gegen den oberen Schlundschnürer bindegewebig abgegrenzt. Arterielle Versorgung vor allem aus der A. palatina ascendens (evtl. A. facialis), gering aus der A. lingualis und der A. pharyngea ascendens.

Inspektion  Die Tonsillae palatinae sind leicht einsehbar. Noch günstigere Sicht wird durch „A"-sagen-Lassen erreicht.

Klinik  Bedeutung für Infektabwehr des Pharynxraumes; bei chronischer Vereiterung Gefahr der hämatogenen Keimverschleppung. Bei Tonsillektomie nicht über die Kapsel hinaus gehen, sonst Gefahr der Nachblutung.

Lymphabfluß  In submandibuläre Lymphknoten am Unterkieferwinkel und in Nodi lymphatici cervicales profundi.

**Tonsilla lingualis**

Lage  Unpaare Tonsille am Zungengrund.

Inspektion  Eine direkte Betrachtung der Tonsilla lingualis ist möglich, wenn man die vorderen ⅔ der Zunge mit einem Spatel caudalwärts drückt. Indirekt kann über einen Kehlkopfspiegel der Zungengrund eingesehen werden.

Lymphabfluß  In hintere submandibuläre Lymphknoten und in Nodi lymphatici cervicales profundi.

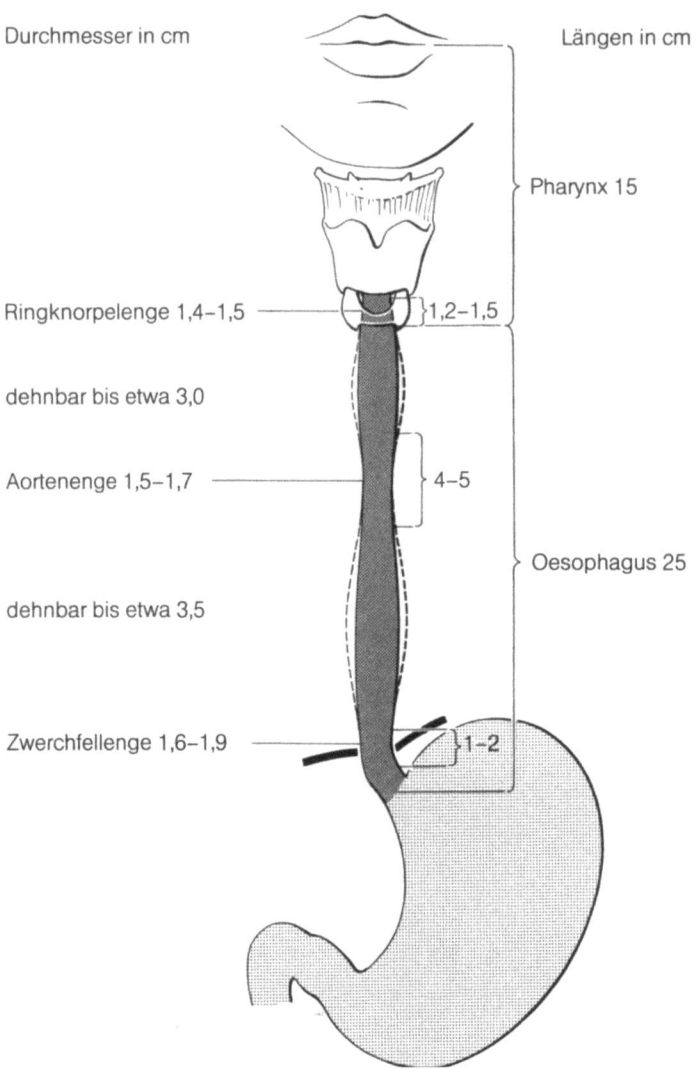

**Abb. 52.** Längen- und Weitenverhältnisse am Oesophagus des Erwachsenen

# Oesophagus

### Funktionelle Morphologie

| | |
|---|---|
| Beginn | In Höhe des Ringknorpels (6.–7. HW). |
| Ende | An der Kardia (9.–11. BW). Plattenepithelübergangszone gering in den Magen hereinreichend. |
| Wanddicke | Kontrahierte Speiseröhre: 3 mm<br>Gedehnte Speiseröhre: 1 mm |
| Länge | Beim Erwachsenen um 25 cm (23–28 cm). |
| Speiseröhrenverlauf | Im Halsbereich etwas links der Wirbelkörper $C_6$ und $C_7$, im Mediastinum geringe bogenförmige Verlagerung nach rechts vor die mittleren Brustwirbelkörper und im abdominellen Bereich links der Brustwirbelkörper 9–11. |
| Lymphabfluß des Oesophagus | *Cranial:* Nodi lymphatici cervicales profundi.<br>*In der Mitte:* Nodi lymphatici tracheales et tracheobronchiales.<br>*Caudal:* Nodi lymphatici gastrici sinistri. |
| Innervation | Im *Halsbereich* aus den Nn. laryngei recurrentes.<br>Im *mediastinalen Bereich* aus dem vagalen Plexus oesophageus, der sympathische Fasern vom benachbarten Grenzstrang erhält.<br>Im *abdominellen Bereich* über Rr. oesophagei aus den Vagusstämmen. |

### Engen und Weiten des Oesophagus

| | |
|---|---|
| Oesophagusengen (beim Erwachsenen) | *Obere Enge* (Ringknorpelenge) $C_6$:<br>    Durchmesser: 1,4–1,5 cm<br>    Höhe der engen Stelle: 1,2–1,5 cm<br>    Entfernung von den Schneidezähnen: 15 cm<br>*Mittlere Enge* (Aortenenge) $Th_4$:<br>    Durchmesser: 1,5–1,7 cm<br>    Höhe der engen Stelle: 4–5 cm<br>    Entfernung von den Schneidezähnen: 24 cm<br>*Untere Enge* (Zwerchfellenge) $Th_9$:<br>    Durchmesser: 1,6–1,9 cm<br>    Höhe der engen Stelle: 1–2 cm<br>    Entfernung von den Schneidezähnen: etwa 40 cm |
| Oesophagusweiten | *Zwischen oberer und mittlerer Enge* dehnbar bis etwa 3,0 cm.<br>*Zwischen mittlerer und unterer Enge* dehnbar bis etwa 3,5 cm. |

| | |
|---|---|
| Ampulla epiphrenica | 2–3 cm langer Abschnitt des Oesophagus oberhalb der unteren Oesophagusenge. |
| Antrum cardiacum | 2–3 cm langer Abschnitt des Oesophagus unterhalb der unteren Oesophagusenge. |
| Oesophagusverschluß gegen den Magen | Etwa 1–2 cm oberhalb der Kardia ist ein spiraliger muskulärer Dehnverschluß. Bei längsangespanntem Oesophagus ist das Lumen verschlossen. Bei der schlucksynchronen Verkürzung der Speiseröhre öffnet sich das Lumen. |
| Kardiospasmus | „Öffnungslähmung" des Dehnverschlusses im unteren Speiseröhrenabschnitt. Die Längsanspannung des Oesophagus bleibt wegen fehlender schlucksynchroner Aufwärtsbewegung der Speiseröhre erhalten. Im Bereich der unteren Oesophagusenge bleibt die Speiseröhre dadurch verschlossen. Über der Verschlußstelle ist die Speiseröhre dilatiert. |
| Achalasie | Fehlen des Öffnungsreflexes zwischen Oesophagus und Magen. |

## Fixierung des Oesophagus am Zwerchfell

Der Oesophagus ist am Zwerchfell über trichterartige Fascienzügel der Fascia subdiaphragmatica federnd fixiert. Die Fascia subdiaphragmatica zieht mit ei-

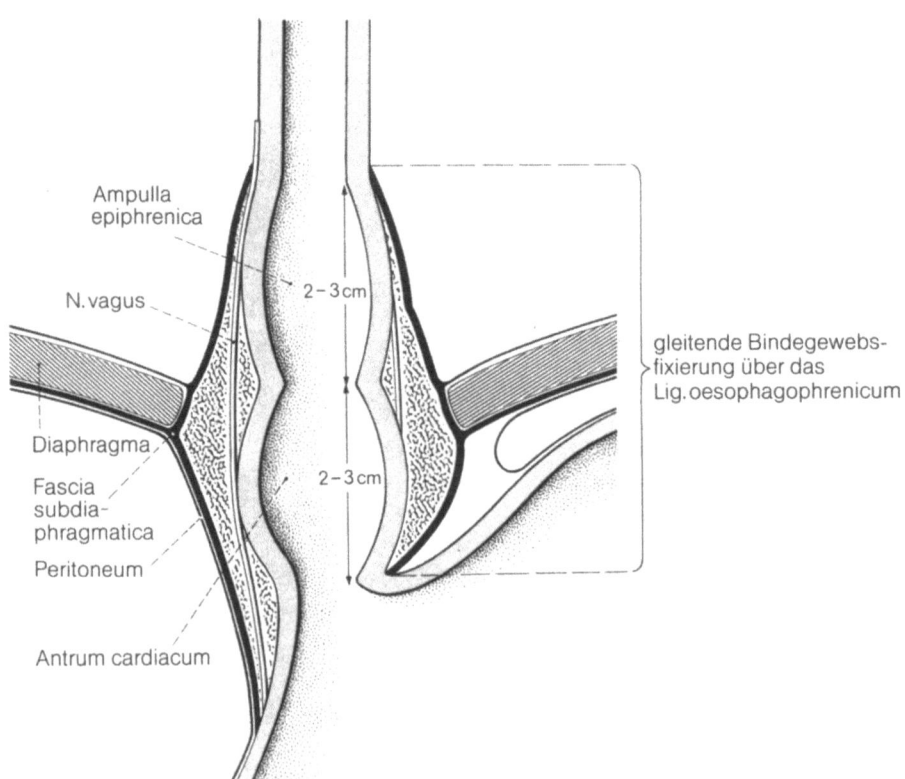

Abb. 53. Oesophagusfixierung am Zwerchfell. Epiphrenische und subdiaphragmatische Ampulle mit Meßwerten beim Erwachsenen

nem oberen Fascientrichter nach cranial durch den Hiatus oesophageus. Sie verankert sich an der als „Adventitia" bezeichneten äußeren Wand des Oesophagus. Beide Fascientrichter zusammen begrenzen eine spindelförmige, mit Fettgewebe angefüllte Verschiebeschicht, die der Speiseröhre am Hiatus oesophageus einen longitudinalen Spielraum von etwa 2 cm gestattet. Die Speiseröhre steht unter einer starken, nach cranial ausgerichteten Längsspannung.

Hiatushernie  Oft gleitende, seltener fixierte Verlagerung von Magenanteilen durch den insuffizienten Hiatus oesophageus cranialwärts. Durch Druck und Zug an beiden Nn. vagi oft Vagusreizsymptomatik an Herz und Magendarmtrakt.

Oesophagus-  Seltener (bei 0,1% der Neugeborenen) angeborener Verschluß der Speiseröhre,
atresie  der meist in ihrem oberen mediastinalen Bereich lokalisiert ist.

## Oesophagusdivertikel

Pulsions-  Schleimhauteinstülpung an der Hinterwand des „Oesophagusmundes" (Beginn
divertikel  des Oesophagus). Sie wird durch eine muskelschwache dreieckige Übergangszone (Laimer-Dreieck) zwischen unterem Schlundschnürer und Beginn der Oesophagusmuskulatur begünstigt.

Traktions-  Wandausziehung im mediastinalen Abschnitt des Oesophagus, meist im Bereich
divertikel  seiner mittleren Enge gelegen. Traktionsdivertikel werden durch Verwachsungen verursacht, die oft zwischen dem linken Stammbronchus und dem Oesophagus vorkommen und Folge von Entzündungen tracheobronchialer Lymphknoten sind.

## Untersuchungen und Notfalleingriffe

Magenschlauch  Nach Oberflächenanaesthesie des Pharynx den Magenschlauch unter Sicht zwischen den Gaumenbögen durchschieben und den Patienten schlucken lassen. Bei Widerstand etwas warten und beim Schlucken sanft weiterschieben. Die Oesophagusengen können einen Widerstand bilden. Die Wand der gedehnten Speiseröhre ist nur 1 mm dick, sie kann deshalb leicht perforiert werden. Nach 40 cm ist der Magen erreicht, zur Kontrolle Aspiration von Magensaft durch den Schlauch.

Sodbrennen  Gastrooesophagealer Reflux von saurem Magensaft (pH 1,0–1,5) mit Reizung sensibler Oesophagusnerven. (Ursachen: Insuffizienz des Sphinctermechanismus am distalen Oesophagus; zu flacher His-Winkel beim Erwachsenen.)

Oesophagus-  In der Submucosa und der Lamina propria mucosae gelegene aufgestaute und
varicen  erweiterte Wandvenen der Speiseröhre bei ausgebildetem portocavalem Umgehungskreislauf (V. portae → V. coronaria ventriculi → Speiseröhrenvenen → V. hemiazygos bzw. V. azygos → V. cava superior).

Sengstaken-  Dreilumige Sonde mit zwei hintereinander angeordneten, auffüllbaren Ballon-
Blakemore-  manschetten (Magenballon, Oesophagusballon). Sie wird zur Notfallblutstillung
Sonde  bei schwerer Oesophagusvaricenblutung angewendet.
 Einführung der Sonde wie eine Magensonde. Wenn die Sondenspitze im Magen angelangt ist, wird der (distale) Magenballon mit etwa 125 ml Flüssigkeit

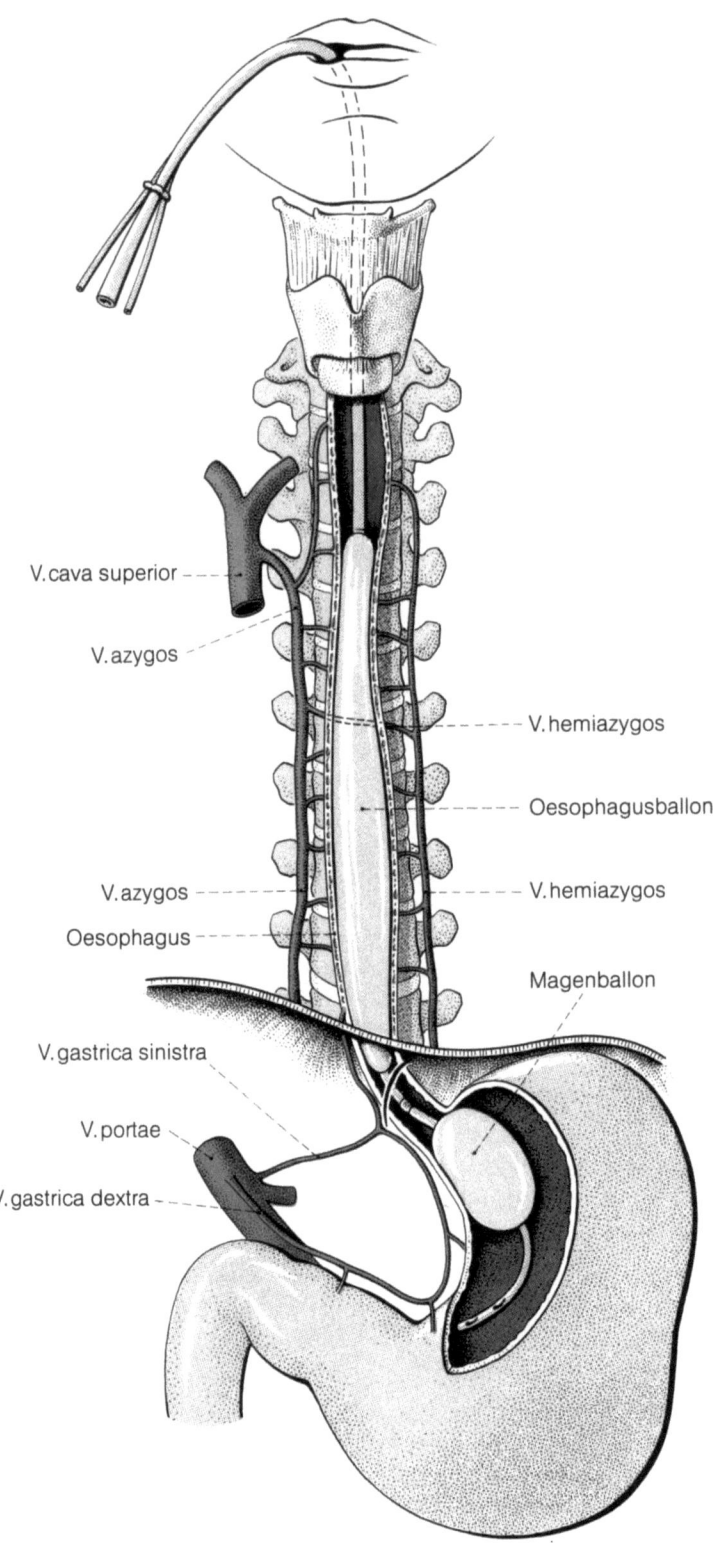

aufgefüllt und verschlossen. Durch Zug am proximalen Sondenende wird der angefüllte distale Ballon an die Kardia herangezogen und komprimiert die dort befindliche „Venenmanschette". Nun wird der Oesophagusballon angefüllt (Druck im Ballon um 20–35 mm Hg) und verschlossen. Durch ihn werden die Venen in der Speiseröhrenwand „ausgedrückt". Die Sonde muß unter einem leichten Zug von 300–500 g stehen.

**Abb. 54.** Sengstaken-Sonde in situ (aus der deutschen Übersetzung von Abrahams-Webb: Klinische Anatomie diagnostischer und therapeutischer Eingriffe)

# Bauch · Bauchwand

## Begrenzung und Gliederung

### Als knöcherne Begrenzung der Bauchwand lassen sich tasten

1. Nach cranial der rechte und der linke Rippenbogen mit dem dazwischen liegenden Processus xiphoideus.
2. Nach laterocaudal beidseits der Beckenkamm mit der ventral vorspringenden Spina iliaca anterior superior.
3. Nach caudal die Symphyse und beidseits das Pecten ossis pubis.
4. Nach dorsal die Lendenwirbelsäule.

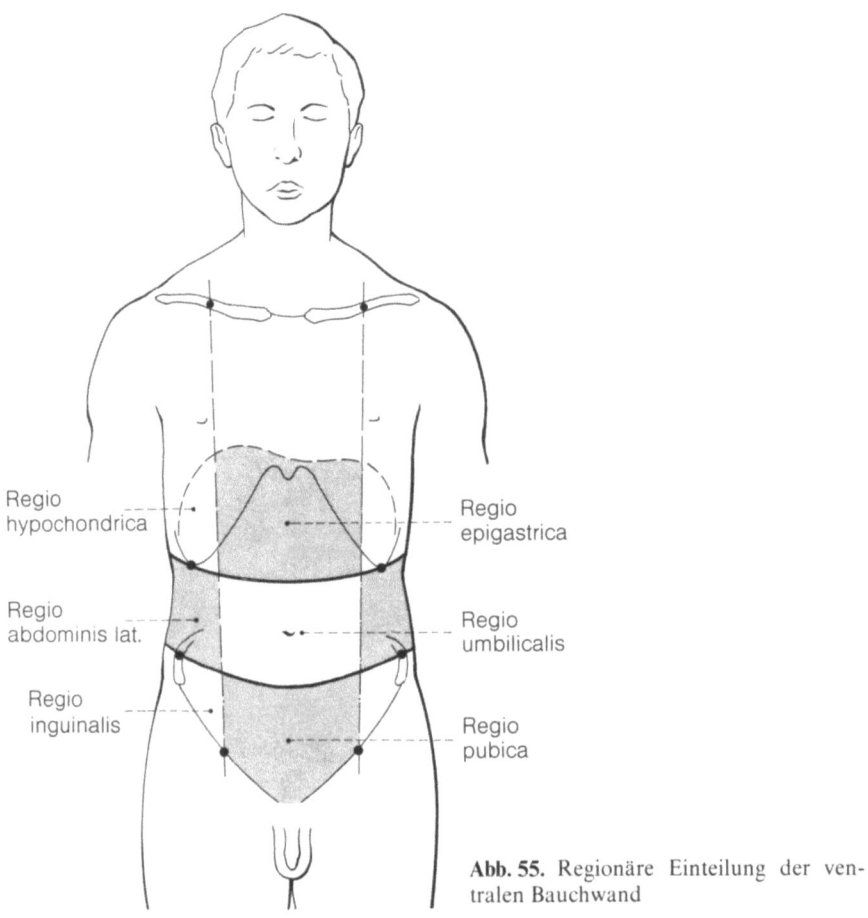

**Abb. 55.** Regionäre Einteilung der ventralen Bauchwand

**An Weichteilstrukturen werden zur Orientierung verwendet**

1. Der Nabel mit der Linea alba (Nabel in Höhe der Bandscheibe zwischen $L_3$ und $L_4$).
2. Beidseits der laterale Rand des M. rectus abdominis.
3. Beidseits das Ligamentum inguinale.

**Entsprechend den sicht- und tastbaren Strukturen müssen zur regionalen Gliederung der Bauchwand Hilfslinien gedacht werden**

Zwei Horizontallinien, die eine durch die beiden caudalsten Punkte der Rippenbögen, die andere durch die beiden höchsten Punkte der Cristae iliacae, unterteilen die Bauchwand in einen oberen, mittleren und unteren Abschnitt.

Rechts und links je eine Longitudinallinie parallel zum lateralen Rand des M. rectus abdominis, welche die Bauchwand zusätzlich in zwei laterale und einen mittleren Bereich gliedern.

Auf diese Weise entstehen 9 Regionen an der Bauchwand, die in Abb. 55 gezeigt sind.

## Bauchwandkonstruktion

Die drei übereinander geschichteten seitlichen Bauchmuskeln scheiden mit ihren Aponeurosen in den Regiones epigastrica, umbilicalis und pubica die beiden Mm. recti abdominis ein. Der M. rectus abdominis wird durch Zwischensehnen in 4 oder 5 Muskelbäuche unterteilt, wodurch der physiologische Querschnitt des Muskels vergrößert wird. Einzelne Sehnenzüge der Zwischensehnen dringen durch die Rectusscheide und verankern sich in der Haut. Auf der Dorsalseite wird die Bauchwand beidseits der Lendenwirbelsäule vom M. quadratus lumborum verstärkt.

| Bauchwandmuskeln | Segmentale Innervation |
| --- | --- |
| M. rectus abdominis („Rectus") | $Th_7 - Th_{12}$ |
| M. obliquus abdominis externus („Externus") | $Th_5 - Th_{12}$ |
| M. obliquus abdominis internus („Internus") | $Th_{10} - L_2$ |
| M. transversus abdominis („Transversus") | $Th_5 - L_2$ |
| M. quadratus lumborum | $Th_{12} - L_3$ |

Die Bauchwandmuskeln werden jeweils von ihren spezifischen Fascien, die muskulöse Bauchwand als Ganzes von der äußeren (Fascia abdominis superficialis) und inneren Körperfascie (Fascia transversalis) umhüllt. Abdomenwärts schließt sich das Peritoneum an.

### Funktion der Bauchmuskeln

Alle Bauchmuskeln zusammen bewirken die „Bauchpresse" und eine forcierte Exspiration.

| | |
| --- | --- |
| Rumpfdrehung nach rechts | Rechter Internus<br>Rechter Transversus<br>Linker Externus |

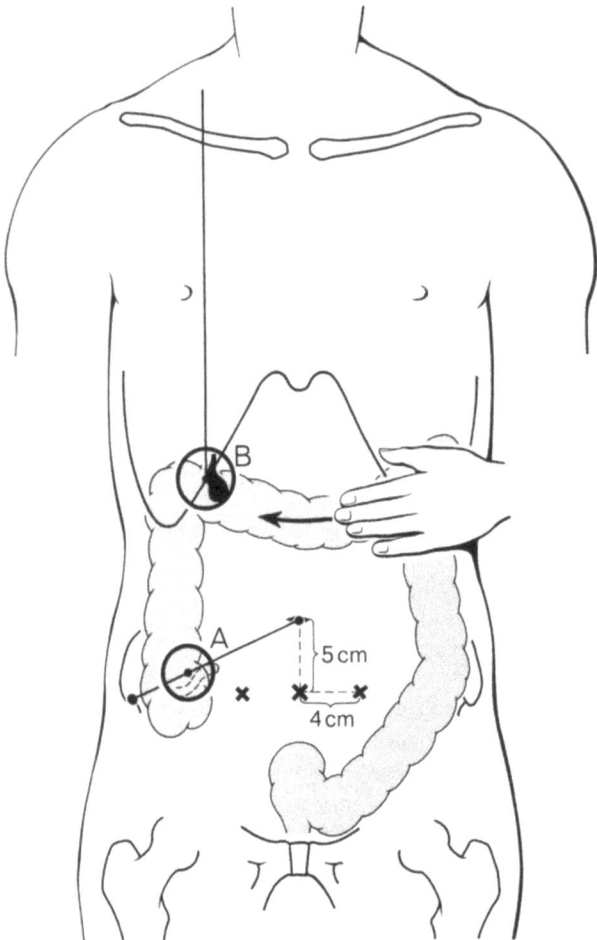

**Abb. 56.** Druckpunkte an der ventralen Bauchwand. *A* = McBurney-Druckpunkt, *B* = Gallenblasendruckpunkt. Die Hand streicht den Inhalt des Colon transversum gegen das Caecum zu aus: Rovsing. Die Kreuze markieren gängige Punktionsstellen der Bauchhöhle

| | |
|---|---|
| Rumpfdrehung nach links | Linker Internus<br>Linker Transversus<br>Rechter Externus |
| Seitwärtsneigung | Gleichseitiger Externus und Internus |
| Ventralflexion | Beide Mm. recti abdominis, beide Externi und Interni. |

## Arterien und Venen der Bauchwand

Neben den segmentalen Arterien und Venen sind in der Klinik besonders die longitudinal verlaufenden Gefäße der Bauchwand wichtig.

| | |
|---|---|
| Arterien | A. epigastrica superior (Endast der A. thoracica interna).<br>A. epigastrica inferior (Ast der A. iliaca externa). |

Beide Gefäße anastomosieren untereinander oberhalb des Nabels an der Dorsalseite des M. rectus abdominis und im Muskel.

Venen  V. epigastrica superior (Zufluß zur V. thoracica interna).
V. epigastrica inferior (Zufluß zur V. iliaca externa).
V. epigastrica superficialis (Hautvene, Zufluß zur V. saphena magna und Verbindung zur V. thoracoepigastrica).

Über die Vv. parumbilicales stehen die Vv. epigastricae mit der Pfortader in Verbindung. Rückstaumöglichkeit bei portaler Hypertension mit verstärkter Venenzeichnung an der Bauchwand (s. Pfortader).

## Linien, Druckpunkte und Punktionsstellen an der Bauchwand

Monro-Linie  Verbindungslinie zwischen Spina iliaca anterior superior und Nabel.

McBurney-  Bei Appendicitis: Schnittpunkt zwischen der Verbindungslinie von der rechten
Druckpunkt  Spina iliaca anterior superior mit dem Nabel und dem lateralen Rand des rechten M. rectus abdominis.

Lanz-  Bei Appendicitis: Am rechten Drittelpunkt auf der Verbindungslinie beider Spi-
Druckpunkt  nae iliacae anteriores superiores.

Courvoisier-  Bei Pankreaskopf-Ca., Gallengangstenose etc.: Gestaute vergrößerte Gallen-
Zeichen  blase tastbar im Winkel zwischen rechtem Rippenbogen und rechtem lateralen Rectusrand.

Rovsing-  Ausstreichen des Colon transversum in Richtung Caecum bewirkt bei Appendi-
Zeichen  citis Schmerzen in der Gegend der Appendix.

Blumberg-  „Loslaßschmerz". Bei Appendicitis nach sanftem Druck auf das Abdomen, auch
Zeichen  auf der schmerzabgewandten Seite, bei plötzlichem Loslassen der Hände kurzer verstärkter Schmerz in der Appendixgegend.

Punktionsstelle  Bevorzugt in der Linea alba zwischen Nabel und Symphyse in Höhe des oberen
der Bauchhöhle  Drittelpunktes.

## Leistengruben

Die Leistengruben (= Fossae inguinales) sind durch auf den Nabel zulaufende Bauchfellfalten (Plicae umbilicales) gegeneinander abgegrenzte Peritonealnischen an der Rückseite der ventralen Bauchwand. Sie werden nach caudal vom Ligamentum inguinale begrenzt.

Die Fossa inguinalis lateralis entspricht dem mit Peritoneum überzogenen Anulus inguinalis profundus. Sie wird nach medial zu von der Plica umbilicalis lateralis und ihren Inhaltsgebilden, den Vasa epigastrica inferiora und dem Ligamentum interfoveolare, begrenzt.

Die Fossa inguinalis medialis ist die Peritonealnische zwischen den Plicae umbilicales lateralis und medialis (Inhalt der Plica umbilicalis medialis: obliterierte A. umbilicalis). Ihr entspricht an der Außenseite der ventralen Bauchwand der Anulus inguinalis superficialis. Dieser Bereich gilt als die „schwächste Stelle" der ventralen Bauchwand.

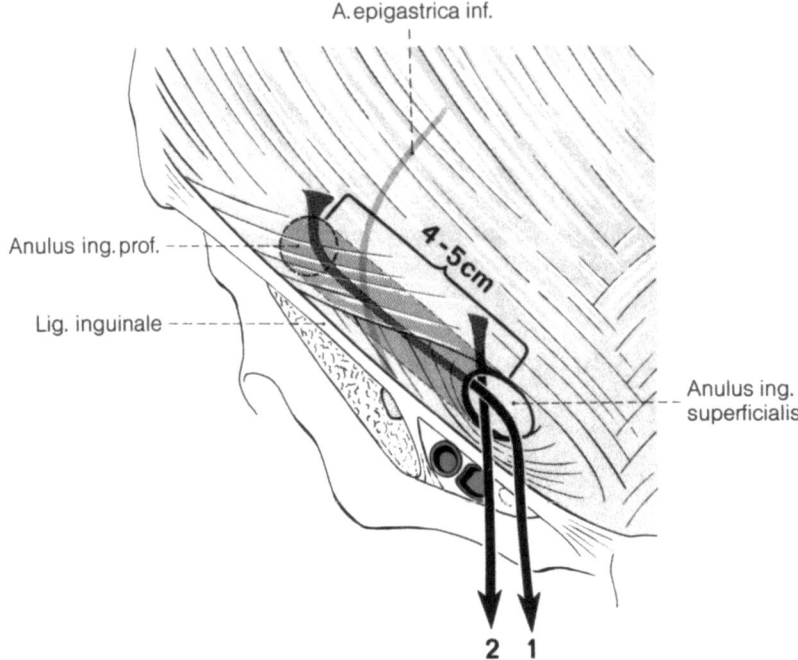

**Abb. 57.** Schematische Darstellung des Leistenkanals mit Angabe der Bruchwege bei der indirekten (*1*) und der direkten (*2*) Leistenhernie

## Leistenkanal

Im Bereich der Leistengegend bildet sich schon im 3. Embryonalmonat ein Processus vaginalis peritonei aus, in welchen das Urnierenleistenband eingelagert ist. Aus ihm wird später bei der Frau das Ligamentum teres uteri, beim Mann das Gubernaculum testis, die Leitschiene für den Descensus des Hodens in das Scrotum.

Lage   Unmittelbar cranial des Ligamentum inguinale, schräg durch die Schichten der Bauchwand von lateral, dorsal, cranial nach medial, ventral, caudal.

Länge   4–5 cm

Wände   Boden:         Ligamentum inguinale, Ligamentum reflexum (nur medial).
         Dach:          Caudale Züge der Mm. obliquus abdominis internus und transversus abdominis.
         Rückwand:    Fascia transversalis und Peritoneum.
         Vorderwand:  Aponeurose des M. obliquus abdominis externus.

### Pforten des Leistenkanals

Der *Anulus inguinalis superficialis* wird durch Aponeurosenzüge des M. obliquus abdominis externus begrenzt:

Medial:   Crus mediale
Lateral:  Crus laterale

Cranial: Fibrae intercrurales
Caudal: Ligamentum reflexum

Der *Anulus inguinalis profundus* wird von der Fascia spermatica interna umhüllt. Randbegrenzungen bilden zusätzlich:

Medial: A. und V. epigastrica inferior und Ligamentum interfoveolare.
Lateral: Aponeurose des M. transversus abdominis.
Cranial: Ligamentum interfoveolare und Aponeurose des M. transversus abdominis.
Caudal: Ligamentum inguinale.

**Inhalt des Leistenkanals**

Beim Mann  Funiculus spermaticus mit seinen Bestandteilen: Ductus deferens mit A. ductus deferentis, obliterierter Processus vaginalis testis, A. testicularis, venöser Plexus pampiniformis, vegetativer Plexus testicularis, Ramus genitalis des N. genitofemoralis, Endäste des N. ilioinguinalis (Nn. scrotales anteriores).

Bei der Frau  Ligamentum teres uteri mit Begleitarterie, Lymphgefäße zu den inguinalen Lymphknoten aus dem Fundus uteri und der tubenwinkelnahen Corpuswand, Ramus genitalis des N. genitofemoralis, Endäste des N. ilioinguinalis (Nn. labiales anteriores).

## Schwache Stellen der Bauchwand

Schwache Stellen der Bauchwand – Prädilektionsstellen für Bauchwandbrüche (=äußere Hernien) – sind:

1. Die Linea alba oberhalb des Nabels (epigastrische Hernie).
2. Der Anulus umbilicalis (Nabelhernie).
3. Der Leistenkanal (indirekte Leistenhernie).
4. Die Fossa inguinalis medialis (direkte Leistenhernie).
5. Die Lacuna vasorum unterhalb des Ligamentum inguinale (Schenkelhernie).
6. Das Trigonum lumbale zwischen M. latissimus dorsi, M. obliquus abdominis externus und Crista iliaca (untere Lumbalhernie).

Neben den aufgezählten schwachen Stellen der vorderen und seitlichen Bauchwand, die Bruchpforten für Organe der Bauchhöhle sein können, gibt es noch Bruchpforten am Zwerchfell und am Beckenboden. Auf die Bruchpforten am Hiatus oesophageus wird im Kapitel Oesophagus eingegangen. Die schwachen Stellen am Beckenboden werden im Kapitel Beckenboden behandelt.

## Bauchwandbrüche

### Definitionen

Bauchwandhernie (=äußere Hernie)  Ständige oder zeitweise Verlagerung von meist intraperitoneal gelegenen Bauchorganen unter Mitnahme von Peritoneum parietale durch eine schwache Stelle der Bauchwand.

Innere Hernien  Ständige oder zeitweise Verlagerung von Bauchorganen in Peritonealtaschen der Bauchhöhle.

Eine Hernie hat immer eine *Bruchpforte,* einen *Bruchsack* und einen *Bruchinhalt.*

Bei der äußeren Hernie sind dies:

Bruchpforte  Muskulös-bindegewebige Umrandung der Durchtrittsstelle durch die Bauchwand.

Bruchsack  Peritoneum parietale.

Bruchinhalt  Meist intraperitoneale Organe (Dünndarm, großes Netz), selten aber auch Colon transversum, Caecum und Sigma. In sehr seltenen Fällen können die anderen Organe der Bauchhöhle auch einmal Bruchinhalt sein.

**Hernientypen an der Bauchwand**

Epigastrische Hernie  Bruch durch die oberhalb des Nabels physiologischerweise auf etwa 2,5 cm verbreiterte Linea alba.

Nabelhernie  *Angeboren:* Mangelhafte Rückbildung des physiologischen Nabelbruchs aus der Embryonalzeit. Bruchsack: Amnionepithel.
*Erworben:* Beim Säugling mangelnde Verklebung des Anulus umbilicalis nach Kollabieren der 1–2 cm dicken Nabelschnur.

Beim Erwachsenen, besonders bei adipösen pyknischen Frauen, durch erhöhten intraabdominellen Druck sekundäre Erweiterung des Anulus umbilicalis.

Indirekte Leistenhernie  Häufigste Hernie (80%). Bei Männern viermal häufiger als bei Frauen. Bei indirekten Leistenhernien nimmt der Bruch grundsätzlich seinen Weg durch den Leistenkanal, Bruchpforte ist immer der erweiterte Anulus inguinalis profundus im Bereich der Fossa inguinalis lateralis.

Erscheinungsformen von indirekten Leistenhernien:

a) *Indirekte angeborene Leistenhernie:* Der fingerlingähnliche Processus vaginalis testis, eine durch den Hodendescensus bewirkte Peritonealausziehung, ist im Samenstrang normalerweise verklebt. Bleibt er offen, so können sich in ihn Bauchorgane hineindrängen. Der Bruchsack reicht bis in das Scrotum.

b) *Indirekte erworbene Leistenhernie:* Sekundäre Peritonealausstülpung von der Fossa inguinalis lateralis aus in den Leistenkanal hinein. Der Bruchsack kann bis in das Scrotum bzw. in die Labia majora herabreichen.

Direkte Leistenhernie  Peritonealausstülpung von der Fossa inguinalis medialis ausgehend sagittal durch die Bauchwand. Der Bruch erscheint sichtbar am Anulus inguinalis superficialis. Der Bruchsack kann bis in das Scrotum reichen.

Schenkelhernie  Peritonealausstülpung durch die Lacuna vasorum unterhalb des Leistenbandes. Häufig bei älteren Frauen, aber auch pyknische, adipöse Männer betroffen.

Seltene Hernien  Am lateralen Rand des M. rectus abdominis (Hernia lineae semilunaris), am Trigonum lumbale (Hernia lumbalis), durch das Foramen obturatum (Hernia obturatoria), neben dem Rectum durch den Beckenboden (Hernia perinealis) und durch das Foramen supra- oder infrapiriforme des Foramen ischiadicum majus (Hernia ischiadica).

*Morphologische Differentialdiagnostik von indirekter Leistenhernie, direkter Leistenhernie und Schenkelhernie*

Indirekte und direkte Leistenhernie
Beide Brüche verlaufen oberhalb des Ligamentum inguinale.
*Indirekte:* Bruchpforte lateral der pulsierenden A. epigastrica inferior. Bruchverlauf durch den Leistenkanal.
*Direkte:* Bruchpforte medial der pulsierenden A. epigastrica inferior. Bruchverlauf sagittal durch die Bauchwand zum Anulus inguinalis superficialis.

Schenkelhernie Der Bruch liegt unterhalb des Ligamentum inguinale.

## Scrotum

### Hodenhüllen

1. Haut mit Tunica dartos
2. Fascia spermatica externa
3. M. cremaster
4. Fascia spermatica interna
5. Lamina parietalis der Tunica vaginalis testis
6. Lamina visceralis der Tunica vaginalis testis

### Hodendescensus

Descensus testis  Die für die Entwicklung des späteren Hodens entscheidenden Abschnitte der Gonadenanlage ($Th_6$–$S_2$) finden sich im Lumbalbereich. Zu Anfang des 3. Embryonalmonats hat der Hoden bereits die Gegend des Anulus inguinalis profundus erreicht. Ab dem 7. Embryonalmonat beginnt der Hoden seinen Descensus durch den Anulus inguinalis profundus und erreicht das Scrotum zur Zeit der Geburt.

Descensusanomalien
a) Lumbale, abdominale und canaliculäre Hodenretention (= Hodendystopie); Hoden ist nicht zu tasten (Kryptorchismus).
b) Leistenhoden: Hoden im Anulus inguinalis superficialis zu tasten.
c) Flottierende Hoden (Gleit- und Pendelhoden).
d) Hodenektopien:
   1. Subcutane inguinale Ektopie.
   2. Hodenlage außerhalb des normalen Descensusweges (perineal, suprapubisch, femoral).

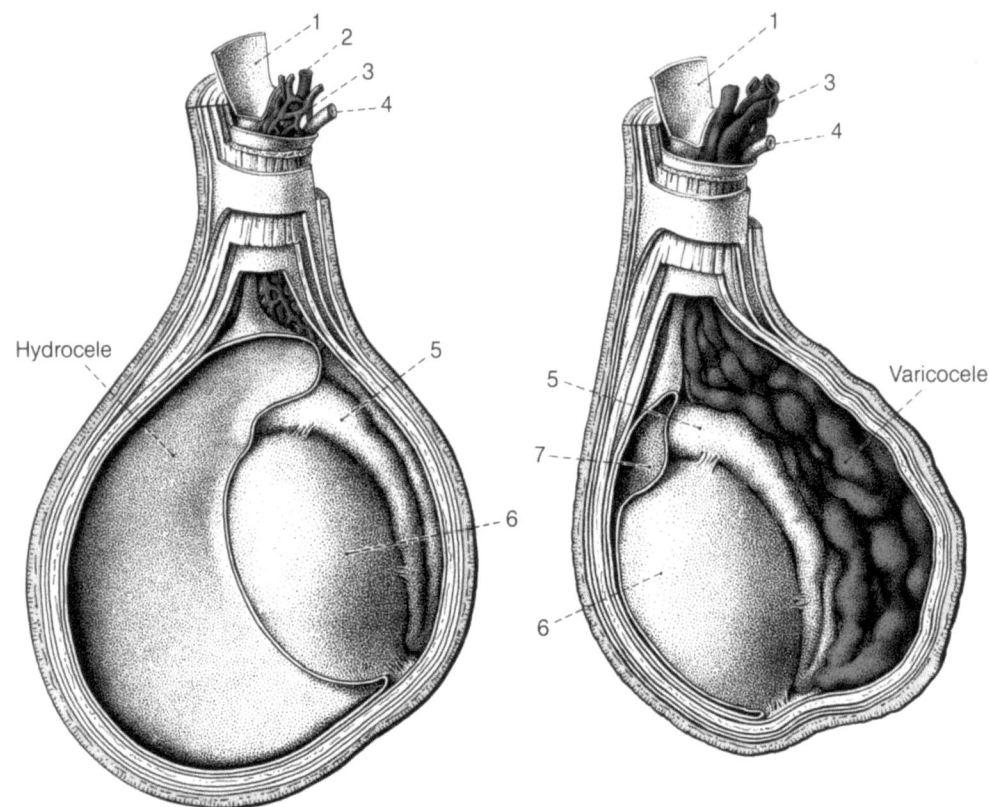

**Abb. 58.** Hydrocele. *1* = Peritoneum, *2* = A. testicularis, *3* = Plexus pampiniformis, *4* = Ductus deferens, *5* = Caput epididymidis, *6* = Testis

**Abb. 59.** Varicocele. *1* = Peritoneum, *3* = Plexus pampiniformis, *4* = Ductus deferens, *5* = Caput epididymidis, *6* = Testis, *7* = Capillärer Spaltraum zwischen visceralem und parietalem Blatt der Tunica vaginalis testis

**Veränderungen im Scrotum**

Varicocele — Varicös erweiterter Plexus pampiniformis, der beim Stehen deutlich sichtbar wird.

Hydrocele testis (= Wasserbruch) — Flüssigkeitsansammlung zwischen den Laminae visceralis und parietalis der Tunica vaginalis testis.

Hydrocelen finden sich auch im Verlauf des obliterierten Processus vaginalis testis (Hydrocele des Funiculus spermaticus), manchmal auch mit einer Hydrocele testis kombiniert. Bei der Diaphanoskopie (Durchleuchtung mit Lichtquelle) läßt die Hydrocele das Licht passieren.

Hämatocele — Blutansammlung zwischen den Laminae visceralis und parietalis der Tunica vaginalis testis.

Bei der Diaphanoskopie Lichtdurchtritt verhindert.

# Bauchhöhle

Oberbauch  Bauchhöhle oberhalb des Mesocolon transversum.
Unterbauch  Bauchhöhle unterhalb des Mesocolon transversum.

## Peritoneum

Das Peritoneum ist eine etwa 2 m² große, alle beweglichen Organe der Bauchhöhle überziehende und die Bauchwand auskleidende seröse, mesothelzellhaltige Haut. Sie ermöglicht, daß sich die Organe der Bauchhöhle gegeneinander verschieben können. Eine individuell unterschiedlich große, mit Fetteinlagerungen versehene „Peritonealschürze" vor den Unterbauchorganen ist das große Netz, ein stark in die Länge gewachsener Bestandteil des dorsalen Magengekröses (Mesogastrium dorsale). Das Peritoneum kann als großflächige seröse Haut Substanzen sezernieren und resorbieren. Diese Eigenschaften werden bei einem kurzfristigen Nierenversagen therapeutisch ausgenützt (Peritonealdialyse).

Peritoneum parietale  Innerste Schicht der Bauchwand, die von Peritoneum gebildet wird und intensiv sensibel über die Segmentnerven innerviert wird.

Peritoneum viscerale  Peritonealüberzug der Organe der Bauchhöhle. Das Peritoneum viscerale ist nur sehr gering vegetativ sensibel innerviert (Ausnahme: Leberperitoneum).

Mesenterien  Beidseits mit Peritoneum überzogene Gefäß- und Nervenstraßen zu den intraperitonealen Organen der Bauchhöhle (=Gekröse).

## Peritonealverhältnisse

Intraperitoneal  Organe, die allseits von Peritoneum überzogen und an Mesenterien beweglich in der Bauchhöhle „fixiert" sind (Magen, Bulbus duodeni, Jejunum, Ileum, Caecum mit Appendix, Colon transversum, Colon sigmoideum, Leber und Milz).

(Sekundär) retroperitoneal  Organe, die ehemals intraperitoneal angelegt wurden. Sie sind im Laufe der Darmentwicklung an das Peritoneum parietale der Bauchwand gedrängt worden und hier verwachsen (Pankreas, Hauptanteil des Duodenum, Colon ascendens und descendens).

(Primär) retroperitoneal  Organe, die dorsal der Bauchhöhle angelegt sind und an das Peritoneum parietale angrenzen (z. B. Niere und ableitende Harnwege).

Douglas-Raum  Bei der Frau die tiefste Peritonealausbuchtung der Bauchhöhle zwischen Uterus und Rectum (=Excavatio rectouterina). Eine Flüssigkeitsansammlung im Douglas-Raum läßt sich von rectal und vaginal her tasten.
Beim Mann entspricht der Douglas-Raum der Excavatio rectovesicalis.

## Recessus der Bauchhöhle (Lokalisationsmöglichkeiten „innerer Hernien")

| | |
|---|---|
| Recessus duodenalis superior | Von rechts her zugängliche Peritonealnische zwischen der Flexura duodenojejunalis und dem Mesocolon transversum. Selten Einlagerung einer Dünndarmschlinge: Treitz-Hernie. |
| Recessus duodenalis inferior | Von links her zugängliche Peritonealnische dorsal der Flexura duodenojejunalis. |
| Recessus retrocaecalis | Von caudal her zugängliche Peritonealnische zwischen der Dorsalseite des Caecum und dem Peritoneum parietale (mögliche Lage der Appendix). |
| Recessus ileocaecalis superior | Von links her zugängliche Peritonealnische zwischen dem terminalen Ileum und dem Colon ascendens (mögliche Lage der Appendix). |
| Recessus ileocaecalis inferior | Von links her zugängliche Peritonealnische zwischen der Unterseite des terminalen Ileum, dorsal des Mesenteriolum der Appendix, ventral der Plica ileocaecalis und rechts des Caecum (mögliche Lage der Appendix). |
| Recessus intersigmoideus | Kleine, knapp kirschgroße, von caudal her nach Anheben der Sigmaschlinge zugängliche Peritonealnische. Sie wird ventral vom oberen Ende des Mesocolon sigmoideum, dorsal vom Peritoneum parietale über dem linken M. psoas begrenzt. Hier läßt sich der linke Ureter durch das Peritoneum parietale tasten. |

# Organe der Bauchhöhle

## Magen

Lage
: Relative „Fixpunkte" des Magens sind die Kardia (etwa in Höhe des 10. Brustwirbels) und der Pylorus (im Regelfall in Höhe des 1. oder 2. Lendenwirbels). Der Magenfundus und der größte Teil des Magencorpus liegen in der linken Regio hypochondrica und sind nicht palpabel. In die Regio epigastrica reichen die caudalen Anteile des Magencorpus, das Antrum und der Pyloruskanal. Der linke Leberlappen überlagert oberhalb des Angulus ventriculi individuell unterschiedlich Anteile des Magencorpus, des Magenfundus und die gesamte Kardiaregion. Beim tiefen Einatmen überlappt am liegenden Patienten der Leberunterrand zusätzlich die gesamte, der kleinen Kurvatur des Magens benachbarte präpylorische Magenregion und den Pylorus.

Somit grenzen beim liegenden Patienten nur ein kleiner, beim stehenden Patienten aber ein größerer Bereich des Magencorpus und des Magenantrums an die Körperwand direkt an. Der Bauchhautbereich, der diesem Wandabschnitt entspricht, wird als *Magenfeld* bezeichnet.

Das *Magenknie* (= caudalster Punkt der großen Kurvatur) ist beim liegenden Patienten normalerweise in Höhe der Mitte zwischen dem Processus xiphoideus und dem Nabel zu suchen. Es kann aber beim stehenden Patienten bis weit unterhalb des Nabels, in seltenen Fällen bis ins kleine Becken reichen.

Gastroptose
: Magensenkung; die kleine Kurvatur verläuft wesentlich unterhalb des Leberunterrandes, die große Kurvatur unterhalb des Nabels.

Form
: Je nach Konstitutionstyp, Lageorientierung des Patienten, Füllungszustand des Magens und Volumenverhältnissen im Bauchraum hat der Magen eine unterschiedliche Form: Hakenmagen, Stierhornmagen, Langmagen und hypotonischer Langmagen.

Gastrektasie
: Dauernde Magenerweiterung.

Volumen
: Der Magen des Erwachsenen hat ein Fassungsvermögen von etwa 1500 cm³.

### Magensaft

Magensaftmenge
: 1,5–2,5 l/Tag beim Erwachsenen bei normalem Essen.

pH-Wert
: In der Ruhesekretion um 7 (enthält kein oder kaum HCl und Pepsin). In der stimulierten Sekretion 1,0–1,8.

Superacidität
: Erhöhung der Gesamtacidität bei vorhandener „freier HCl".

Subacidität
: Verminderung der „freien HCl".

Anacidität
: Fehlen der „freien HCl".

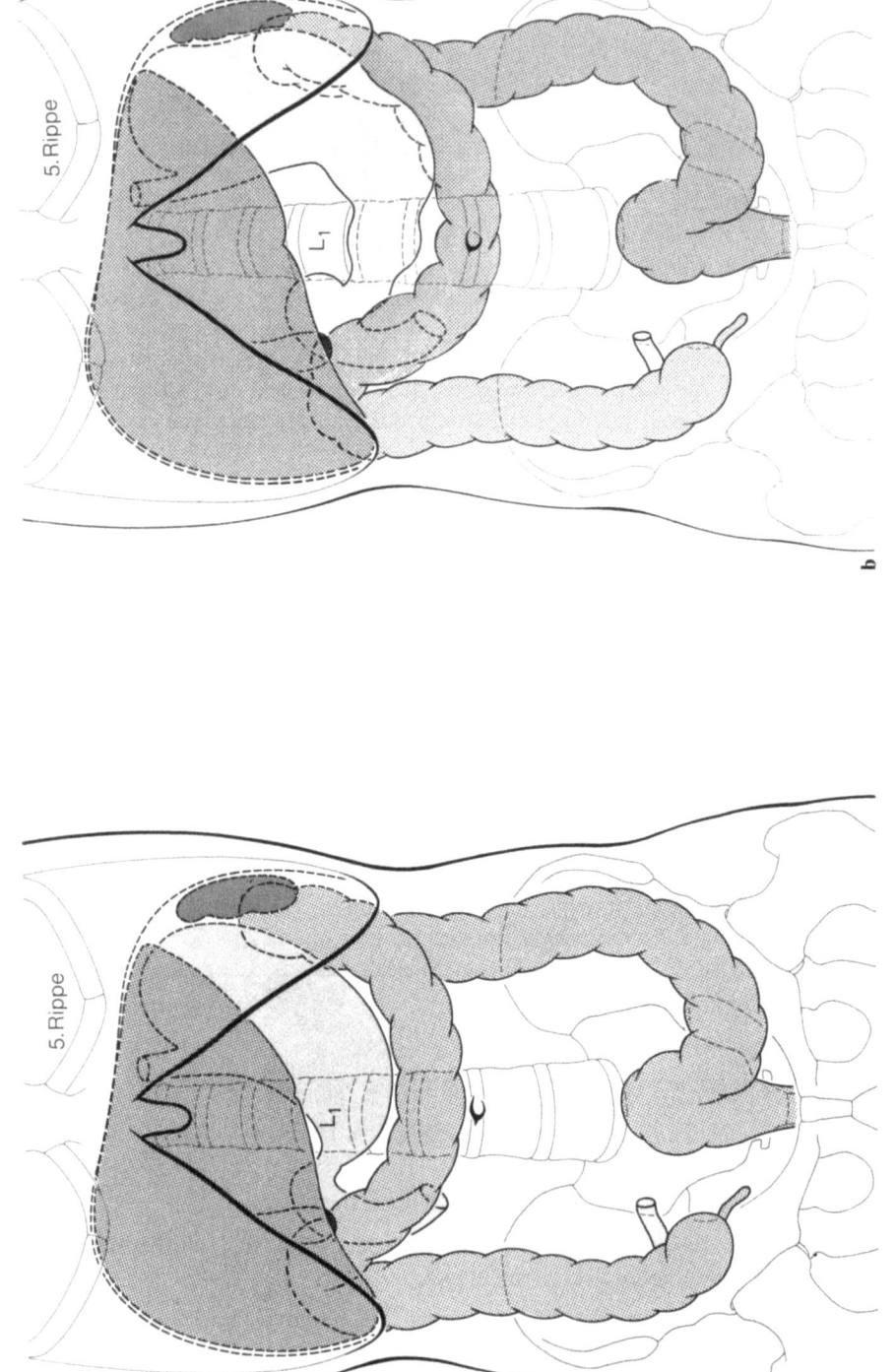

**Abb. 60 a, b.** Projektion von Magen und Colon transversum auf die ventrale Bauchwand. **a** Beim liegenden Erwachsenen. **b** Beim stehenden Erwachsenen

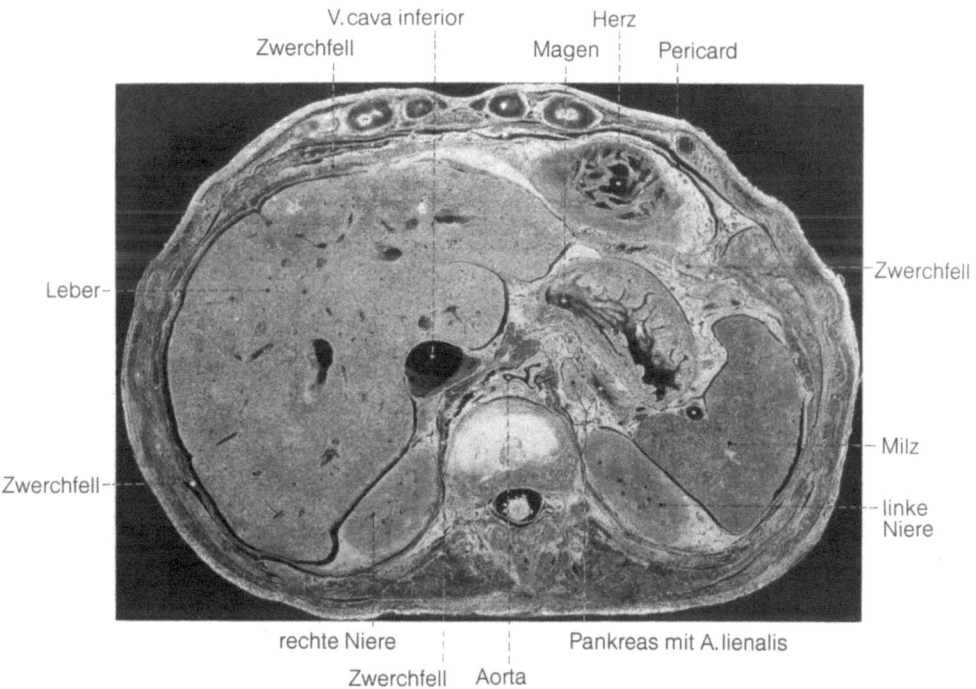

**Abb. 61.** Ansicht von caudal auf einen Horizontalschnitt in Höhe des Processus xiphoideus beim Erwachsenen

Achylie  Fehlen der HCl- und Pepsinproduktion.

Totale Achylie  Fehlen der gastrin- oder histaminstimulierten HCl- und Pepsinproduktion.

### Sekretionssteuerung

*Cephale („psychische") Phase* über die Nn. vagi.

*Gastrische Phase* über die Magendistension und über die hormonelle Wirkung des in der Antrum- und Pylorusschleimhaut gebildeten Gastrins.

*Intestinale Phase* über die Hormonwirkung des in der Duodenalschleimhaut gebildeten Gastrins.

### Magengefäße

Arterien  Von den 4 Magenarterien, die an der großen und der kleinen Kurvatur verlaufen, und den Aa. gastricae breves an der Magenrückwand wäre eine einzige der größeren Arterien für die Ernährung des Magens ausreichend. Die Magenarterien sind überreichlich vorhanden, damit im Bedarfsfall die Magendrüsen bestmöglich mit Blut versorgt werden und so in kürzester Zeit eine größtmögliche Sekretionsmenge liefern können.

Venen  Die parallel zu den Arterien verlaufenden Venen gehören zum Einzugsgebiet der Pfortader. Kardianahe Magenvenen anastomosieren mit Oesophagusvenen (s. auch unter Pfortader: Oesophagusvaricenbildung bei portaler Hypertension).

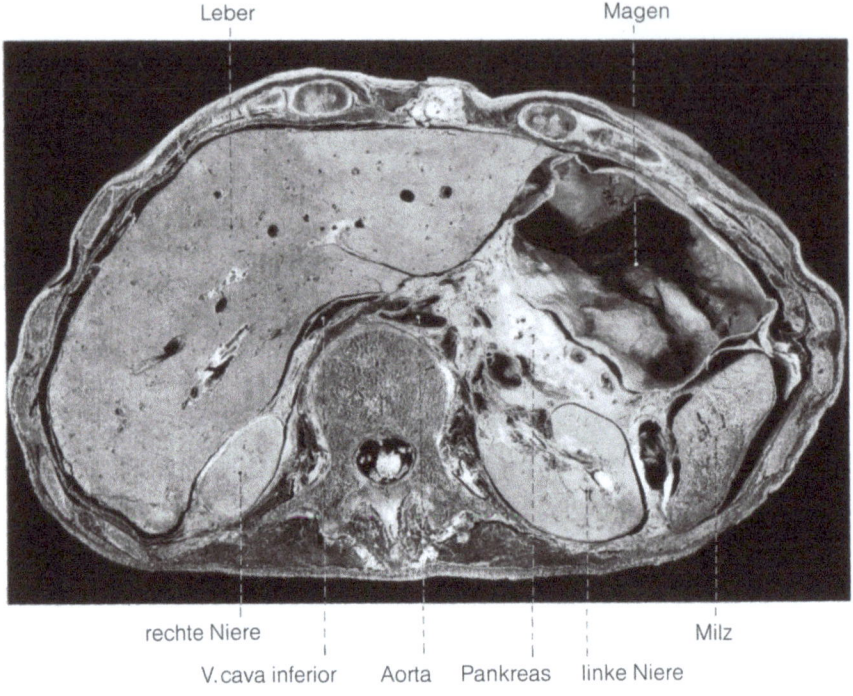

**Abb. 62.** Ansicht von caudal auf einen Horizontalschnitt in Höhe des ersten Lendenwirbelkörpers beim Erwachsenen

Lymphgefäße  Der Abflußweg der Magenlymphe ist von den einzelnen Magenbereichen unterschiedlich:

*Kardianahe Magenregion:* Entlang der A. gastrica sinistra zu den Nodi lymphatici coeliaci.

*Milznahe Magenregion:* Entlang der A. lienalis an der Dorsalseite des Magens zu den Nodi lymphatici coeliaci.

*Antrum und Pylorus* (nahe kleiner Kurvatur): Entlang der A. gastrica dextra zu den Nodi lymphatici coeliaci.

*Magenknie, große Kurvatur bis Pylorus:* Entlang der A. gastroepiploica dextra zu den Nodi lymphatici coeliaci.

„*Virchow-Drüse*": Häufig links supraclaviculär gelegene Lymphknotenmetastase beim Magencarcinom.

**Häufige Fehlbildungen am Magen**

Achalasie  Fehlen des Öffnungsreflexes zwischen Oesophagus und Magen.

Kardiospasmus  Öffnungslähmung des unteren Speiseröhrenverschlusses. Wegen fehlender schlucksynchroner Aufwärtsbewegung der Speiseröhre bleibt die Kardia verschlossen.

Angeborene Pylorusstenose  Verdickung der Pylorusmuskulatur mit Schleimhautschwellung im Pyloruskanal, bei männlichen Neugeborenen 3–6mal häufiger als bei weiblichen (v. Harnack).

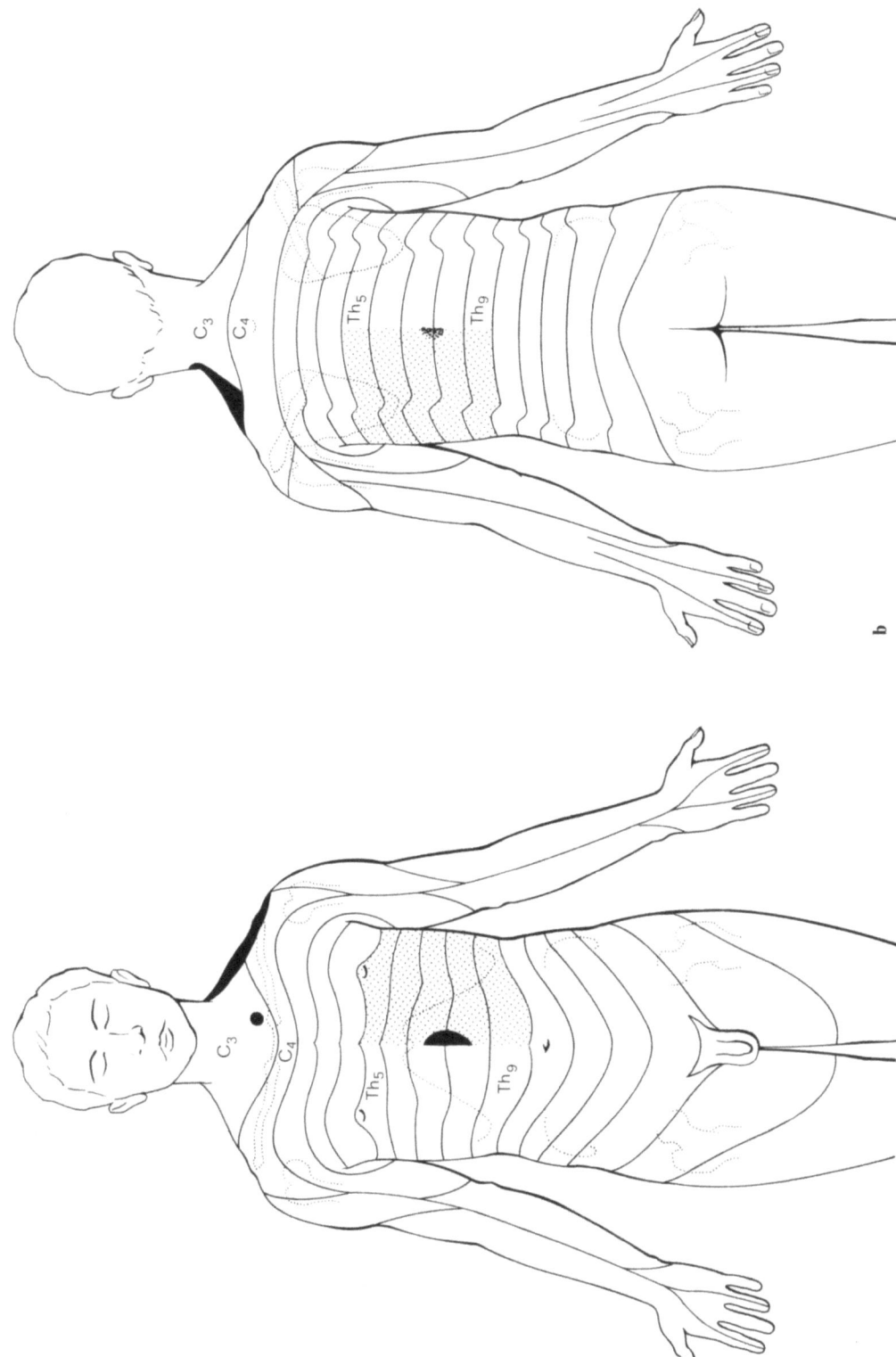

**Abb. 63a, b.** Head-Zonen des Magens (nach Hansen und Schliack). Ansichten von ventral (**a**) und dorsal (**b**)

### Head-Zone des Magens

Magenschmerzen projizieren sich auf die linken Dermatome $Th_5$–$Th_9$. Dabei findet sich unterhalb des Processus xiphoideus in der Regio epigastrica etwas links der Medianen ein Schmerzmaximum. Ausstrahlende Schmerzen sind auch fast regelmäßig über der linken Schulter zu beobachten (über den linken N. phrenicus dorthin projiziert).

## Duodenum

### Epithelzellregeneration der Darmschleimhaut

| | |
|---|---|
| Im Duodenum: | Alle 2 Tage |
| Im Jejunum und Ileum: | Alle 2–3 Tage |
| Im Rectum: | Alle 6–8 Tage |

### Lage

| | |
|---|---|
| Bulbus duodeni (Pars superior) | Intraperitoneal, in Höhe von $Th_{12}$–$L_1$ nahe der Leberpforte gelegen. |
| Pars descendens | Sekundär retroperitoneal, $Th_{12}$–$L_3$ ($L_2$–$L_4$) rechts paravertebral absteigend. |
| Pars inferior transversa | Sekundär retroperitoneal, quert die Wirbelsäule in Höhe von $L_{3\,(4)}$. |
| Pars ascendens | Sekundär retroperitoneal, von $L_3$ nach $L_2$ links paravertebral ansteigend. |
| Flexura duodenojejunalis | Intraperitoneal, in Höhe von $L_2$ links paravertebral. |
| Papilla duodeni major | 8–10 cm distal des Pylorus gelegene gemeinsame Mündung von Gallen- und Pankreasgang in das Duodenum. |

### Head-Zone

Rechte Dermatome $Th_6$–$Th_{10}$. Besondere Schmerzpunkte: In der Mitte zwischen Nabel und Symphyse; in Höhe des Processus spinosus $Th_8$ und über der rechten Schulter.

## Leber

| | |
|---|---|
| Gewicht | Erwachsener etwa 1500 g.<br>Neugeborenes etwa 125 g. |
| Lage | Der Leberoberrand entspricht dem Zwerchfellstand von rechts bis etwa zur linken Medioclavicularlinie. Der Leberunterrand ist rechts bis etwa zum Schnittpunkt zwischen rechter Medioclavicularlinie und Rippenbogen von Rippen schützend bedeckt. Ab hier quert der Leberunterrand die Regio epigastrica und schneidet den linken Rippenbogen in Höhe der linken 6. Rippe. |
| Lebersegmente | Es gibt Pfortadersegmente, Gallengangsegmente und Arteriensegmente an der Leber. In der Regel sind mit „Lebersegmenten" die Pfortadersegmente gemeint. Ihre Grenzen sind individuell unterschiedlich. Als „Trennlinie" zwischen rech- |

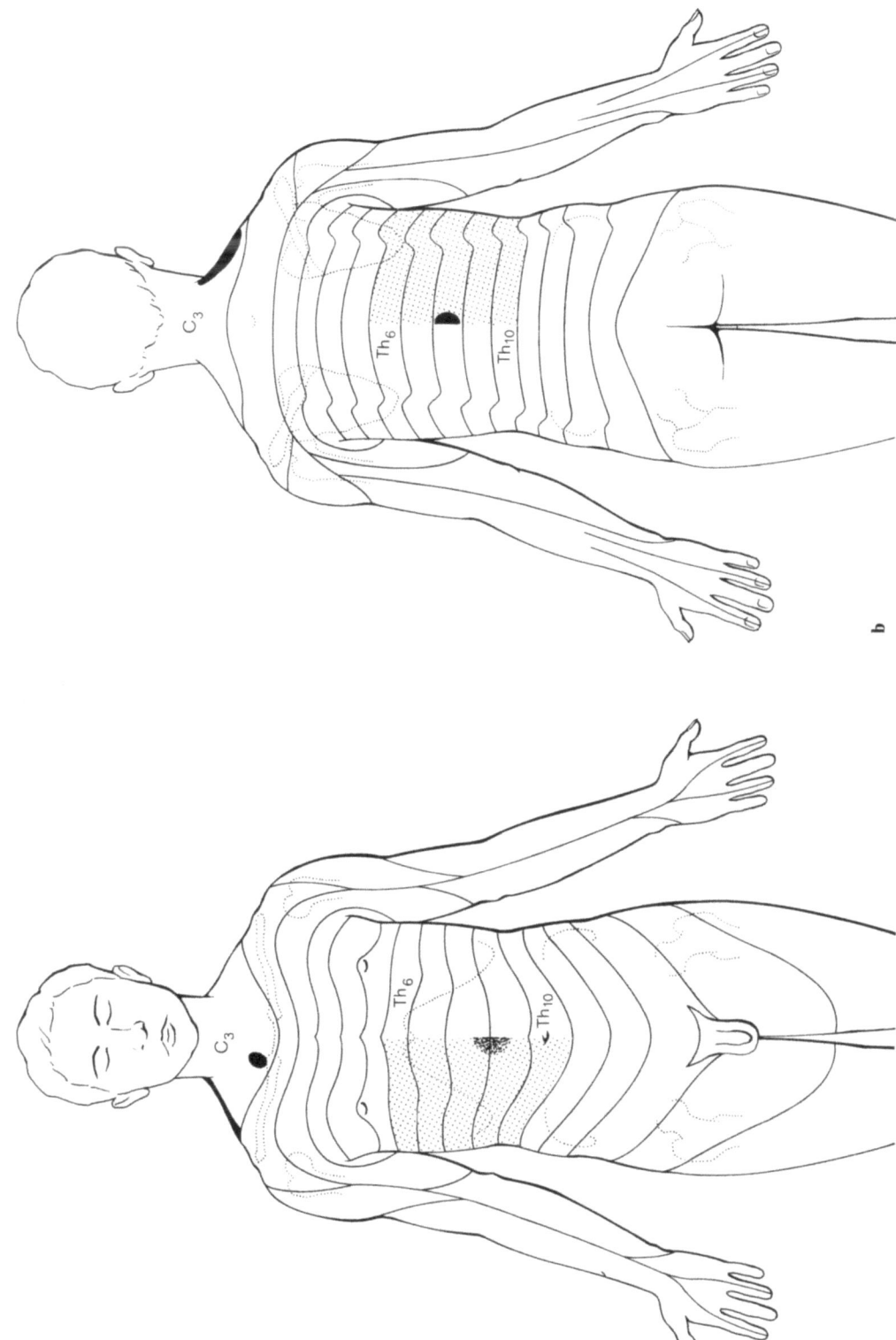

**Abb. 64a, b.** Head-Zonen des Duodenum (nach Hansen und Schliack) in der Ansicht von ventral (**a**) und dorsal (**b**)

|              | tem und linkem Leberlappen (rechtem und linkem Pfortaderzweig) gilt die „Cava-Gallenblasen-Linie". |
|---|---|
| Konsistenz | Weich, paßt sich in ihrer Form laufend den Formveränderungen der Nachbarorgane an. Auf Druck und Zug rißgefährdet. |
| Leberfixierung | 1. Über Area nuda (Pars affixa) am Zwerchfell.<br>2. Über Adhäsionskräfte am Diaphragma.<br>3. Über Peritonealumschlagstellen: Ligamentum falciforme hepatis, Ligamenta triangularia dextrum et sinistrum, Ligamentum coronarium hepatis.<br>4. Über das Omentum minus mit den Ligamenta hepatogastricum und hepatoduodenale.<br>5. An der V. cava inferior. |
| „Leberkapsel" | Peritoneum viscerale der Leber. Über den N. phrenicus dexter sensible Innervation der Leberkapsel (s. auch Head-Zone der Leber). |
| Palpation | Bei entspannter Bauchdecke warme Hände auf die Bauchwand unterhalb des rechten Rippenbogens legen. Mit den Fingerkuppen während der Inspirationsphase des Patienten nach oben und in die Tiefe unter den rechten Rippenbogen drücken. Der untere Lebervorderrand gleitet dabei entweder gerade unter den Fingern vorbei oder ist nicht tastbar. Bei Lebervergrößerung oder Veränderungen der Parenchymkonsistenz ist der Leberunterrand gut tastbar. |
| Leberfeld | Epigastrisches Bauchwandareal, dem auf der Rückseite Leberanteile direkt anliegen. |
| Lymphabfluß der Leber und der Gallenblase | a) *Tiefes System:*<br>1. Zu den Lymphknoten an der Leberpforte, von hier zu den Nodi lymphatici coeliaci.<br>2. Zu den Lymphknoten im Mündungsbereich der Vv. hepaticae in die V. cava inferior.<br>b) *Oberflächliches System* (subserös):<br>1. Von der Leberkonvexität durch das Zwerchfell zu retrosternalen Lymphknoten im Mediastinum.<br>2. Von der Leberunterseite zu den Lymphknoten an der Leberpforte und durch die Lymphbahnen des kleinen Netzes zu den Nodi lymphatici coeliaci. |

**Head-Zone der Leber und der ableitenden Gallenwege**

Rechte Dermatome $Th_6$–$Th_{10}$ gürtelförmig um die Rumpfwand. Ausstrahlende Schmerzen über der rechten Schulter (Dermatome $C_3$, $C_4$). Besondere Schmerzpunkte: Etwas rechts der Mitte zwischen Processus xiphoideus und Nabel.

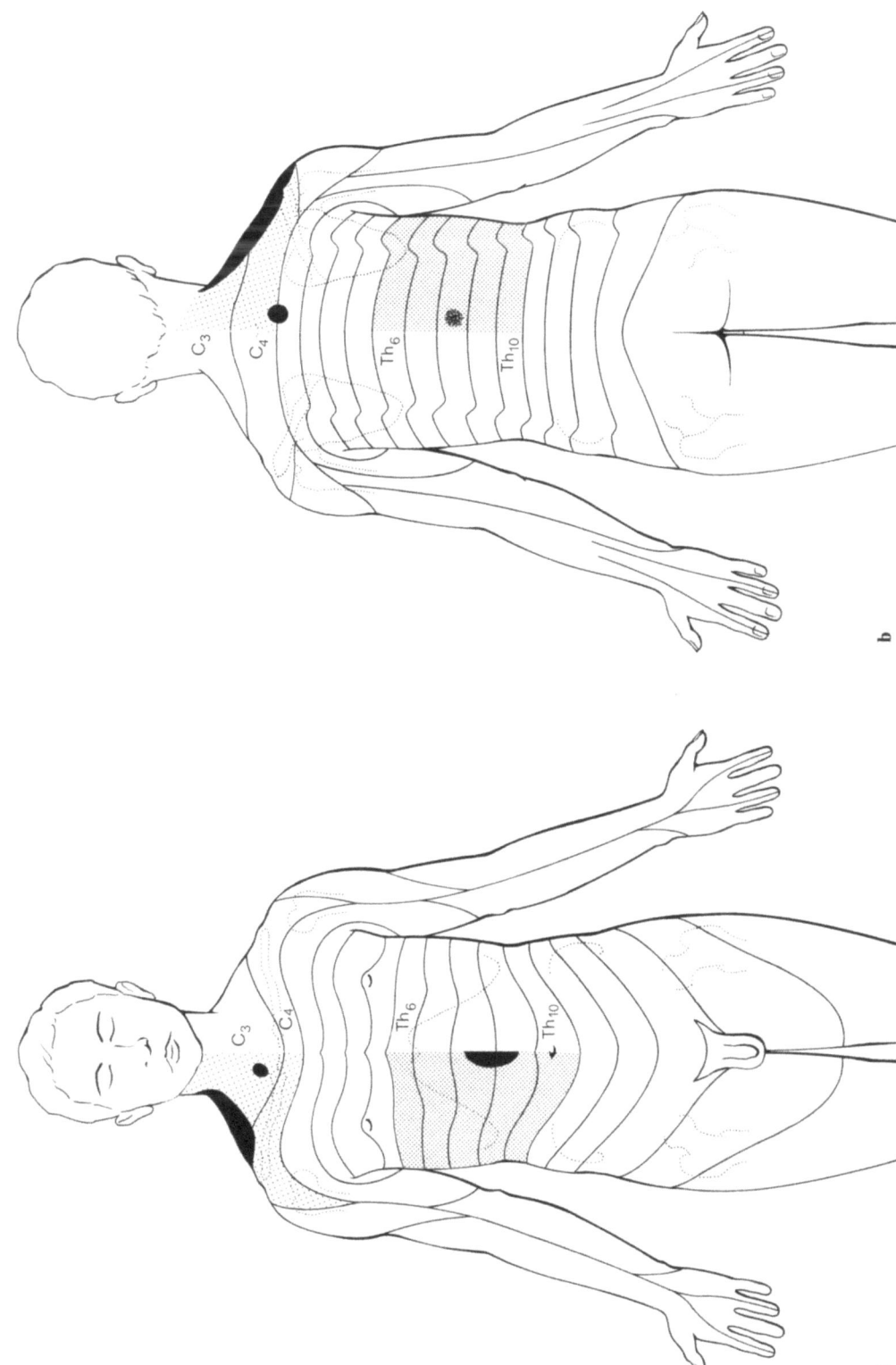

**Abb. 65a, b.** Head-Zonen von Leber und ableitenden Gallenwegen (nach Hansen und Schliack). Ansichten von ventral (**a**) und dorsal (**b**)

## Ableitende Gallenwege

### Maße der extrahepatischen Gallenwege des Erwachsenen

|  | Länge in cm (Streubreite) | Durchmesser in cm (Streubreite) |
|---|---|---|
| Ductus hepaticus communis | 3 (0,3–6) | 0,5 (0,4–0,6) |
| Ductus cysticus | 4 (3–5) | 0,3 (0,2–0,4) |
| Gallenblase (Volumen 40–60 ml) | 8 (7–10) | 3 (2–4) |
| Ductus choledochus | 6,2 (2,8–9,5) | 0,9–0,5 (0,4–1,0) |
| Ampulla choledochi (in 66% vorhanden) | 0,6 (0,3–1,5) | 0,5 (0,2–0,7) |

### Galle

Menge   Beim Erwachsenen etwa 800 ml Lebergalle pro Tag (250–1100 ml Grenzwerte). In der Gallenblase wird die Lebergalle auf das 4- bis 10fache zu etwa 100 ml Blasengalle konzentriert.

Lebergalle   pH 7,8–8,6;
2–4% feste Bestandteile.

Blasengalle   pH 7,0–7,4;
10–12% (–16%) feste Bestandteile.

Gallenfluß   Die Gallensekretion verläuft nach einem Tag-Nacht-Rhythmus: Während der maximalen Glykogenspeicherung der Leberzellen etwa um Mitternacht ist die Gallenproduktion am geringsten. Während der maximalen Gallenproduktion am Mittag ist Glykogen nur mehr in Spuren in den Leberzellen um die Zentralvene nachweisbar. Der nicht stimulierte Gallenfluß ist abhängig von der Ausgangslage des vegetativen Nervensystems (beim Vagotoniker erhöht), vom Blutdruck (bei erhöhtem Blutdruck höher), und von der Lebertemperatur (Optimum zwischen 38° und 40 °C).

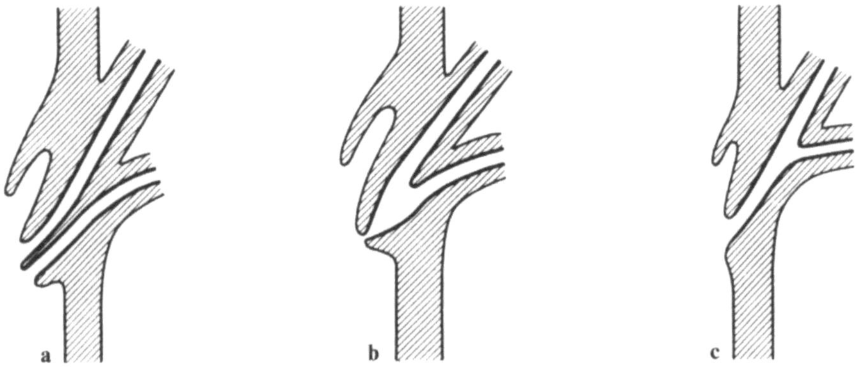

**Abb. 66 a–c.** Mündungstypen von Gallengang und Pankreasgang. **a** Gesonderte Mündungen. **b** Gemeinsame Mündung unter Ausbildung einer Ampulle. **c** Gemeinsame Mündung ohne ampulläre Erweiterung

Papillotomie und Gallenfluß  Nach Durchtrennen der Schließmuskeln an der Papilla Vateri fließt die Galle kontinuierlich ins Duodenum ab. Der zur Auffüllung der Gallenblase notwendige M. sphincter basis papillae, der den Gallenrückstau bewirkt, ist dann unwirksam.

### Gallendruck

*Druckverhältnisse ohne Reiz*

| | |
|---|---|
| Lebersekretionsdruck: | Etwa 30 cm $H_2O$ ($\sim$2942 Pa) |
| Druck im Ductus choledochus: | Etwa 13,5–15 cm $H_2O$ ($\sim$1324–1471 Pa) |
| Atemsynchrone Druckveränderungen in den extrahepatischen Gallenwegen: | Um 0,5 cm $H_2O$ ($\sim$49 Pa) |
| Druckerhöhung in den extrahepatischen Gallenwegen bei Bauchpresse: | Um bis zu 5 cm $H_2O$ ($\sim$490 Pa) |
| Sphincterwiderstand: | Etwa 20 cm $H_2O$ ($\sim$1961 Pa) |

*Druckverhältnisse bei Cholecystokinin- oder Vagusreiz*

| | |
|---|---|
| Druck in den extrahepatischen Gallenwegen: | 20–25 cm $H_2O$ ($\sim$1961–2452 Pa) |

Druckwerte über 25 cm $H_2O$ ($\sim$2452 Pa) werden als schmerzhaft empfunden.

Gallenblasenentleerung  Auf Vagus- oder Cholecystokininreiz erfolgt eine konzentrische Gallenblasenkontraktion. Der Winkel zwischen Gallenblasenhals und Ductus cysticus streckt sich. Die Galle überwindet den Cysticuswiderstand und wird bei gleichzeitiger Erschlaffung des Oddi-Sphincters über den Ductus choledochus in das Duodenum ausgestoßen.

Gallenkolik  Von Erbrechen begleitete, akut auftretende schmerzhafte Kontraktionen der extrahepatischen Gallenwege. Schmerzen besonders unter dem rechten Rippenbogen und über der rechten Schulter (s. auch Head-Zone).

Murphy-Zeichen  Druckschmerzempfindliche Gallenblasengegend unter dem rechten Rippenbogen, besonders beim festen Einatmen.

Courvoisier-Zeichen  Palpierbare gestaute Gallenblase im Winkel zwischen rechtem lateralem Rectusrand und Rippenbogen.

## Pankreas

### Meßwerte (beim Erwachsenen)

| | |
|---|---|
| Länge | etwa 16–21 cm |
| Höhe Corpus | etwa 5–6 cm |
| Höhe Cauda | etwa 2,5 cm |
| Dicke | etwa 1,5–2 cm |
| Gewicht | etwa 65–70 g (40–150 g) |

Durchmesser des Ductus pancreaticus
| | |
|---|---|
| Caput | 3–4 mm |
| Corpus | 2–3 mm |
| Cauda | um 2 mm |

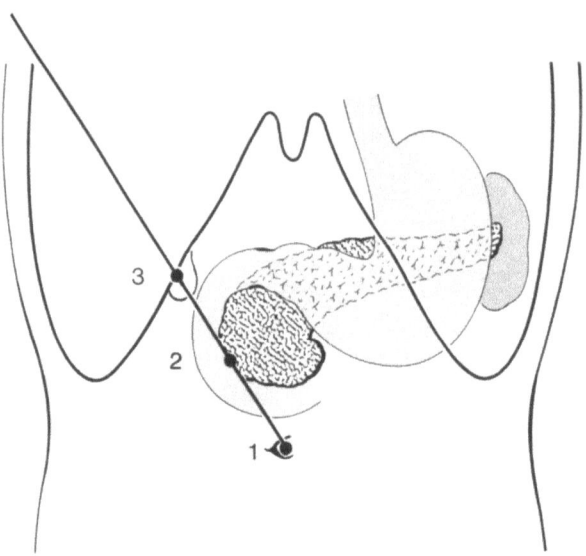

**Abb. 67.** Lokalisation des Pankreas durch die ventrale Bauchwand. Eingetragen ist die Verbindungslinie zwischen Nabel (*1*) und vorderer rechter Achselfalte. Der Schnittpunkt der Linie mit dem Rippenbogen entspricht der Projektion der Gallenblase (*3*). Der Mittelpunkt zwischen Gallenblasenprojektionspunkt (*3*) und Nabel (*1*) gibt die Lage des Pankreaskopfes (*2*) an

Lage  Zieht man zwischen der rechten vorderen Achselfalte und dem Nabel eine Verbindungslinie, so projiziert sich der Kopf des Pankreas auf den Mittelpunkt zwischen Nabel und Rippenbogenschnittpunkt der Linie. Das Pankreas liegt sekundär retroperitoneal. Der Pankreaskörper quert etwa in Höhe von $L_1$ oder $L_2$ die Wirbelsäule.

**Pankreasfunktion**

*Exokriner Anteil*

Saftmenge: 300–1500 ml/Tag
pH-Wert:   8–9

Steuerung der  1. Über den N. vagus.
 Sekretion  2. Über Sekretin (Wirkung: dünnflüssiges, bicarbonatreiches Sekret).
3. Über Pankreozymin (Wirkung: enzymreiches Sekret).

*Endokriner Anteil*

Langerhans-Inseln gehäuft im Pankreasschwanz, seltener im Corpus, nur vereinzelt im Caput gelegen.
Anzahl der Langerhans-Inseln:
Beim Neugeborenen: etwa 200 000
Beim Erwachsenen:   0,5–1,5 Millionen

Größe der Langerhans-Inseln zwischen 30–500 μm.

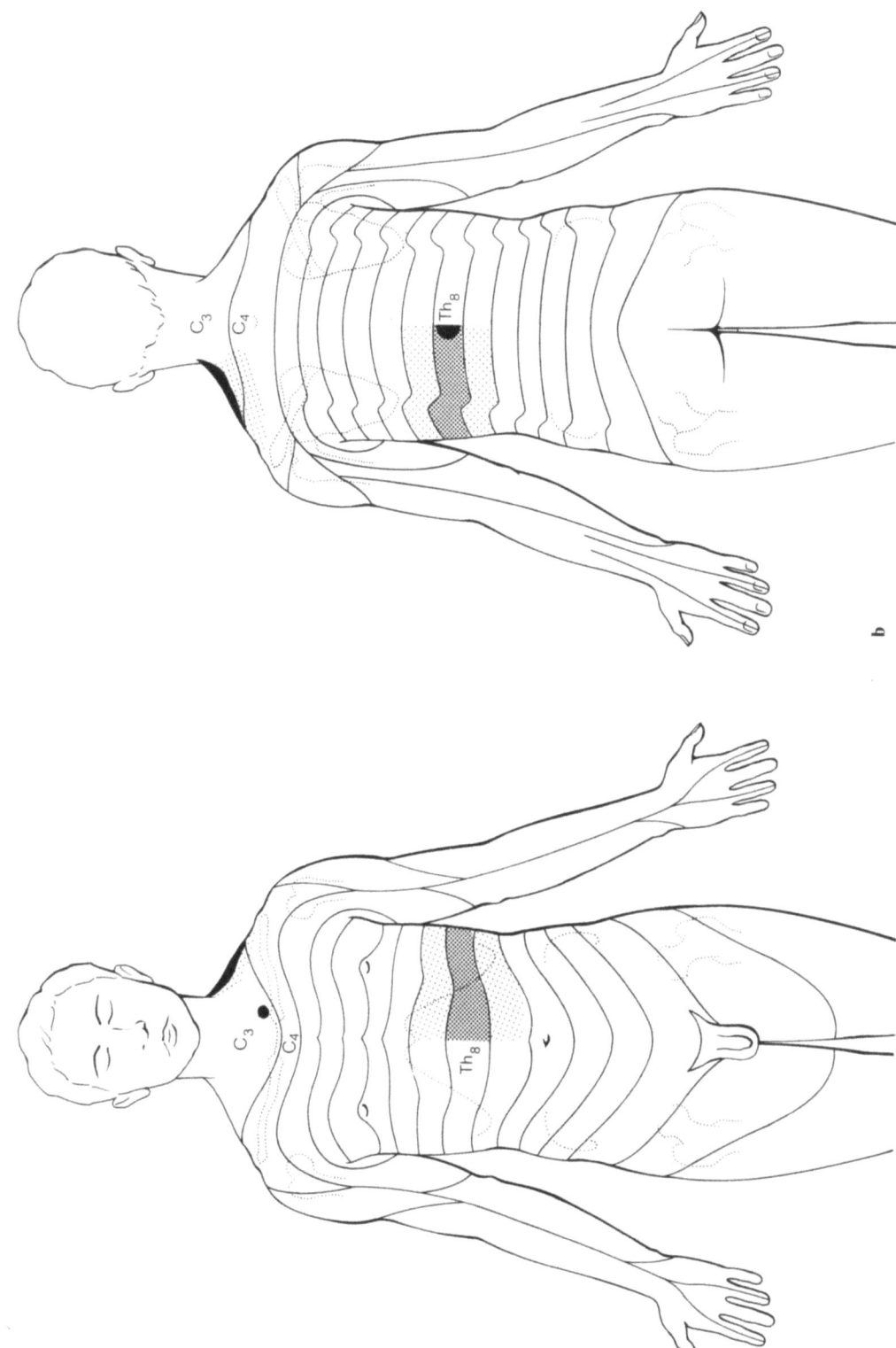

**Abb. 68a, b.** Head-Zonen des Pankreas (nach Hansen und Schliack) in der Ansicht von ventral (**a**) und dorsal (**b**)

| | |
|---|---|
| *A-Zellen* | = Glucagonbildner |
| Im Pankreas: | Pankreasglucagon |
| In Magen-Darm-Schleimhaut: | Enteroglucagon |
| Glucagon: | Polypeptidhormon, das durch seine Glykogenolysewirkung in der Leber den Blutzucker erhöht. |
| *B-Zellen* | = Insulinbildner |
| Insulin: | Polypeptidhormon, das die Glykogenbildung in der Leber erhöht und damit den Blutzucker senkt. |
| *Verhältnis* | A- zu B-Zellen |
| Neugeborenes: | 1:1 |
| Erwachsener: | 1:4 |

**Head-Zone des Pankreas**

Gürtelförmiger Schmerz in den linken Dermatomen $Th_7$–$Th_9$, besonders ausgeprägt in Höhe von $Th_8$. Ausstrahlende Schmerzen in die linke Schultergegend ($C_3$, $C_4$).

## Milz

### Maße (Erwachsener)

| | |
|---|---|
| Länge | 12–13 cm |
| Breite | 7– 8 cm |
| Dicke | 3– 4 cm |
| Gewicht | 150–180 g (80–200 g) |

Lage  Die Milz liegt intraperitoneal im linken hypochondrischen Raum. Sie paßt sich in Form und Lage den umliegenden Organen laufend an. Ihr physiologischer Lagespielraum entspricht, je nach Zwerchfellstand, Füllungszustand der benachbarten Organe und eigener Blutfülle, an der linken dorsolateralen Thoraxwand dem Bereich zwischen dem Unterrand der 8. Rippe und dem Oberrand der 12. Rippe.

### Fixierung der Milz

1. Über die Peritonealumschlagstellen:
   Ligamenta phrenicolienale und gastrolienale.
2. Durch den Boden des peritonealen Saccus lienalis:
   Ligamentum phrenicocolicum.
3. Adhäsionskräfte zwischen Zwerchfellunterseite und Milzoberfläche.

### Untersuchung

Konsistenz  Brüchig-weiches Parenchym, das von einer Peritonealkapsel umgeben ist. Auf Zug und Druck leicht einreißbar und brüchig.

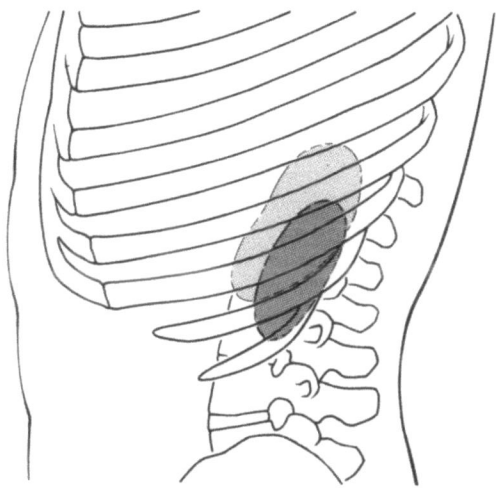

**Abb. 69.** Projektion der Milz auf die linke Thoraxwand. Hell gerastert = Exspirationsstellung. Dunkel gerastert = Inspirationsstellung

Palpation  Eine normal große Milz ist nicht palpierbar. Eine vergrößerte Milz ist palpierbar bei leichter rechter Seitenlage des Patienten. Die warme linke Hand des Arztes umgreift den linken Rippenbogen und palpiert in der Tiefe des linken hypochondrischen Raumes, während der Patient tief einatmet.

Perkussion  Die Höhe der Milz ist nicht perkutierbar, wohl aber bei leeren Nachbarorganen ihre Breite. Die etwa 7 cm breite normale Milzdämpfung findet sich im Bereich der linken hinteren Axillarlinie in Höhe der 9.–11. Rippe.

Nebenmilz  In 10–35% zusätzliche Milzen (bis zu 5 bekannt), meist nur erbsen-, selten eigroß. Nebenmilzen finden sich meist im dorsalen Blatt des Ligamentum gastrolienale oder in der Nähe des Milzhilus, selten im großen Netz, „versprengte Nebenmilzen" u. a. auch noch im Retroperitonealraum.

Wandermilz  Da die Milz nur über Peritonealzügel fixiert ist, kann bei Dehnung der Ligamenta phrenicolienale, gastrolienale und phrenicocolicum die Milz einen übermäßigen Bewegungsspielraum nach caudal bekommen.

**Head-Zone**

Linke Dermatome $Th_7$–$Th_{10}$ schmerzempfindlich, besonders im Axillarlinienbereich von $Th_8$ und $Th_9$. Ausstrahlende Schmerzen in die Haut über der linken Schulter.

## Darm

### Meßwerte beim Erwachsenen

*Resorbierende Oberfläche des Dünndarms*     Etwa 100 m²
(Frick, Leonhard, Starck)

Resorbierende Oberfläche Gesamtdarm     300 m² (Ganong)
(Schleimhautfalten, Zotten, Mikrovilli):

| | | |
|---|---|---|
| Länge | Duodenum: | etwa 25–30 cm |
| | Jejunum (Leiche): | etwa 2 m |
| | Jejunum (Lebender): | etwa 1,2 m |
| | Ileum (Leiche): | etwa 3 m |
| | Ileum (Lebender): | etwa 1,8 m |
| | Dünndarm (Leiche): | a) Etwa 5 m (3- bis 4mal Körpergröße) |
| | | b) Neugeborenes (etwa 7mal Körpergröße) |
| | Dünndarm (Lebender): | etwa 3 m |
| | Dickdarm (Lebender): | 1,1 m |
| | Dickdarm (Leiche): | 1,2–1,5 m |
| | Davon | |
| |    Caecum: | etwa 7 cm |
| |    Colon ascendens: | etwa 18 cm |
| |    Colon transversum: | etwa 40–50 cm |
| |    Colon descendens: | etwa 25 cm |
| |    Colon sigmoideum: | etwa 45 cm (15–67 cm) |
| | Rectum: | 15–20 cm |

## Jejunum und Ileum

**Lage**    Intraperitoneal.

**Radix mesenterii**    Mesenterialplatte des Dünndarms. Ihre Anheftungsstelle an der hinteren Bauchwand ist 15–17 cm lang. Sie beginnt links neben dem 2. Lendenwirbelkörper und endet in der rechten Fossa iliaca. Die an der Radix mesenterii aufgereihten Dünndarmschlingen haben beim Erwachsenen einen Bewegungsspielraum von etwa 15–20 cm.

**Gefäßversorgung**    Arteriell:    Über A. mesenterica superior.
                Venös:      Über V. mesenterica superior, die durch die Incisura pancreatis, vor dem Processus uncinatus und dann dorsal des Pancreascorpus zur Pfortader verläuft.

**Lymphabfluß des Dünndarms**    Nodi lymphatici mesenterici superiores, dann hinter dem Corpus pancreatis vorbei zum Truncus intestinalis und zur Cisterna chyli (im Hiatus aorticus, dorsal der Aorta in Höhe von $Th_{10}$–$Th_{11}$).

**Meckel-Divertikel**    Bei etwa 2% der Menschen vorhandener, blind endender Darmsack oder auch Darmstrang (Rudiment des Ductus omphaloentericus). Er findet sich am terminalen Ileum, etwa 1 m vor der Ileocaecalklappe.

# Colon

## Caecum

**Lage und Projektion auf die Bauchwand** — Intraperitoneal. Die Ileocaecalklappe projiziert sich im Regelfall auf den McBurney-Druckpunkt an der Bauchwand. Das Caecum kann in seiner Lage von der Fossa iliaca dextra (Regelfall) bis zu der Leberunterseite (Caecumhochstand) variieren.

Der Kliniker unterscheidet zwischen einem Caecum fixum, einem Caecum mobile und einem Caecum liberum.

**Taenien** — In drei etwa 0,5–1 cm breite Längsstreifen zusammengeraffte äußere Längsmuskulatur des Dickdarms. Als Taenia libera wird die von ventral sichtbare Taenie bezeichnet.

## Appendix

**Lage** — Intraperitoneal im Bereich der rechten Fossa iliaca. Viele Lagevarianten der etwa 9 cm langen (2,5–24 cm) (Hafferl) Appendix (nach caudal gestreckt, nach medial und nach lateral abgedrängt, retrocaecal hochgeschlagen). Alle Taenien des Dickdarms führen zur Appendix. Das Mesenterium der Appendix mit A. und V. appendicularis aus bzw. zu A. und V. ileocolica verläuft dorsal des terminalen Ileums.

**Projektion auf die Bauchwand** — Im Bereich des McBurney-Druckpunktes.

## Colon ascendens

**Lage** — Sekundär retroperitoneal. Es beginnt in Höhe der Ileocaecalklappe und endet an der rechten Colonflexur am caudalen Pol der rechten Niere.

**Fixierung des Colon ascendens** — An der gesamten Dorsalseite im Regelfall mit der Bauchwand verwachsen, auf der Ventralseite von Peritoneum überzogen. Der Anfangsbereich ist nicht selten noch intraperitoneal und hat dann ein Mesenterium.

## Head-Zone von Caecum, Appendix und Colon ascendens

Rechte Dermatome $Th_9$–$L_1$ mit besonderer Schmerzintensität im Bereich von $Th_{11}$–$Th_{12}$. Ausstrahlende Schmerzen in die Haut über der rechten Schulter.

## Colon transversum

**Lage** — Intraperitoneal. Das Quercolon ist an einem etwa 10–16 cm langen Mesenterium beweglich fixiert. Es steigt von der rechten Colonflexur nach caudal bogenförmig durchhängend zur linken milzhilusnahen Colonflexur auf.

**Fixierung**
1. Am Mesocolon transversum.
2. Am Ligamentum gastrocolicum.
3. Am Ligamentum phrenicocolicum.

**Lagevarianten** — Das Quercolon folgt den Bewegungen und Formveränderungen des Magens, da es mit ihm über das Ligamentum gastrocolicum zusammenhängt. Im Stand hängt das Quercolon in seinem mittleren Verlaufsstück oft bis unter Nabelhöhe caudalwärts durch.

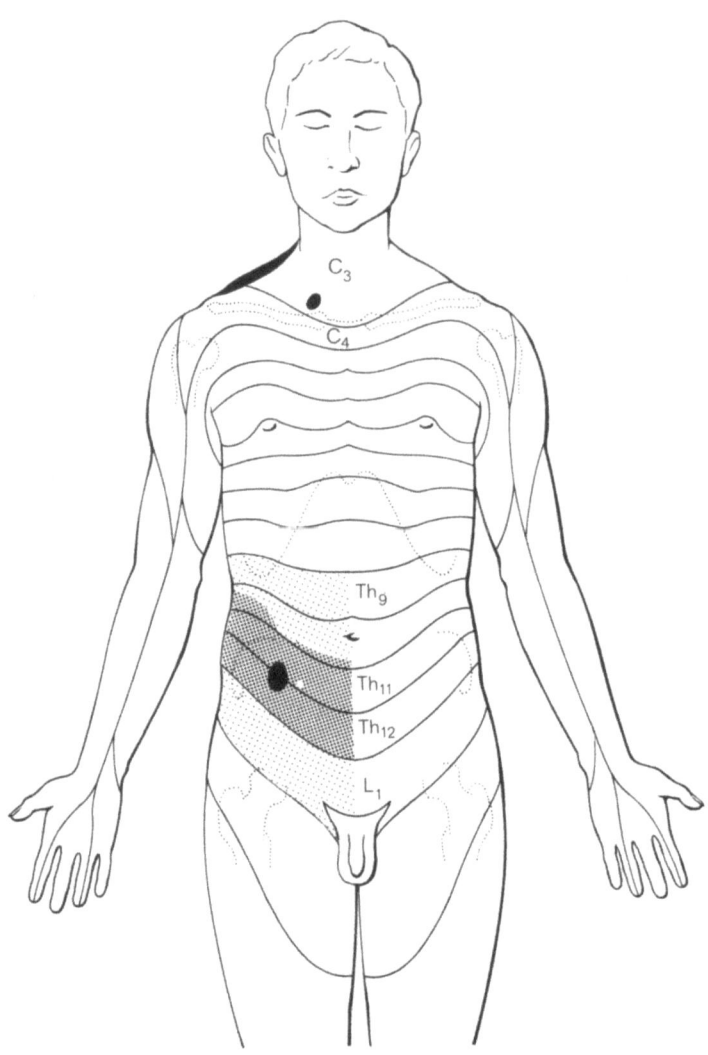

**Abb. 70.** Head-Zonen von Caecum und Colon ascendens an der ventralen Rumpfwand (nach Hansen und Schliack)

### Colon descendens

Lage  Sekundär retroperitoneal. Mit seiner Dorsalseite von lateral der linken Niere bis zur linken Fossa iliaca an der Rückwand der Bauchhöhle fixiert.

### Colon sigmoideum

Lage  Intraperitoneal. Sein etwa 9 cm langes Mesenterium beginnt in Höhe der linken Crista iliaca und endet in Höhe des 2. bis 3. Sacralwirbels. Das Sigma hat besondere Lagevarianten.

Krümmungen  Orale „Colonschlinge".
Anale „Rectumschlinge".

### Gefäße des Dickdarms

| | |
|---|---|
| Arterien | *Caecum:* Aa. caecalis anterior und posterior aus A. ileocolica.<br>*Colon ascendens:* A. colica dextra aus A. ileocolica.<br>*Colon transversum:* A. colica media aus A. mesenterica superior und Anastomosen zu Aa. colicae dextra und sinistra.<br>*Colon sigmoideum:* 2–3 Aa. sigmoideae aus der A. mesenterica inferior. Anastomosen zur A. colica sinistra und zur A. rectalis superior (R. sigmoideus). |
| Sudeck-Punkt | „Punkt" an der A. rectalis superior unmittelbar proximal des Abganges der A. sigmoidea ima. Eine caudal hiervon angelegte Ligatur gefährdet die arterielle Versorgung des Rectums, besonders seiner Schleimhaut. |
| Venen | Bis zum Cannon-Böhm-Punkt Einzugsgebiet der V. mesenterica superior. Ab hier bis zur Mitte des Rectums Einzugsgebiet der V. mesenterica inferior. Beide Venen münden dorsal des Pankreas in die Pfortader. |
| Lymphabfluß | Alle Lymphstraßen des Dickdarms verlaufen entlang der zugehörigen Arterien zu den Nodi lymphatici mesenterici superiores oder inferiores. Hinter dem Pankreascorpus zieht der Truncus intestinalis zu den Nodi lymphatici coeliaci, von hier zur Cisterna chyli (dorsal der Aorta im Hiatus aorticus). |

### Klinisch-morphologische Aspekte

| | |
|---|---|
| Appendices epiploicae | Mit Fett angefüllte Serosaaussackungen am Colon. Sie finden sich am Colon ascendens und descendens in großer Zahl in zwei Reihen an der ventralen und medialen Seite, am Colon transversum nur in einer Reihe. |
| Cannon-Böhm-Punkt | Etwa linker Drittelpunkt am Colon transversum. Hier enden die letzten Fasern des cephalen Parasympathicusanteils. Ab hier beginnt der sacrale Parasympathicus die Steuerung von Motorik und Sekretion des Dickdarms zu übernehmen. |
| Sigmadivertikel | Schleimhauteinstülpungen durch schwache Wandabschnitte des Sigma (oft entlang von Gefäßen). Unter den Dickdarmdivertikeln sind Sigmadivertikel besonders häufig. |
| Hirschsprung-Erkrankung | Megacolon. Angeborene fehlende Darmmotorik in einem Colonabschnitt auf Grund von Aplasie oder Dysplasie intramuraler Ganglienzellen (90% Knaben; nach Leger, Nagel). Vor dem stenosierenden aganglionären Darmabschnitt bildet sich eine prästenotische Dilatation. |

# Rectum

## Topographie

| | |
|---|---|
| Lage | Anfangs ein kurzes Stück retroperitoneal, dann extraperitoneal. Beginn im Regelfall in Höhe des 3. Sacralwirbels (Grenzwerte $L_4$ und Spitze des Os coccygis). |
| Morphologische Einteilung | 1. *Pars pelvica* oberhalb des Beckenbodens.<br>2. *Pars perinealis* vom Durchtritt durch den Beckenboden abwärts. |
| Krümmungen | *Sagittal:*<br>Pars pelvica nach dorsal konvex.<br>Pars perinealis nach ventral konvex.<br>*Transversal:* In der Mitte der Pars pelvica ist eine nach links konvexe Krümmung. In das Rectumlumen ragt hier deshalb von rechts eine Falte: die Kohlrausch-Falte. |
| Maße (beim Erwachsenen) | Gesamtlänge des Rectums etwa 13–15 cm (Grenzwerte 4–26 cm). Davon:<br>Pars pelvica etwa 10–12 cm<br>Pars perinealis etwa 2– 3 cm |
| Funktionelle Einteilung | 1. Canalis analis mit:<br>    Zona cutanea,<br>    Zona intermedia.<br>2. Zona haemorrhoidalis.<br>3. Ampulla recti. |
| Canalis analis | Bereich zwischen Analöffnung und Beginn der Columnae anales (Morgagni). Dünnes zunächst verhorntes (Zona cutanea), dann unverhorntes (Zona intermedia) Plattenepithel kleidet diesen 1,4–2 cm langen intensiv sensibel innervierten Kanal aus, an dem eine Submucosa fehlt. |
| Linea anocutanea | (= Hilton-Linie). Übergangsbereich von verhorntem zu unverhorntem Plattenepithel im Analkanal. |
| Linea pectinata | „Gezähnelte" Übergangszone zwischen der mit unverhorntem Plattenepithel ausgekleideten Zona intermedia des Analkanals und der Rectumschleimhaut. |
| Zona haemorrhoidalis | Etwa 1,0–1,6 cm langer Rectumabschnitt, der sich in seinem Schleimhautrelief durch die 8–10 Columnae anales (Morgagni) auszeichnet. Columnae anales sind mit dünnem unverhorntem Plattenepithel überzogene, etwa 1 cm lange längsgerichtete Faltenaufwerfungen an der Rectumoberfläche. Sie werden von longitudinal verlaufenden Gefäßknäueln unterfüttert. In den Vertiefungen zwischen den Columnae anales – den Sinus anales – findet sich das einschichtige Zylinderepithel des Colons. Die Sinus anales werden nach caudal von taschenklappen- |

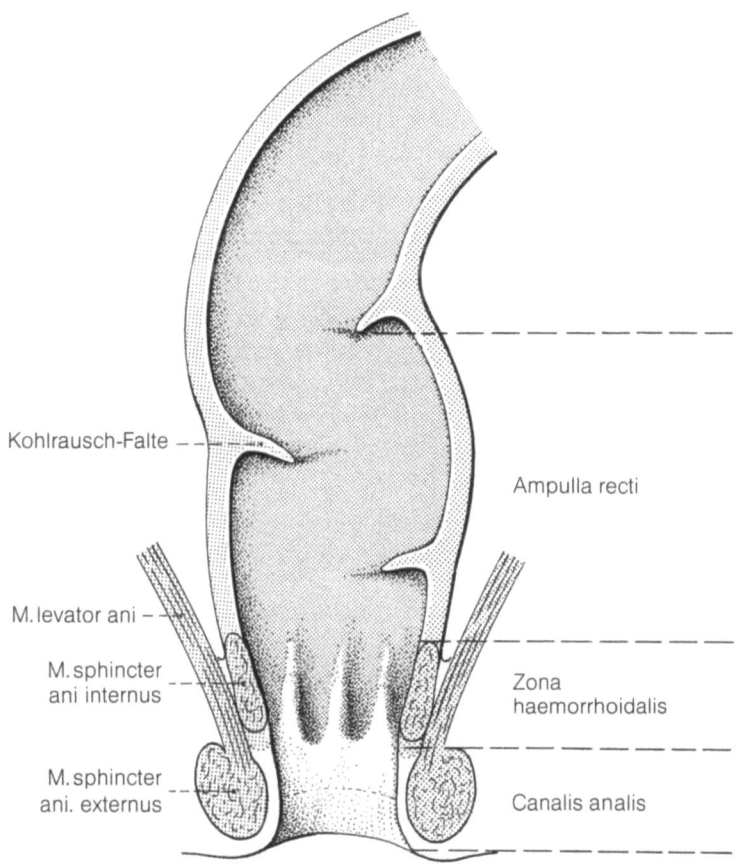

**Abb. 71.** Einteilung des Rectums in Stockwerke

ähnlichen Valvulae anales abgeschlossen. Von den Sinus anales dringt die Schleimhaut nischenartig in die Rectumwand ein.

Ampulla recti  Stark erweiterungsfähiger, im Regelfall etwa 10 cm langer Rectumabschnitt oberhalb des Beckenbodens, der von Spiral- oder Querfalten durchzogen wird. Craniale Grenze ist häufig die von links in das Darmlumen hereinragende Plica transversalis recti superior (= Schreiber-Falte = 1. Houston-Falte). Sie entspricht dem rectosigmoidealen Übergang. In die Ampulla recti ragt von rechts die 2. Houston-Falte (= Kohlrausch-Falte). Sie entspricht der Plica transversalis recti media. Kurz oberhalb der Zona haemorrhoidalis drängt sich von links meist eine weitere kleine Falte in das Rectumlumen vor, die Plica transversalis recti inferior. Die caudale Grenze der Ampulla recti entspricht dem Oberrand der Zona haemorrhoidalis.

Der sagittale Durchmesser der leeren Ampulla recti des Erwachsenen beträgt 1,5–2 cm, der quere Durchmesser 3–6 cm.

Das Füllungsvolumen der Ampulla recti des Erwachsenen beträgt etwa 250 ml und kann in seltenen Fällen Maximalwerte von etwa 500 ml erreichen.

## Gefäße des Rectums

Arterien  Das Versorgungsgebiet der unpaaren A. rectalis superior (aus der A. mesenterica inferior) reicht bis in die Zona haemorrhoidalis herab. An der Blutversorgung des Rectums beteiligen sich ferner die paarigen Aa. rectales mediae (aus den Aa. iliacae internae) und die beiden Aa. rectales inferiores (aus den Aa. pudendae internae).

Die Arterien anastomosieren intramural untereinander. Arteriovenöse Anastomosen sind in den Gefäßknäueln der Columnae anales vielfach vorhanden.

Sudeck-Punkt  „Kritischer Punkt" an der A. rectalis superior unmittelbar vor dem Abgang der A. sigmoidea ima. Nach Abgang der A. sigmoidea ima ist die A. rectalis superior eine funktionelle Endarterie. Ihr großes Versorgungsgebiet an der Rectumschleimhaut reicht bis in die Columnae anales. Eine Ligatur der A. rectalis superior nach Abgang der A. sigmoidea ima und somit unterhalb des Sudeck-Punktes führt zu Nekrosen am Rectum.

Venen  Der venöse Abfluß des oberen Rectumbereiches gehört über die unpaare V. rectalis superior zum Einzugsgebiet der Pfortader. Das Venenblut des unteren Rectumabschnittes fließt über die Vv. rectales mediae et inferiores zur unteren Hohlvene ab. Über die intramuralen venösen Anastomosen bildet sich bei einer portalen Hypertension ein portocavaler Umgehungskreislauf aus, dessen klinisches Bild als „innere Hämorrhoiden" bezeichnet wird.

Plexus haemor-  In der Submucosa des Rectums und in den Columnae anales gelegenes longi‑
rhoidalis  tudinal ausgerichtetes, geschlängeltes Gefäßnetz mit vielfachen arteriovenösen Anastomosen und sinusartigen Venenerweiterungen. Aufgabe des Gefäßnetzes ist der Feinverschluß, die Feinabdichtung des Mastdarms.

Lymphabfluß  *Aus dem Bereich des Canalis analis.* Über Lymphgefäße durch die beiden Fossae
des Rectums  ischiorectales zu den Nodi lymphatici inguinales.

*Aus dem mittleren Bereich des Rectums.* Über Lymphgefäße entlang der Aa. iliacae internae zu den iliacalen Lymphknoten und nach dorsal zu den präsacralen Lymphknoten.

*Aus dem oberen Bereich des Rectums.* Über Lymphgefäße dorsal des Rectums zu den sacralen Lymphknoten und mit der A. rectalis superior zu den Nodi lymphatici lumbales.

## Analverschluß

*Unbewußte Steuerung*

1. Der M. sphincter ani internus wird über die sympathischen Nn. splanchnici sacrales innerviert und in Verschlußstellung gehalten. Die übrige Rectummuskulatur ist erschlafft.

2. Der konstante Muskeltonus des M. sphincter ani externus und des M. levator ani (M. puborectalis, M. pubococcygeus) halten den Analkanal zusätzlich verschlossen. Der M. puborectalis zieht den Canalis analis ventralwärts (Flexura perinealis) und drückt dabei dessen Vorder- und Rückwand gegeneinander.

3. Der Feinverschluß des Rectums erfolgt über den bei Kontraktion der Schließmuskulatur und des M. levator ani blutgefüllten Plexus haemorrhoidalis.

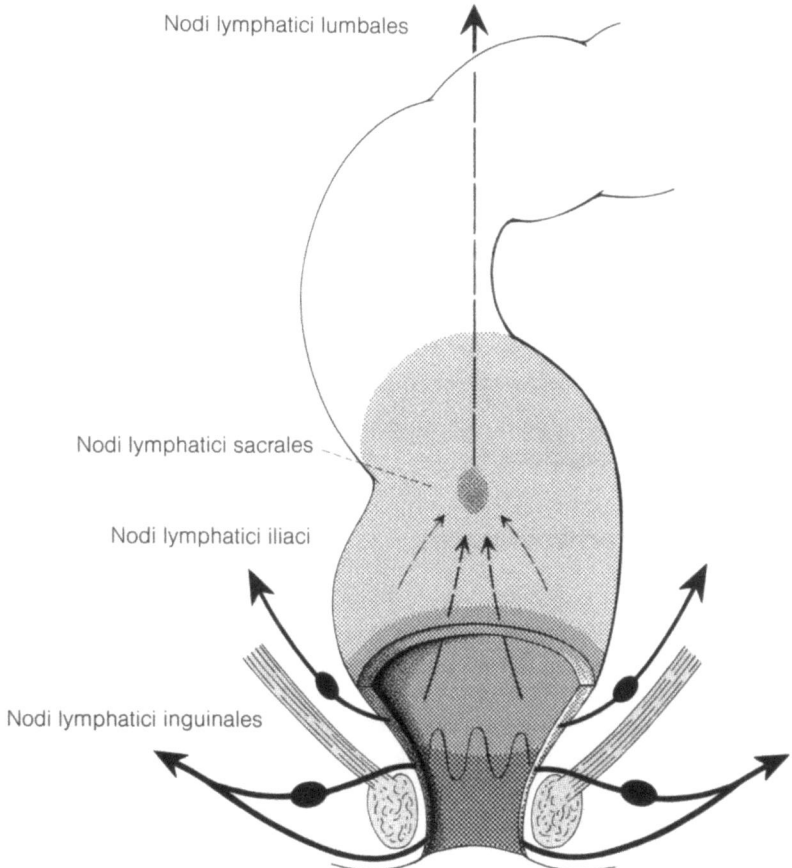

**Abb. 72.** Lymphabfluß des Rectums

*Bewußte Steuerung*

Durch Tonuserhöhung des M. sphincter ani externus über den N. pudendus ($S_{(2),3}$–$S_4$) und des M. puborectalis über direkte Äste des Plexus sacralis (aus $S_{3,4}$) kann die Festigkeit des Analverschlusses bewußt erhöht werden. Der Plexus haemorrhoidalis wird dabei stärker abgeschnürt und somit praller gefüllt.

Rectum- Das normalerweise leere Rectum wird durch eine Massenbewegung der im Co-
entleerung lon angesammelten Kotsäule angefüllt und gedehnt. Dehnungsreceptoren in der Wand der Ampulla recti nehmen den Reiz auf und geben ihn über afferente Fasern des Plexus pelvicus an die zugehörigen Rückenmarksegmente weiter: Für den Beckenparasympathicus sind dies die Segmente $S_2$–$S_5$ (Zona intermedia), die zugehörigen sympathischen Reflexzentren finden sich im Seitenhorn der Segmente $Th_{11}$–$L_3$.

Der M. sphincter ani internus (motorische Innervation über sympathisch efferente Fasern aus $Th_{11}$–$L_3$) erschlafft. Die über Äste des N. pudendus oder direkt aus den Segmenten $S_{3/4}$ innervierten Mm. levator ani und sphincter ani externus erhalten keine Impulse und erschlaffen ebenso.

Über die parasympathischen efferenten Fasern der Nn. pelvici wird die Rectummuskulatur zur Kontraktion gebracht. Längskontraktionen von Sigma und Colon descendens heben das Rectum an. Mit Hilfe der Bauchpresse wird der Stuhl nun durch den erschlafften Canalis analis gedrückt.

## Hämorrhoiden

Innere  Erweiterte, knotenhaft verdickte Venen des submucösen Plexus haemorrhoidalis, besonders in den Columnae anales. Beim auf dem Rücken liegenden Patienten wölben sich die inneren Hämorrhoidalknoten typischerweise bei 3, 7 und 11 Uhr in das Rectumlumen vor. Aus den geplatzten Hämorrhoidalknoten blutet es wegen vielfacher arteriovenöser Anastomosen hellrot.

Äußere  Akut schmerzhafte, perianale knotenartige Hämatome aus geplatzten Ästchen der Vv. rectales inferiores.

## Anal- und Rectumatresien

Unter 5000 Neugeborenen etwa 1 Fall. Man unterscheidet: 1. *Reine Analatresie* (membranöser Verschluß des Anus bei sonst normal entwickeltem Mastdarm). Nicht selten kommen dabei Fistelbildungen zum Vestibulum vaginae oder in die Dammregion vor. 2. *Kombinierte Anal- und Rectumatresie* (fehlende Ausbildung eines Analkanals). Fistelbildungen zur Vagina oder bei männlichen Neugeborenen zur Harnblase und Urethra kommen vor. 3. *Rectumatresie* (membranöser Verschluß am proximalen Ende des Analkanals bei sonst normal entwickeltem Rectum und Anus).

## Austastung des Rectums

Jeder Austastung des Rectums sollte eine Inspektion der äußeren Analregion bei gutem Licht vorangehen. Die weißliche Zona anocutanea bis zur Hilton-Linie läßt sich einsehen, wenn man die beiden Gesäßbacken auseinanderdrängt und die verschiebliche Haut des Analkanals etwas vorzieht.

Der mit einem Gummihandschuh geschützte Zeigefinger wird gut eingefettet und in den Analkanal eingeführt. Der Patient wird dabei aufgefordert, kurzfristig etwas entgegenzudrücken. Der Finger tastet den Übergang zwischen dem in der Konsistenz weicheren M. sphincter ani externus und dem härteren, kontrahierten M. sphincter ani internus. Härtere fibrosierte Hämorrhoidalknoten sind sofort palpierbar. Den Sphincterapparat kann man zwischen tastendem Zeigefinger und Daumen auf seine Tonisierung hin prüfen. Die sorgfältige Wandaustastung gibt Auskünfte über eventuelle Geschwülste, Narben, pathologische Nischenbildungen, Abscesse oder Fisteln. Man kann das Rectum bis in eine Höhe von etwa 10 cm austasten. Beim Mann müssen unbedingt Form und Konsistenz von Prostata und Samenbläschen abgetastet werden. Bei der Frau wird zusätzlich gegen den Douglas-Raum und gegen die Parametrien zu getastet.

# Niere und ableitende Harnwege

**Inhalt**

| | |
|---|---|
| Niere | 144 |
|     Topographie | 144 |
|     Lagebedingte Ursachen stumpfer Nierenverletzungen | 145 |
|     Allgemeine Angaben und Meßwerte | 145 |
|     Abnormitäten von Nierenlage und Nierenausgestaltung | 146 |
| Ureter | 149 |
|     Verlauf und Meßwerte | 149 |
|     Ureterengen | 149 |
|     Harntransport im Ureter | 149 |
|     Variationen und Mißbildungen | 150 |
| Harnblase | 151 |
|     Lage und Meßwerte | 151 |
|     Entleerung und Verschluß | 151 |
|     Mißbildungen | 152 |
| Urethra des Mannes | 153 |
|     Einteilung und Meßwerte | 153 |
|     Drüsen in der Wand der männlichen Harnröhre | 154 |
|     Katheterisierung der männlichen Harnröhre | 154 |
|     Mißbildungen der männlichen Harnröhre | 154 |
| Urethra der Frau | 155 |

# Niere

## Topographie

Die Nieren liegen außerhalb der Bauchhöhle im Retroperitonealraum. Der Nierenhilus befindet sich bei mittlerer Inspiration am liegenden Patienten etwa in Höhe der Bandscheibe zwischen $L_1$ und $L_2$ (rechts meist eine halbe Wirbelkörperhöhe tiefer). Bei tiefer Inspiration verlagern sich beide Nieren etwa um 3 cm caudalwärts, wobei gleichzeitig die oberen Pole etwas lateralwärts gedrängt werden. Der craniale Nierenpol steht beim liegenden Erwachsenen bei mittlerer Inspirationsstellung etwa in Höhe des 12. Brustwirbelkörpers, die Horizontale durch den caudalen Nierenpol projiziert sich etwa auf den 3. Lendenwirbelkörper (= etwa 2–3 Querfinger oberhalb der Crista iliaca). Der Verlauf der 12. Rippe entspricht in etwa der Lage einer Linie: Oberer Nierenpol – unterer Drittelpunkt der lateralen Nierenkrümmung.

Die Längsachsen durch beide Nieren konvergieren cranialwärts, ihre Verlängerungen schneiden sich in Höhe des 8. Brustwirbelkörpers. Die Niere ist wegen ihrer Nachbarschaft zur Wirbelsäule und zum M. psoas um ihre Längsachse so gedreht, daß der Hilus ventromedialwärts gerichtet ist.

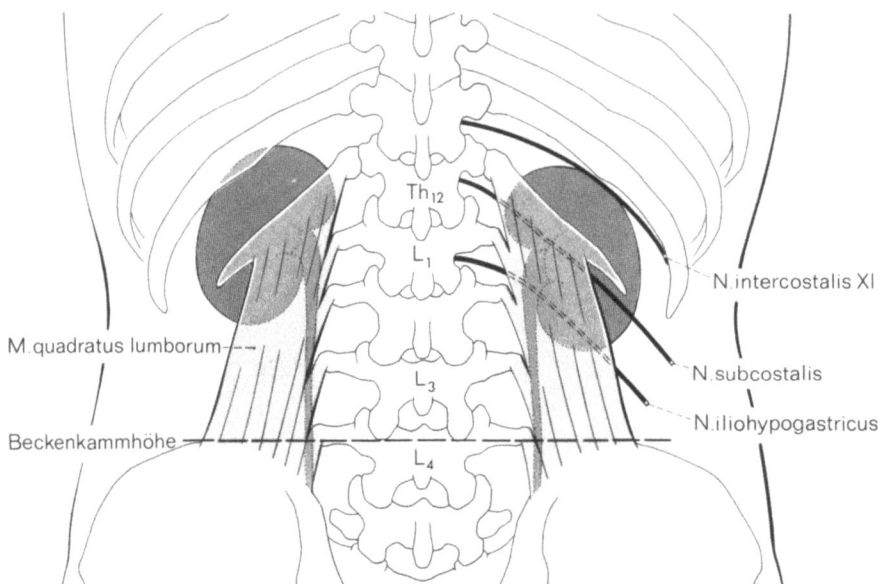

**Abb. 73.** Projektion der Nieren auf die dorsale Rumpfwand und ihre Lagebeziehungen zum M. quadratus lumborum und den benachbarten Segmentnerven

## Lagebedingte Ursachen stumpfer Nierenverletzungen

Die caudalen beiden Rippen schützen zwar die obere Nierenhälfte gegen Gewalteinwirkungen von dorsal, sind jedoch bei Frakturen Gefahrenquellen für Nierenverletzungen. Bei einem stumpfen Bauchtrauma von ventral können die Nieren über die 12. Rippe gebogen werden und dabei brechen.

## Allgemeine Angaben und Meßwerte

### Meßwerte (Erwachsener)

| | |
|---|---|
| Länge | 10–12 cm |
| Breite | 5– 6 cm |
| Dicke | um 3,5 cm |
| Nierenbeckenhöhe | etwa 7 cm |
| Gewicht | 170 g (120–290 g), davon 70–75% Nierenrindengewicht. (Das Nierengewicht ist abhängig vom Körpergewicht und dem Eiweißgehalt der Nahrung.) |

### Konsistenz und Kapsel

Konsistenz   Fest, auf Druck und Zug widerstandsfähiger als die Leber.

Nierenkapsel   Die Nieren sind von Hüllen umgeben, die als mechanischer und thermischer Schutz dienen. Die Hüllen sind auch für die Befestigung des Organs wichtig.

Organkapsel    = Capsula fibrosa
Fettkapsel     = Capsula adiposa
„Fasciensack"  = Fascia renalis

Die Capsula adiposa mit ihrem Depotfett ist eine mechanische Schutzhülle. Sie sichert zudem – als schlechter Wärmeleiter – der auf Kältereize empfindlich reagierenden Niere ein relativ konstant bleibendes Temperaturmilieu.

Fixierung der Niere   Über den „Fasciensack der Niere" ist das Organ mit der Fascia subdiaphragmatica verbunden, nach lateral mit dem Peritoneum parietale. Nach medial und caudal ist der „Fasciensack" spaltförmig offen. Hier verlaufen die Nierengefäße und der Ureter. Der fehlende caudale Verschluß des „Fasciensackes" ermöglicht der Niere eine „Wanderung" caudalwärts (Senkniere).

### Niereneinteilung

Rinde   Der Kapsel eng anliegende 7–10 mm breite harnbereitende Zone, die sich auch hiluswärts zwischen die Pyramiden drängt. In der Rinde befinden sich die Glomeruli und die gewundenen Anfangs- und Endstücke der Tubuli renales contorti. Zahl der harnbereitenden Glomeruli in beiden Nieren zusammen: 1,6–3 Millionen (je nach Nierengröße).

Mark   6–15 Nierenpyramiden mit den Tubuli renales recti und den Sammelrohren.

Nierenkelche und Nierenbecken   Die siebartigen Mündungen der Sammelrohre an jeder Pyramidenspitze münden in einen kleinen Nierenkelch (Kelche II. Ordnung), deren Anzahl somit der Pyramidenzahl entspricht. Ihre Abflüsse sammeln sich zu meist 2 oder 3 größeren Nierenkelchen (Kelche I. Ordnung), die zum trichterförmigen teils intra-, teils extrarenal gelegenen Nierenbecken führen. Je nach Form des Nierenbeckens spricht man vom „schlanken" dendritischen oder „plumpen" ampullären Nierenbeckentyp. Das Fassungsvermögen von Nierenkelchen und Nierenbecken des Erwachsenen beträgt etwa 6–8 ml.

**Nierenarterien**

Die beim Erwachsenen 1–3 cm lange A. renalis sinistra und die 3–5 cm lange A. renalis dextra entspringen aus der Aorta in Höhe der Bandscheibe von $L_1$ auf $L_2$.

*Akzessorische Nierenarterien* sind in etwa 16–18% zu erwarten. Es sind zusätzlich zur regelrechten A. renalis vorhandene, gesonderte Arterien, die meist aus der Aorta, seltener aus der A. iliaca communis entspringen. Sie treten am Nierenhilus oder „aberrierend" an irgendeiner anderen Stelle in die Niere ein.

*Aberrierende Nierenarterien* sind in etwa einem Drittel aller Fälle zu erwarten. Es sind Arterien, die nicht regelhaft über den Nierenhilus und den Nierensinus in das Parenchym eindringen, sondern bevorzugt cranial, selten caudal des Nierenhilus in das Nierenparenchym eintreten. Meist handelt es sich um Äste einer sich schon extrarenal aufteilenden, sonst lehrbuchmäßig verlaufenden A. renalis.

Eine *Nierenpolarterie* ist entweder eine akzessorische oder eine aberrierende A. renalis oder ein aberrierender Ast einer sonst regelhaften A. renalis, der im oberen oder unteren Nierenpolgebiet ins Parenchym eindringt.

Arterielle Versorgung der Nierenkapsel

Folgende Arterien sind beteiligt:
1. A. renalis.
2. Aa. lumbales I–III.
3. A. testicularis, A. ovarica.
4. A. colica sinistra, A. colica dextra.
5. Selten: direktes Aortenästchen.
6. Selten: Ast der A. phrenica inferior.

## Abnormitäten von Nierenlage und Nierenausgestaltung

Die Niere (Nachniere) entsteht in der unteren Lumbalgegend aus dem metanephrogenen Gewebe und aus der vom Wolff-Gang aussprossenden Ureterknospe. Auf Grund des Wachstums der dorsalen Bauchwand nach caudal und der Sprossung der Ureterknospe nach cranial macht die Niere in der Ontogenese einen Ascensus mit.

Die Ureterknospe bildet Ureter, Nierenbecken, Nierenkelche, Sammelrohre.
Das metanephrogene Gewebe bildet die Nephrone.

Lageveränderungen

In 1–2% aller Fälle finden sich Nierenverlagerungen (Heterotopie, Dystopie), wobei solche nach caudal am häufigsten sind. Die Nieren können bis in das kleine Becken zu liegen kommen.

a) Erworbene Dystopie (regelrechte Lage der Nierengefäße, normallanger Ureter), Senkniere.

b) Angeborene Dystopie (Gefäßabgänge und -mündungen atypisch caudal der lehrbuchmäßigen Lage, verkürzter Ureter.

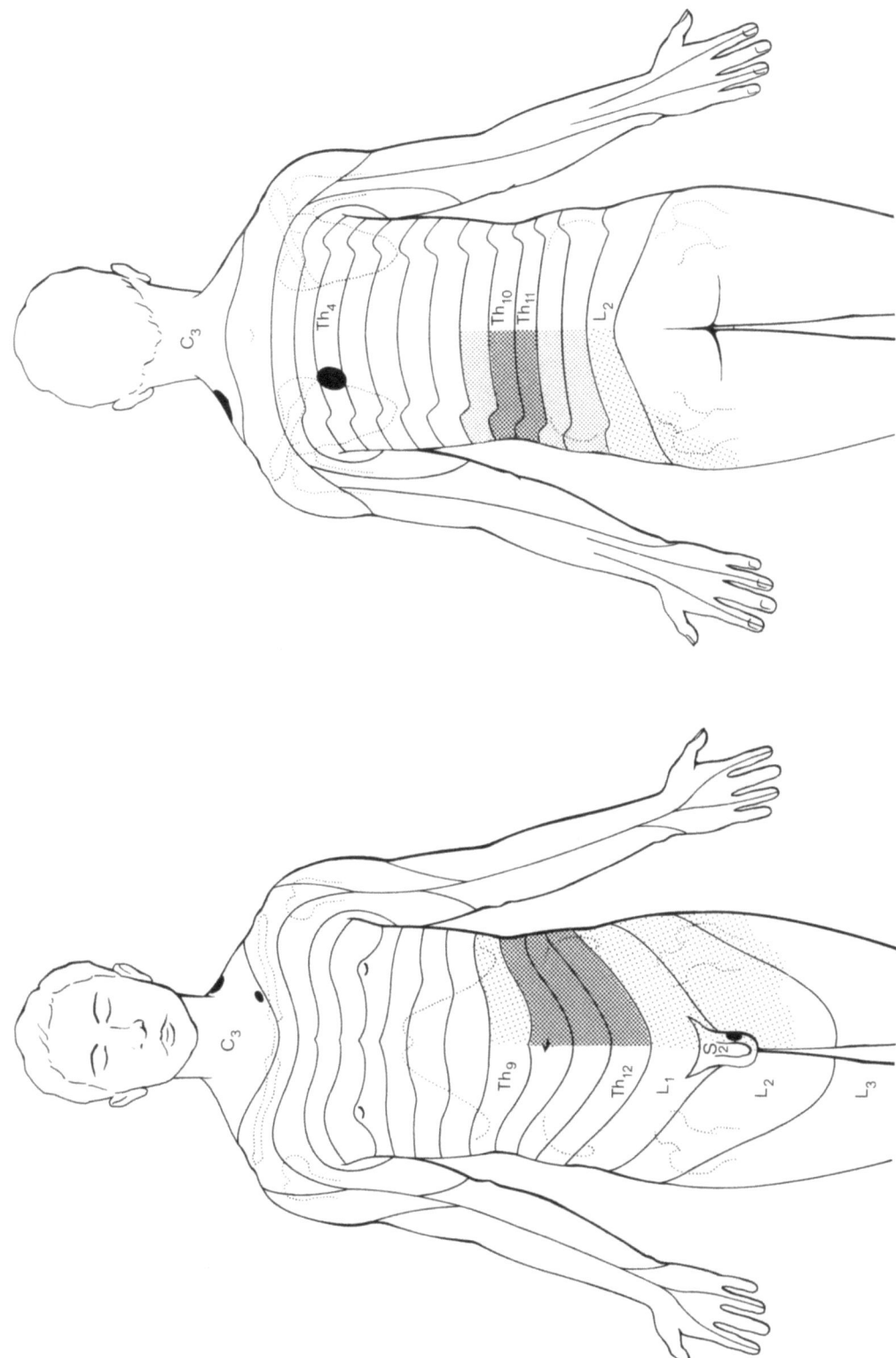

**Abb. 74a, b.** Head-Zonen der linken Niere (nach Hansen und Schliack) in der Ansicht von ventral (**a**) und dorsal (**b**)

| | |
|---|---|
| Ektopie des Nierenbeckens | Bei einer heterotopen Niere kann auch die Rotation gestört sein. Das Nierenbekken kann dann teilweise oder ganz außerhalb des Nierenparenchyms zu liegen kommen. Es zeigt dann meist nach ventral und caudal (= Kuchenniere). |
| Verschmelzungsnieren | Es kommen etwa 1–2 Fälle auf 1000 Personen vor. Am häufigsten sind die caudalen Nierenpole miteinander verschmolzen (Isthmus). Diese Form wird „Hufeisenniere" genannt. Hufeisennieren haben sehr unterschiedliche arterielle Versorgungen (auch unpaare Isthmusarterien). Fast regelmäßig haben sie nach ventral ektopierte Nierenbecken. |
| Cystennieren | Hauptsächlich dominant erbliche Nachnierenentwicklungsstörung, bei der im Sektionsbefund in einer oder beiden stark vergrößerten Nieren unterschiedlich große (bis hühnereigroße), meist mit einer urinartigen Flüssigkeit gefüllte Cysten vorhanden sind.<br><br>Theorie der Entstehung:<br>1. Die aus der Ureterknospe aussprossenden Sammelrohre und die aus dem metanephrogenen Gewebe sich differenzierenden Tubuli vereinigen sich nicht richtig. Dadurch wird in den betroffenen Nephronen der Abfluß behindert oder verhindert.<br>2. Bestimmte von Nephron zu Nephron auch unterschiedliche Abschnitte von Tubuli erweitern sich durch einen Wachstumsexzeß. Die dynamische Abflußstörung im Nephron führt zur cystischen Erweiterung des krankhaften Tubulusabschnittes. |
| Nierencysten | Sie sind häufig. Die Zahl der Cysten ist begrenzt, sie stören die Nierenfunktion kaum. Nierencysten sind häufig das Ergebnis von Narbenschrumpfungen, die zu Stenosen oder zur Verlegung von Harnkanälchen geführt haben. |
| Hydronephrose | Mechanisch oder dynamisch bedingter Harnstau, mit Ausweitung der harnableitenden Bereiche der Niere und Atrophie der Nierenrinde.<br><br>Mechanische Hydronephrose (angeboren oder erworben) durch Steinverschluß, bei Ureterabknickungen an aberrierenden oder akzessorischen Nierenarterien, durch Hindernis im Ureter, Blase oder Harnröhre.<br><br>Dynamische Hydronephrose, z. B. durch veränderte Motorik des Ureters. |
| Agenesie | Sehr seltenes Fehlen von Nieren-, Ureter- und Nierengefäßanlagen. |
| Aplasie | Die Organanlage der Niere ist vorhanden, ihre Differenzierung ist aber ausgeblieben. |

# Ureter

## Verlauf und Meßwerte

**Lage und Verlauf**  Der Ureter liegt retroperitoneal. Seine Pars abdominalis verläuft zwischen Peritoneum parietale und der Fascie des M. psoas. In Höhe des Beckeneingangs beginnt die Pars pelvina des Ureter. Der Harnleiter dringt von dorsolateral schräg durch die Wand des Harnblasengrundes und mündet am lateralen Eck des Trigonum vesicae.

**Ureterkreuzungen**  Der Ureter:
1. Unterkreuzt die Vasa testicularia bzw. ovarica.
2. Überkreuzt die Vasa iliaca communia.
3. Unterkreuzt den Ductus deferens bzw. die A. uterina.

**Arterielle Versorgung des Ureter**  *Oberes Drittel:* Aus A. renalis.
*Mittleres Drittel:* Aus A. testicularis bzw. A. ovarica.
*Unteres Drittel:* Aus A. rectalis media, A. vesicalis inferior, A. ductus deferentis bzw. A. uterina.

### Meßwerte (Erwachsener)

Länge         25–30 cm
Durchmesser   4–8 mm (bis auf 1,5 cm dehnbar)

## Ureterengen

„Ureterengen" befinden sich:
1. Am Ureterbeginn aus dem Nierenbecken.
2. Bei der Überkreuzung der Vasa iliaca communia.
3. Beim Verlauf durch die Wand der Harnblase.

## Harntransport im Ureter

Harntransport in „spindelförmigen Portionen" durch peristaltische Kontraktionen der Uretermuskulatur. Pro Minute 1–5 Kontraktionswellen.

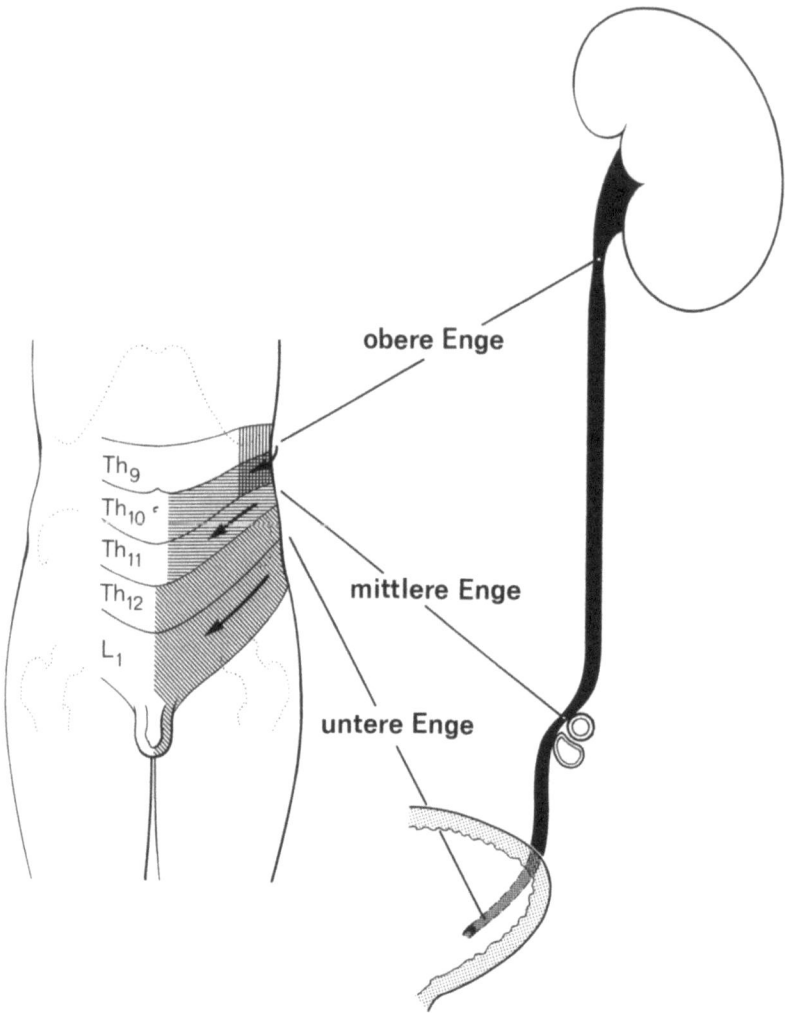

Abb. 75. Head-Zonen des Ureters und Richtung der Schmerzausstrahlung bei Harnleitersteinen, die an den Ureterengen eingeklemmt sind

## Variationen und Mißbildungen

1. Partielle oder vollständige Ureterverdoppelung (ein- und beidseitig).
2. Selten dystope Mündungen des Ureters (bei der Frau 5mal häufiger als beim Mann).
3. Ureterocele (cystische Erweiterung des vesikalen Ureterendes).
4. Megaureter (stark erweiterter S-förmig geschlängelter Ureter).
   Ursachen:
   a) Mechanisch (Stenosen, Abknickung, Kompression).
   b) Intramurale Ganglienzahl im distalen Ureterbereich vermindert.

# Harnblase

## Lage und Meßwerte

Form und Lage  Die muskulös-membranöse Harnblase ähnelt in ihrer Form einem Tetraeder. Sie liegt extraperitoneal und steht beim Mann wegen der Prostata etwas höher als bei der Frau. Füllt sich die Harnblase, so richtet sie sich dorsal der Symphyse auf und drängt dabei das ihr aufliegende Peritoneum cranialwärts. Dadurch läßt sich die Harnblase oberhalb der Symphyse bei starker Füllung ohne Verletzung des Peritoneum parietale punktieren.

Meßwerte (Erwachsener)  Volumen:  250–500 ml Füllung (Harndrang)
1200–höchstens 1500 ml (maximales Fassungsvolumen)
Dicke der Harnblasenwand:
a) Leere Blase:  5 –7 mm
b) Gefüllte Blase: 1,5–2 mm

Lymphabfluß  Entlang der Aa. vesicales superior et inferior zu den Nodi lymphatici iliaci interni.

## Entleerung und Verschluß

Entleerung  Die Kontraktion des M. detrusor vesicae (parasympathische Innervation aus $S_2$–$S_4$) bewirkt eine Druckerhöhung in der Blase und die Eröffnung des Blasenhalses. Nach Verschluß der Ureterostien durch Muskelschlingen führt die Kontraktion des M. retractor uvulae zur Öffnung der inneren Harnröhrenmündung. Die Öffnung wird durch die Anspannung von Muskelzügen des M. pubovesicalis erweitert. Die quergestreiften M. sphincter vesicae externus und M. sphincter urethrae (N. pudendus) erschlaffen parallel zur Kontraktion des M. detrusor vesicae.

Verschluß  Den *unwillkürlichen Verschluß* der Harnblase bewirken die sympathisch innervierten Muskelschleifen des M. sphincter vesicae internus (= Lissosphincter; Innervation über Nn. splanchnici lumbales aus $L_1$–$L_3$).

Der *willkürliche Verschluß* der Harnblase erfolgt über den aus dem N. pudendus innervierten, quergestreiften M. sphincter vesicae externus (= Rhabdosphincter). Der M. transversus perinei profundus unterstützt ihn dabei (M. sphincter urethrae).

## Mißbildungen

1. *Blasenekstrophie.* Spaltbildung der Harnblase. Fehlen der ventralen Harnblasenwand und Weichteildefekt an der vorderen Bauchwand. Spaltbildung an der Harnröhre und der Symphyse.
2. *Blasendivertikel.*
3. *Urachusfistel, Urachuscysten* (bei total oder partiell erhalten gebliebenem Lumen des intraembryonalen Allantoisabschnittes).
4. *Blasenektopie.* Vorverlagerung der geschlossenen Harnblase durch klaffende Bauchdecken.

# Urethra des Mannes

## Einteilung und Meßwerte

Einteilung  Pars prostatica
Pars membranacea
Pars spongiosa

Meßwerte  Gesamtlänge:
| | |
|---|---|
| Neugeborenes | 5– 6 cm |
| 10jähriger | 8– 9 cm |
| 15jähriger | 12–14 cm |
| Erwachsener | 16–18 cm (–20 cm) |
| Im Greisenalter Längenzunahme um weitere | 2– 3 cm |

Länge (Erwachsener):
| | |
|---|---|
| Pars prostatica | 3– 3,5 cm |
| Pars membranacea | 1– 1,5 cm |
| Pars spongiosa | 12–13,0 cm |

Durchmesser (Erwachsener) bei physiologischem Füllungszustand:
a) *Weite Stellen*    11–12 mm
   Fossa navicularis
   Ampulla urethrae
   Mitte der Pars prostatica
b) *Enge Stellen*
| | |
|---|---|
| Ostium urethrae externum | 7– 8 mm |
| Pars membranacea | 8– 9 mm |
| Ostium urethrae internum | 9 mm |

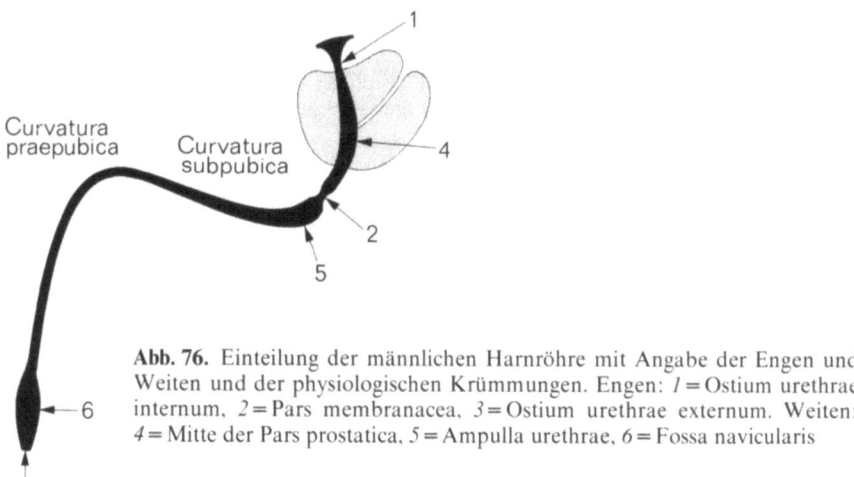

Abb. 76. Einteilung der männlichen Harnröhre mit Angabe der Engen und Weiten und der physiologischen Krümmungen. Engen: *1* = Ostium urethrae internum, *2* = Pars membranacea, *3* = Ostium urethrae externum. Weiten: *4* = Mitte der Pars prostatica, *5* = Ampulla urethrae, *6* = Fossa navicularis

## Drüsen in der Wand der männlichen Harnröhre

Lacunae urethrales (Morgagni)
: Meist 12–15 größere, 8–10 mm tiefe Buchten in der Pars spongiosa urethrae; viele kleinere. Ihre Mündungen sind zum Ostium urethrae externum hin ausgerichtet.

Glandulae urethrales (Littré)
: Kleine mucöse Drüsen in der Pars spongiosa und der Pars membranacea urethrae.

Glandulae bulbourethrales (Cowper)
: Zwei erbsengroße Drüsen, die im Bereich des Diaphragma urogenitale gelegen sind. Ihre beiden mehrere Zentimeter langen Ausführungsgänge münden in die Ampulla urethrae.

Valvula fossae navicularis (Guérin)
: Schleimhautfalte in der Fossa navicularis, etwa 1,5 cm hinter dem Orificium externum. Sie bedeckt eine 0,6–1,2 cm tiefe Schleimhauttasche, in die beim Katheterisieren die Katheterspitze geraten kann.

## Katheterisierung der männlichen Harnröhre

Die männliche Harnröhre hat zwei Krümmungen, die beim Katheterisieren und Cystoskopieren berücksichtigt werden müssen:
1. Curvatura praepubica (nach ventral konvexe Krümmung der Pars spongiosa urethrae).
2. Curvatura subpubica (nach ventral konkave Krümmung von der Ampulla urethrae zur Pars membranacea urethrae).

Die *Curvatura praepubica* kann durch Hochnahme des Penis ausgeglichen werden. Durch die Streckung des Penis bei der Kathetereinführung werden die Falten und Nischen in der Pars spongiosa urethrae gestreckt und geglättet. Dadurch wird eine Fehlkatheterisierung in diesem Harnröhrenabschnitt vermieden.

Die *Curvatura subpubica* kann durch Senken des Penis bei gleichzeitigem Drücken der Peniswurzel dorsalwärts ausgeglichen werden. Dann kann die in der Ampulla urethrae befindliche Katheterspitze den Weg in die enge Pars membranacea urethrae finden. Der Curvatura subpubica tragen manche starren Cystoskope mit einer Rohrkrümmung Rechnung.

Besonders gefährdete Stellen der Urethra beim Katheterisieren sind: 1. Der Übergang von der Ampulla urethrae in die Pars membranacea urethrae (der Katheter kann sich in der dorsalen Nische der Ampulla urethrae fangen, Perforationsgefahr); 2. der gesamte enge Bereich der Pars membranacea urethrae; 3. bei Prostatahypertrophie die Pars prostatica der Harnröhre.

## Mißbildungen der männlichen Harnröhre

Hypospadie
: Verkürzte Harnröhre meist an der Unterseite des Penis mündend (Hypospadia glandis, H. coronaria, H. penis, H. scrotalis, H. perinealis).

Epispadie
: Seltene dorsale Spaltbildung des Penis und der Harnröhre.

Urethra accessoria
: Meist schon nach 1 cm Tiefe blind endigende, ventral der normalen Urethra verlaufende zusätzliche Harnröhre. Längerer Verlauf und Kommunikation mit der regelrechten Harnröhre möglich.

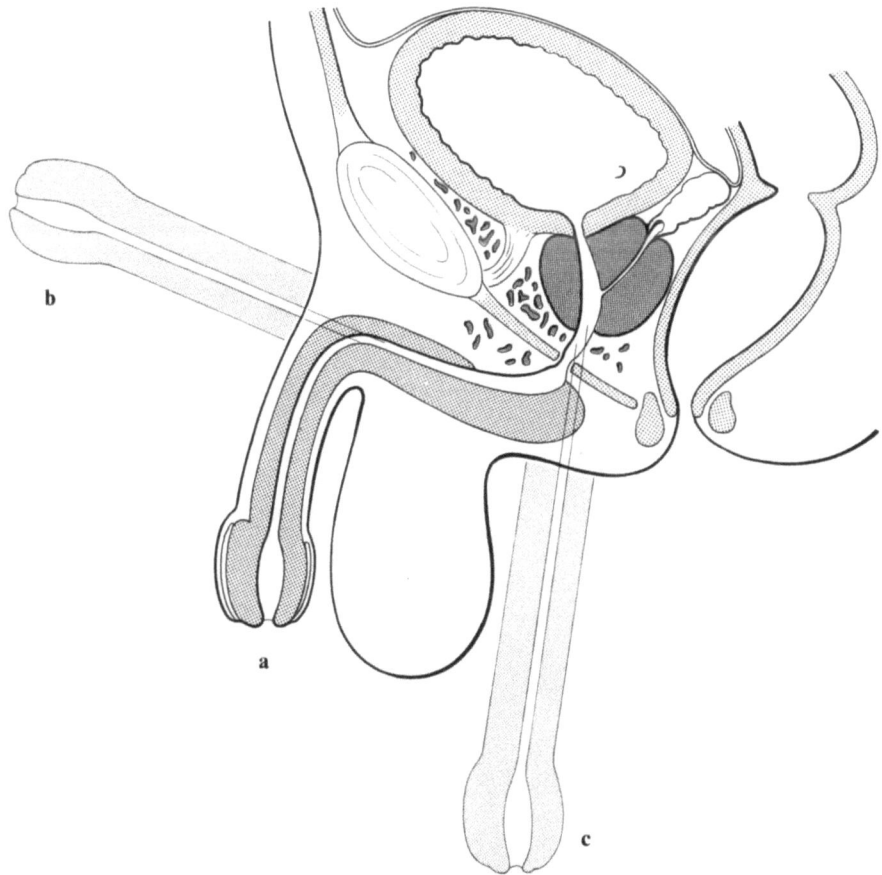

**Abb. 77.** Lageveränderungen des Penis beim Katheterisieren und Cystoskopieren zum Ausgleich der Harnröhrenkrümmungen. *a* = Ausgangsstellung. *b* = Gestreckter und nach ventral gezogener Penis zum Ausgleich der Curvatura praepubica. *c* = Nach caudal gesenkter Penis zum Ausgleich der Curvatura subpubica

## Urethra der Frau

| Meßwerte | Erwachsene: | |
|---|---|---|
| | Länge | 3,4– 4 cm |
| | Durchmesser | 7,0– 8 mm (normale Füllung) |
| | | 10,0–12 mm (bei Dehnung, Werte bis 25 mm) |
| | Wandstärke | 3,0– 4 mm |
| Glandulae urethrales | Vielfach vorhanden. Lateral des Ostium urethrae externum münden beidseits größere Ausführungsgänge (Skene-Gänge). | |

# Becken und Geschlechtsorgane

**Inhalt**

| | |
|---|---|
| Becken | 158 |
|     Osteologie | 158 |
|     Ebenen und Meßwerte im kleinen Becken der Frau | 159 |
|     Beckenboden | 160 |
|     Kleine Eingriffe am Beckenboden | 161 |
| Weibliche Geschlechtsorgane | 163 |
|     Ovar | 163 |
|     Tuba uterina | 164 |
|     Uterus | 164 |
|     Vagina | 168 |
|     Fehlbildungen des weiblichen Genitaltraktes | 169 |
| Männliche Geschlechtsorgane | 170 |
|     Testis | 170 |
|     Hodendescensus und Descensusanomalien | 170 |
|     Epididymis | 170 |
|     Ductus deferens | 171 |
|     Glandula vesiculosa | 171 |
|     Prostata | 172 |

# Becken

## Osteologie

### Tastbare Knochenstrukturen und äußere Meßwerte

Palpierbare knöcherne Beckenstrukturen
: Spina iliaca anterior superior, Labium externum der Crista iliaca, Tuberculum pubicum mit Pecten ossis pubis, Tuber ischiadicum, Os coccygis, Spina iliaca posterior superior, Processus spinosi des Kreuzbeines.

Promontorium
: Ventrale craniale Kante des ersten Sakralwirbelkörpers.

Distantia cristarum
: Abstand zwischen den beiden lateralsten Punkten der Cristae iliacae: etwa 27–31 cm (beim Erwachsenen).

Distantia spinarum
: Abstand zwischen den beiden Spinae iliacae anteriores superiores: etwa 24–27,5 cm (beim Erwachsenen).

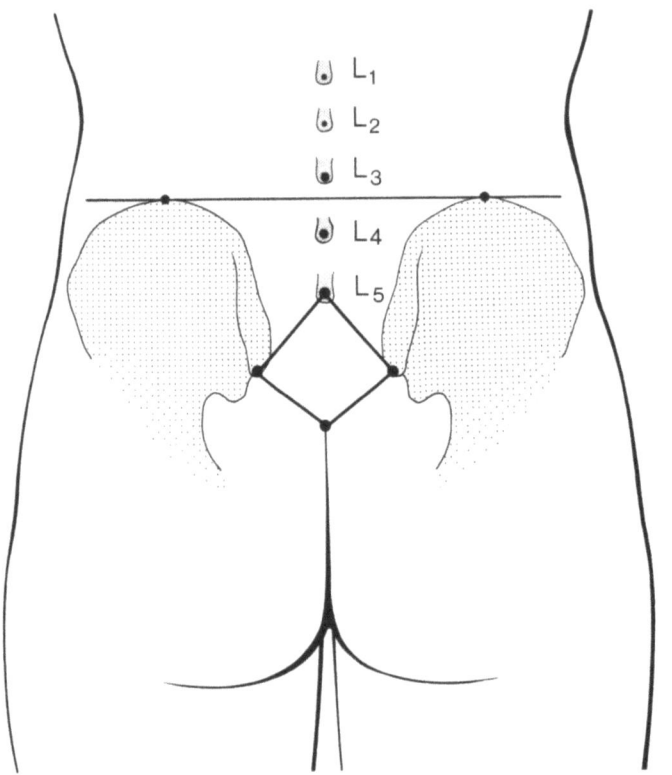

Abb. 78. Michaelis-Raute und Projektion der Beckenkammhöhe auf die Wirbelsäule

| | |
|---|---|
| Distantia trochanterica | Abstand zwischen rechtem und linkem Trochanter major: etwa 31–34 cm (beim Erwachsenen). |
| Conjugata externa | Distanz zwischen Processus spinosus von $L_5$ und Symphysenoberrand. Etwa 21 cm bei der Frau. Durch Abzug von 8–8,5 cm kann ein Richtwert für die Conjugata vera ermittelt werden. |
| Beckenkammhöhe | Die Horizontale durch die beiden höchsten Punkte der Cristae iliacae quert die Wirbelsäule in Höhe der Bandscheibe zwischen $L_3$ und $L_4$. |
| Michaelis-Raute | Ein Hautgrübchen über dem Processus spinosus des 5. Lumbalwirbels, der Beginn der Rima ani und Hautgrübchen über den beiden Spinae iliacae posteriores superiores markieren die „drachenförmige" Michaelis-Raute. |

*Normalmaße* (Erwachsener)

Distanz zwischen den beiden Spinae iliacae posteriores superiores (Breite): 8–10 cm.

Distanz zwischen dem Processus spinosus von $L_5$ und dem Beginn der Rima ani (Höhe): 11 cm.

Bedeutung: Bei platt-rachitischem Becken ist die Raute verbreitert und ihre Höhe verkürzt.

| | |
|---|---|
| Beckenneigungswinkel | Winkel zwischen Beckeneingangsebene und Horizontalebene durch die beiden Tubera ischiadica. |

Beim Neugeborenen etwa 80°
Beim Erwachsenen 55°–75° (Braus, Elze)
45°–70° (Naegele, Sappey-Charpy)
Allgemeiner Richtwert beim Mann um 55°
Allgemeiner Richtwert bei der Frau um 60°

| | | |
|---|---|---|
| Angulus subpubicus | Beim Mann | etwa 75° |
| | Bei der Frau | etwa 90°–100° |

## Ebenen und Meßwerte im kleinen Becken der Frau

| | |
|---|---|
| Eingangsebene | Querovale, nach ventrocaudal geneigte Ebene zwischen Promontorium, rechter und linker Linea terminalis (= Linea arcuata), Pecten ossis pubis und Oberkante der Symphyse. |

Diameter transversa: 13–13,5 cm
Diameter obliqua: 12–12,5 cm
„Erster Schräger" (Diameter obliqua I) ⊘
„Zweiter Schräger" (Diameter obliqua II) ⊘

| | |
|---|---|
| Conjugata vera | 11 cm (10,4–11,9 cm) Distanz zwischen Promontorium und Rückseite der Symphyse, engste Stelle im kleinen Becken (= „Beckenenge"). |
| Conjugata diagonalis | 12,5 cm (12,2–13,0 cm) Distanz zwischen Promontorium und Symphysenunterkante. |
| Mittelebene | „Runde" Ebene, begrenzt von der Linea transversa zwischen $S_2$ auf $S_3$, den beiden Spinae ischiadicae und der Dorsalseite der Symphyse. Durchmesser 12,5 cm. |

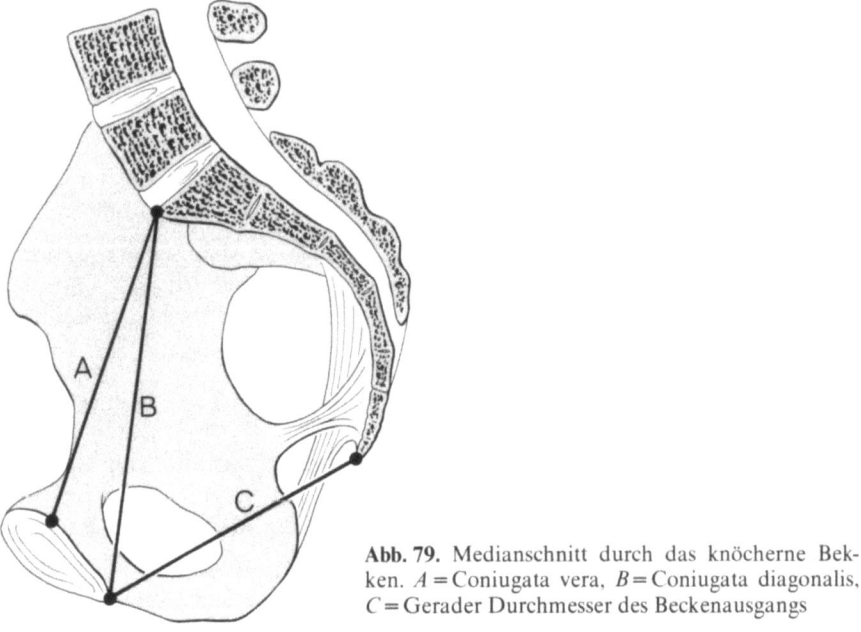

Abb. 79. Medianschnitt durch das knöcherne Becken. $A$ = Coniugata vera, $B$ = Coniugata diagonalis, $C$ = Gerader Durchmesser des Beckenausgangs

Ausgangsebene Längsovale Ebene (erst beim Durchtritt des kindlichen Kopfes) zwischen der nach dorsal ausgewichenen Spitze des Os coccygis, den Tubera ischiadica, den Ligamenta sacrotuberalia und dem Unterrand der Symphyse.

Gerader Durchmesser: *unter der Geburt* etwa 11,5–12 cm bei dorsalwärts verdrängtem Os coccygis.

*Sonst:* etwa 9 cm

Diameter transversa: 11 cm

## Beckenboden

M. levator ani  Der M. levator ani ist ein auf die laterale und dorsale Seite des M. sphincter ani externus und auf die Raphe anococcygea caudalwärts konvergierender „Muskeltrichter". Seine im Bereich der Beckenmittelebene liegenden Ursprünge erstrecken sich bogenförmig von der Innenseite des Schambeinkörpers über den Arcus tendineus der Fascia obturatoria bis hin zur Spina ischiadica. Nach dorsal zu grenzt an den M. levator ani der M. coccygeus (beide innerviert aus $S_{2,3,4}$).

„Levatorenschlitz"  Zwischen den beiden vom Os pubis herkommenden Muskelzügeln des M. levator ani (= Mm. pubococcygei = „Levatorenschenkel") befindet sich ein Spaltraum im Beckenboden. Durch ihn treten der Urogenitaltrakt und das Rectum hindurch. Die „Levatorenschenkel" ziehen das Rectum ventralwärts und wirken deshalb als zusätzlicher „Schließmuskel".

M. sphincter ani externus  Quergestreifter ringförmiger Muskel zum Verschluß der Analöffnung (Innervation über Nn. rectales inferiores aus $S_{(2),3,4}$).

Diaphragma urogenitale  Das Diaphragma urogenitale (Innervation über den N. pudendus aus $S_{2,3,4}$) ist eine Muskel-Bindegewebs-Platte. Sie spannt sich zwischen den unteren Schambein- und den Sitzbeinästen aus und deckt den Levatorenschlitz von caudal her größtenteils ab. Ihr wichtigster Muskel ist der M. transversus perinei profundus. Er bildet den dorsalen Rand des Diaphragma urogenitale. Der analnahe Bereich des Levatorenschlitzes bleibt als „schwache Stelle" des Beckenbodens ungeschützt. Der in Schlingenform um die Vaginalöffnung angeordnete M. bulbospongiosus kann diese Lücke nicht genügend abdecken.

Fossa ischiorectalis
Ein mit Fettgewebe gefüllter Raum zwischen der Fascia diaphragmatis pelvis inferior an der Unterseite des M. levator ani, der Fascie des M. obturatorius internus und der Haut der Regiones analis und perianalis. Zwischen den beiden unteren Schambeinästen bildet die Muskelplatte des Diaphragma urogenitale den Boden für den vorderen Teil der Fossa ischiorectalis. In der Fossa ischiorectalis verlaufen der N. pudendus und die Vasa pudendalia.

Recessus pubicus
Raum zwischen Diaphragma urogenitale und „Levatorenschenkel". Der Raum ist die ventrale Fortsetzung der Fossa ischiorectalis.

Damm
Bereich zwischen Anus und dorsalem Ansatz des Scrotums bzw. hinterer Commissur der Labia majora.

Lymphabfluß
Nodi lymphatici inguinales superficiales.

N. pudendus
Gemischt motorisch-sensibler Nerv, der den Segmenten $S_{2,3,4}$ zugehört. Der Nerv verläuft als caudalster Ast des Plexus sacralis durch das Foramen infrapiriforme und zieht über die Dorsalseite der Spina ischiadica durch das Foramen ischiadicum minus. Ab hier verläuft er im Canalis pudendalis (= Alcock-Kanal) der Fossa ischiorectalis, innerhalb der Fascie des M. obturatorius internus. Er teilt sich dann in seine Äste für die Regio perinealis.

Nerven des Beckenbodens
a) *Die motorischen Nervenfasern* zu den Muskeln des Beckenbodens stammen aus den Segmenten $S_{2,3,4}$ und sind entweder direkte Plexusäste oder verlaufen in Zweigen des N. pudendus.

b) Die *sensiblen Nervenfasern* für die Regio perinealis verlaufen in Ästen des N. pudendus ($S_{2,3,4}$): Nn. rectales inferiores zur Haut der Analgegend, Nn. perineales mit den Nn. scrotales (oder labiales) posteriores, N. dorsalis penis (bzw. clitoridis). Der dorsale Teil der Regio perinealis (am unteren Rand des M. glutaeus maximus) wird von den Nn. clunium inferiores, den Rr. perineales aus dem N. cutaneus femoris posterior und den Nn. anococcygei aus dem Plexus coccygealis versorgt. Der ventrale Teil der Region erhält noch Hautäste aus dem N. genitofemoralis und dem N. ilioinguinalis.


## Kleine Eingriffe am Beckenboden

### Pudendusblockade

Sie wird in der Geburtshilfe häufig für eine Anaesthesie der Regio perinealis verwendet. Einstichstelle am Mittelpunkt einer Verbindungslinie zwischen Anus und Tuber ischiadicum. Mittel- und Zeigefinger der linken Hand tasten vaginal die Spina ischiadica. Mit einer 10 cm langen Kanüle wird von der Einstichstelle aus auf einen Punkt etwas unterhalb der Spina ischiadica zu vorgedrungen und hier etwa 15 ml einer 0,5%igen Procainlösung appliziert. Die Rr. perineales aus

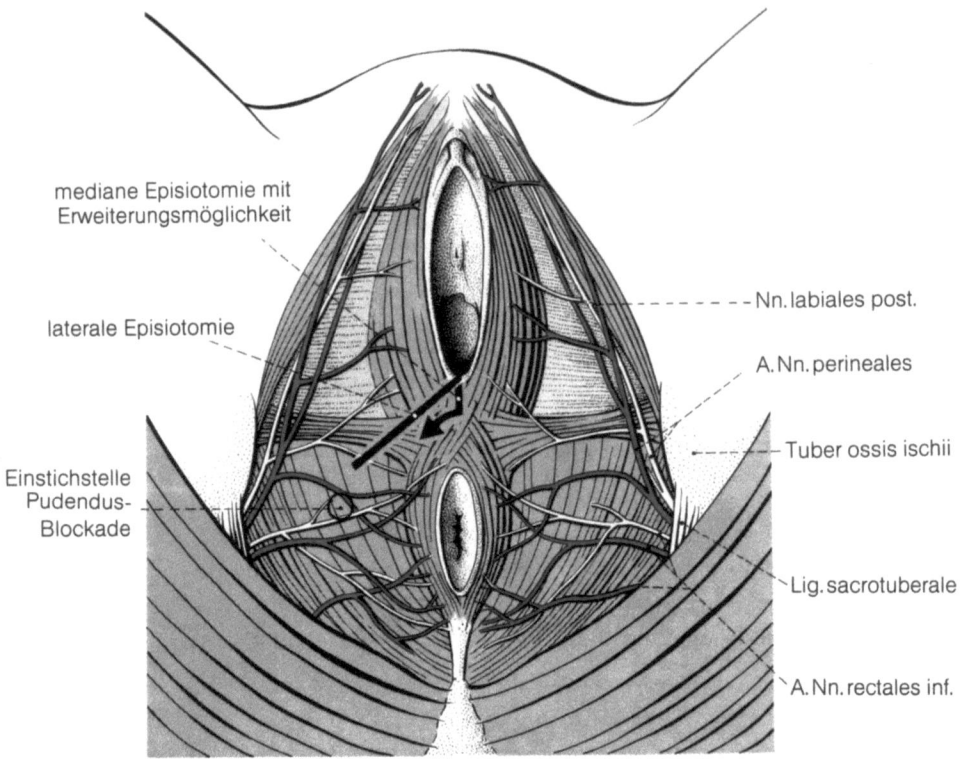

**Abb. 80.** Ansicht des weiblichen Beckenbodens von caudal mit Angabe der bei den Episiotomien zu beachtenden Gefäß- und Nervenverläufe

dem N. cutaneus femoris posterior kann man von der gleichen Einstichstelle aus erreichen, indem man die Kanüle bis in die Subcutis zurückzieht, auf das Tuber ischiadicum zu vordringt und hier weitere 15 ml des Lokalanaestheticums appliziert. Die Kanüle wird danach zur Einstichstelle zurückgezogen und nun die von ventral zur Regio perinealis kommenden Endäste des N. ilioinguinalis und des N. genitofemoralis anaesthesiert. Dazu wird die Kanüle subcutan ventralwärts geführt und etwa auf das Tuberculum pubicum zu ausgerichtet. In Höhe der Clitoris werden weitere 15 ml des Lokalanaestheticums infiltriert.

**Episiotomie**

Dammschnitt, der beim Durchtritt des kindlichen Kopfes durch den Beckenboden ein unkontrolliertes Einreißen des Dammes verhüten soll. Durch die Episiotomie wird ein sonst möglicher Einriß des M. sphincter ani externus vermieden.

Mediane Episiotomie
: Nur vom Erfahrenen bei Spontangeburten auszuführende Schnittführung von der hinteren Scheidenkommissur etwa 1–1,5 cm in der Medianen dorsalwärts. Sie endet vor dem M. sphincter ani externus.

Notfalls ungünstige Erweiterungsmöglichkeit bogenförmig um den M. sphincter ani externus herum.

Laterale Episiotomie
: Von der hinteren Scheidenkommissur ausgehender, mindestens 3–4 cm langer Schnitt quer durch die Mm. bulbospongiosus und transversus perinei superficialis auf einen Punkt geringfügig dorsal des Tuber ischiadicum zu. Die Scherenflächen müssen im 90°-Winkel zum Gewebe gehalten werden.

# Weibliche Geschlechtsorgane

## Ovar

Lage  Nach seinem Descensus liegt das Ovar intraperitoneal, schräg etwa 1,5–2 cm ventral der Articulatio sacroiliaca, dorsal des Ligamentum latum, in der Gabelung der A. iliaca communis. Sein lateraler Pol zeigt etwas cranialwärts, sein medialer etwas nach caudal.

Form  Die Form des Ovar ähnelt dem Kern einer „dicken Bohne". Bei Kindern ist die Oberfläche des Ovars glatt, bei der geschlechtsreifen Frau ist sie gehöckert und zeigt Bläschenfollikel und Narben. Bei der Greisin findet sich ein atrophisches Ovar mit vielen Narben.

**Meßwerte** (bei der geschlechtsreifen Frau)

| | |
|---|---|
| Länge | 3,6 cm (3–4 cm mittlere Werte) |
| Breite | 1,7 cm (1,5–3 cm) |
| Gewicht | 5,35 g bei der 20- bis 30jährigen (Altmann und Dittmer) |
| | 6–8 g (Testut) |
| | 7–14 g (Schiebler) |

**Fixierung**

1. Mesovar (mit der Dorsalseite des Ligamentum latum).
2. Ligamentum suspensorium ovarii (lateraler Pol mit den Vasa ovarica cranialwärts).
3. Ligamentum ovaricum proprium (medialer Pol mit einem Uterusareal dorsal des Tubenwinkels).

**Größe der Eifollikel** (nach Stieve)

| | |
|---|---|
| Primärfollikel | 45 µm |
| Sekundärfollikel | 50–200 µm |
| Sprungreifer Tertiärfollikel | 1,5–2 cm |
| Eizelle im Tertiärfollikel | 1,1–1,3 mm |

**Lymphabfluß**

1. Entlang der A. ovarica im Ligamentum suspensorium ovarii zu den Nodi lymphatici lumbales.
2. Entlang der A. uterina zu den Nodi lymphatici iliaci interni.

## Tuba uterina

Lage  Intraperitoneal

Fixation  Über Mesosalpinx
Über Fimbria ovarica am Ovar
Über Mündungsstelle am Uterus

Einteilung  Infundibulum ampullae
Ampulla
Isthmus
Pars uterina

**Meßwerte** (bei der Erwachsenen)

| | | |
|---|---|---|
| Länge | Mittlere Länge um | 10–11 cm |
| | (Grenzbereich | 4–18 cm) |
| | Ampulla tubae | 7– 8 cm |
| | Isthmus tubae | 3– 6 cm |
| Äußerer Durchmesser | Ampulla | 6– 8 mm (Testut) |
| | | 4–10 mm (Kepp-Staemmler) |
| | Isthmus | 2– 4 mm |

**Eitransport**

Dauer der Eizellwanderung durch die Tuba uterina: 4–5 Tage (Starck).
   Am 6. Tag nach der Ovulation findet die Implantation der befruchteten Eizelle in die Uterusschleimhaut statt.

**Arterielle Versorgung**

1. Ampulla tubae uterinae über A. ovarica und R. tubarius der A. uterina.
2. Isthmus tubae uterinae über R. tubarius der A. uterina.

**Tubargravidität**

Bei langer Tuba uterina und bei verzögertem Transport des in der Ampulla tubae uterinae befruchteten Eies kann dessen Implantation in die Tubenschleimhaut erfolgen. Die Tubengefäße erreichen schon im 2. Monat Häkelnadelstärke. Nach Platzen der Tuba uterina und Einriß von Tubenarterien droht Verblutungsgefahr in die Bauchhöhle.

## Uterus

Lage  Der Uterus liegt *antevertiert* (insgesamt nach ventral gewendet) und *anteflektiert* (Knickung nach ventral) extraperitoneal zwischen Harnblase und Rectum.

Form  Eine nach vorn abgewinkelte auf ihrem Stiel stehende kleine Birne, die ventral und dorsal etwas abgeplattet ist.

**Meßwerte** (bei der Erwachsenen)

| | | |
|---|---|---|
| Äußere Länge | Bei der Nullipara | 6–7 cm (Testut) |
| | Bei der Multipara | 7–8 cm (Testut) |
| | Bei der Frau | 7–9 cm (Benninghoff-Goerttler). |
| Äußere Breite | Bei der Nullipara | 4 cm |
| | Bei der Multipara | 5 cm |
| Länge | Cavum uteri: | |
| | Bei der Nullipara | 5–6 cm |
| | Bei der Multipara | 6–7 cm |
| Querer Durchmesser | Durch das Cavum des Corpus uteri (in Höhe der Tubenmündung): | |
| | Bei der Nullipara | 2–2,4 cm |
| | Bei der Multipara | 3–3,3 cm |
| Uterusvolumen | Bei der Nullipara | 3–4 cm$^3$ |
| | Bei der Multipara | 5–6 cm$^3$ |
| Gewicht | Bei der Nullipara | 40– 50 g (Testut) |
| | Bei der Multipara | 60– 70 g (Testut) |
| | Bei der Frau (20–30 J.) | 49,5 g (Altman und Dittmer) |
| | Bei der Frau | 50– 100 g (Bucher) |
| | Bei der erwachsenen Frau | 89– 120 g (Kepp-Staemmler) |
| | In der Gravidität | 1000–1200 g (Bucher) |

**Einteilung**

| | |
|---|---|
| Corpus uteri: | Obere 2 Drittel |
| Cervix (= Collum) uteri: | Unteres Drittel |

Corpus uteri    Es besteht aus:
Fundus (oberhalb der Tubenmündung).
Corpus.
Isthmus, etwa 1 cm lang (in der Gravidität als „unteres Uterinsegment" bezeichnet).

| | | |
|---|---|---|
| Cervix uteri (Erwachsene) | Pars supravaginalis | 1,5–2,0 cm lang |
| | Pars vaginalis | 0,2 cm lang |
| | Pars intravaginalis | 0,8–1,2 cm lang |

Portio vaginalis cervicis    Entspricht der Pars intravaginalis cervicis uteri (= „Portio" in der Klinikersprache).

Äußerer Muttermund    Mündungsstelle des Cervicalkanals auf der Portio vaginalis cervicis.

Innerer Muttermund    Beginn des Cervicalkanales am Ende des Canalis isthmi.

**Uteruswandaufbau**

Perimetrium    Mit der Uterusmuskulatur fest verwachsener Peritonealüberzug.

Myometrium    Dreischichtig muskulöser Wandabschnitt des Uterus, der bei der Erwachsenen eine Dicke von etwa 1 cm hat.

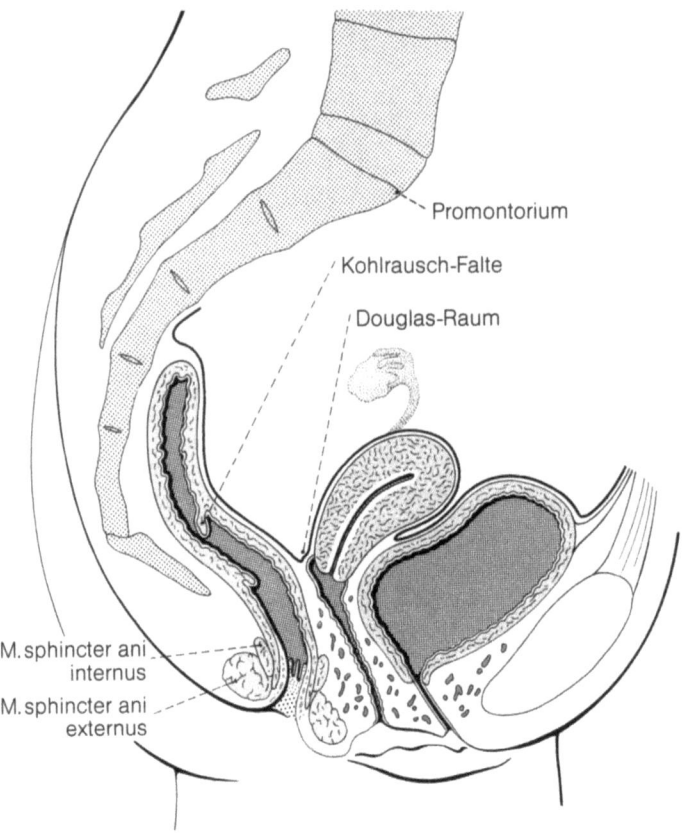

**Abb. 81.** Medianschnitt durch ein weibliches Becken

| | |
|---|---|
| Endometrium | Mit einschichtigem prismatischem Epithel ausgekleideter innerer Wandabschnitt des Corpus uteri.<br>„Basalis"       0,5–1 mm dick<br>„Functionalis"   bis 8 mm dick |

**Befestigung des Uterus**

| | |
|---|---|
| Parametrium | Seitlich des Uterus gelegene Bindegewebsplatten, die den Uterus mit der Bekkenwand fixieren. |
| „Bänder" des Uterus | 1. Lig. cardinale<br>2. Lig. pubovesicale und Lig. vesicouterinum<br>3. Lig. sacrouterinum<br>4. Lig. teres uteri |
| Ligamentum cardinale | In den Parametrien verlaufende kollagene und elastische Fasern, aber auch glatte Muskelzüge, die den Uterus federnd an der seitlichen Wand des kleinen Beckens fixieren. |
| Ligamenta pubovesicale et vesicouterinum | Von der Rückseite der Symphyse zum Collum uteri verlaufende Bandzüge, in die glatte Muskelzellen eingelagert sind. |

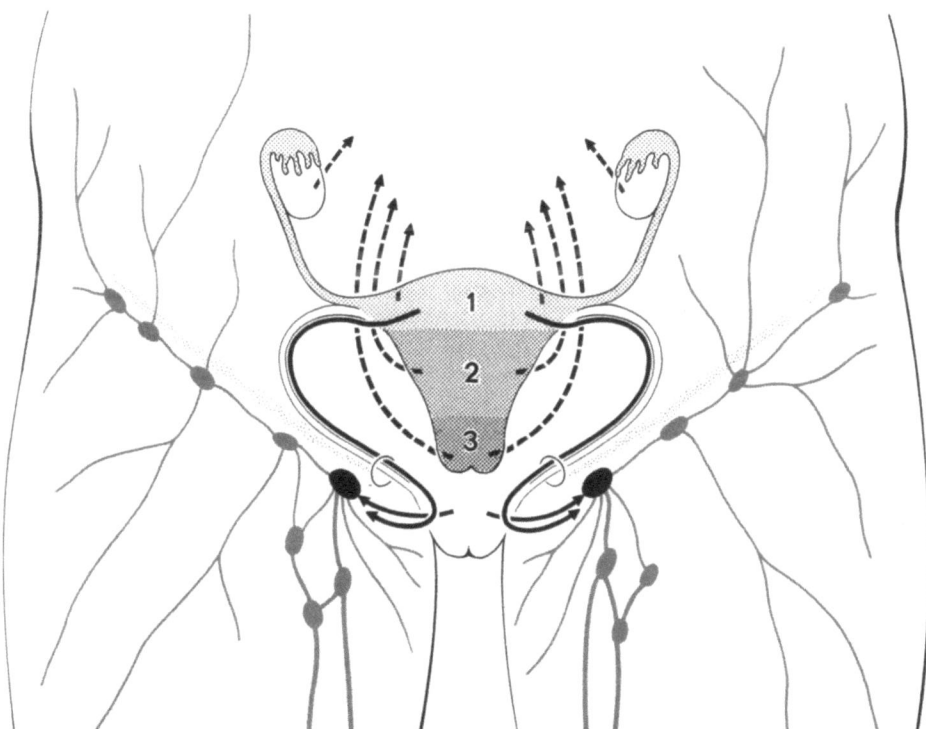

**Abb. 82.** Lymphabflußwege der inneren weiblichen Geschlechtsorgane. Zu 1: a Tubennaher Fundus uteri, Tube und Ovar: Entlang der Vasa ovarica zu den paraaortalen Nodi lymphatici lumbales. b Fundus uteri, fundusnaher Tubenbereich: Auch entlang des Ligamentum teres uteri zu den inguinalen Lymphknoten. c Fundus uteri: Hauptsächlich über die Nodi lymphatici iliaci interni. Zu 2: Corpus uteri: entlang der Vasa uterina zu den Nodi lymphatici iliaci interni und Nodi lymphatici lumbales. Zu 3: a Cervix, Portio uteri und oberer Vaginalbereich: Entlang der Vasa uterina zu den Nodi lymphatici iliaci interni. b Unterer Vaginalbereich: Zu den Nodi lymphatici inguinales

| | |
|---|---|
| Ligamentum sacrouterinum | Von der Innenseite des Kreuzbeines zum Collum uteri verlaufende Bandzüge, in die glatte Muskelzellen (= M. rectouterinus) eingelagert sind. |
| Ligamentum teres uteri | Von dem Labium majus durch den Leistenkanal zum Uterus-Tuben-Winkel verlaufendes, 10–12 cm langes, rundliches Band, in das glatte Muskelzüge eingelagert sind. |

Das in der Gravidität dicker werdende Ligamentum teres uteri ist ventral und etwas caudal der Tubenmündung zu finden.

### Uterus in der Gravidität

| | |
|---|---|
| Höhe des Uterusfundus | 6. Monat Nabelhöhe.<br>9. Monat Rippenbogenhöhe. |

### Lymphabfluß des Uterus

Aus dem Fundus uteri
1. Über das Lig. teres uteri zu den Nodi lymphatici inguinales superficiales.
2. Neben den Vasa ovarica zu den Nodi lymphatici lumbales.
3. Neben der A. uterina zu den Nodi lymphatici iliaci interni.

| | |
|---|---|
| Aus dem Corpusanteil des Corpus uteri | 1. Tubenwinkelnaher Bereich zu den Nodi lymphatici inguinales superficiales.<br>2. Über die Parametrien zu den Nodi lymphatici iliaci externi und interni. |
| Aus der Cervix (=Collum) uteri | Zu den Nodi lymphatici iliaci externi und interni. |

### Uterusblutung

| | |
|---|---|
| Menarche: | 1. Blutung zwischen 12. und 15. Lebensjahr. |
| Frühmenarche: | 1. Blutung zwischen 10. und 12. Lebensjahr. |
| Spätmenarche: | 1. Blutung erst nach dem 15. Lebensjahr. |

### Blutungstypen

| | |
|---|---|
| Eumenorrhoe: | Regelrechte, ohne Beschwerden verlaufende Blutung, 3–5 Tage (maximal 7 Tage), Blutverlust 50–150 ml. |
| Amenorrhoe: | Fehlende oder ausbleibende Blutung. |
| Oligomenorrhoe: | Zu seltene Blutung. |
| Polymenorrhoe: | Zu häufige Blutung. |
| Hypomenorrhoe: | Zu schwache Blutung. |
| Hypermenorrhoe: | Zu starke Blutung. |
| Metrorrhagie: | Acyclische Blutung. |
| Menorrhagie: | Zu starke und zu lange dauernde Blutung. |
| Dysmenorrhoe: | Von Schmerzen begleitete Blutung. |

## Vagina

### Meßwerte (Erwachsene)

| | |
|---|---|
| Länge | 7,0–10 cm |
| Vorderwand | 7,5– 8 cm |
| Hinterwand | 8,5– 9 cm |
| Ausrichtung | Bei der liegenden Frau fast horizontal orientiert, leicht S-förmig gekrümmt. |
| Hinteres Scheidengewölbe | Craniales Ende der Vagina dorsal der Portio vaginalis cervicis.<br>Durch den Zug des M. levator ani und durch den Blasendruck legen sich Vorder- und Rückwand der Scheide aneinander. Im Querschnitt erscheint deshalb die Vagina als H-förmiger Spalt. |
| pH-Wert | 4–4,5 |
| Paracolpium | Die Vagina umgebendes Bindegewebe. |
| Zu beachten | 1. Das Paracolpium ist zwischen Urethra und Vorderwand der Vagina straff. Deshalb ist die Vorderwand der Vagina gegen die Unterlage geringer verschieblich als die Hinterwand.<br>2. Die Wand des hinteren Scheidengewölbes ist nur wenige Millimeter dünn. Gefahr der instrumentellen Perforation in den Douglas-Raum! |
| Lymphabfluß | Vom oberen Bereich der Vagina erfolgt der Lymphabfluß durch das Paracolpium und das parametrane Bindegewebe entlang der Vasa iliaca interna zu |

den Nodi lymphatici iliaci interni. Vom unteren Vaginalbereich fließt die Lymphe zu den Nodi lymphatici inguinales superficiales ab.

## Fehlbildungen des weiblichen Genitaltraktes

| | |
|---|---|
| Parovarialcysten | In der Mesosalpinx befindliche Cysten, die sich aus der Anlage des Epoophoron oder Paroophoron ableiten. |
| Gartner-Gang | In der Seitenwand des Uterus und der Scheide verlaufender, seitlich der Scheidenöffnung mündender, persistierender Urnierengang (= Wolff-Gang). |
| Hymenalatresie | Der Durchbruch in Höhe des Müller-Hügels nach außen ist unterblieben. |
| Uterus- und Vaginalaplasie | Die Müller-Gänge haben sich nicht geöffnet. |
| Doppelbildung von Uterus und Vagina | Sie werden bedingt durch:<br>1. Mangelhaftes Zusammenfügen der geöffneten Müller-Gänge.<br>2. Mangelhafte Öffnung der oder eines der Müller-Gänge.<br>    Die Entwicklungsstörungen können deshalb zu symmetrischen oder asymmetrischen Doppelbildungen oder zu Septenbildungen führen. |
| Hypospadie | Die Urethra mündet in die ventrale Scheidenwand. |
| Epispadie | Spaltbildung der Urethra mit Verlagerung der Urethralmündung symphysen- und bauchwandwärts. Formen:<br>a) Harnröhrenmündung im Bereich der Symphyse gelegen, Spaltung der Clitoris.<br>b) Spaltung der gesamten ventralen Harnröhrenwand.<br>c) Spaltung der ventralen Harnröhren- und Blasenwand mit Spaltbildung an Symphyse und Bauchwand. |

# Männliche Geschlechtsorgane

## Testis (Hoden)

### Meßwerte (Erwachsener)

| | |
|---|---|
| Länge | 4,0–5 cm |
| Breite | 2,5–3 cm |
| Dicke | um 2 cm |
| Gewicht | um 20–30 g |

Der linke Hoden ist meist gering größer als der rechte und hängt etwas tiefer im Scrotum herab.

## Hodendescensus und Descensusanomalien

Descensus testis  Die für die Entwicklung des späteren Hodens entscheidenden Abschnitte der Gonadenanlage (Th$_6$–S$_2$) finden sich im Lumbalbereich. Zu Anfang des 3. Embryonalmonats hat der Hoden bereits die Gegend des Anulus inguinalis profundus erreicht. Ab dem 7. Embryonalmonat beginnt der Hoden seinen Descensus durch den Anulus inguinalis profundus und erreicht das Scrotum zur Zeit der Geburt.

Descensus-  a) Lumbale, abdominale und kanalikuläre Hodenretention (= Hodendystopie);
anomalien  Hoden ist nicht zu tasten (Kryptorchismus).
b) Leistenhoden: Hoden im Anulus inguinalis superficialis zu tasten.
c) Flottierende Hoden (Gleit- und Pendelhoden).
d) Hodenektopien:
   1. Subcutane inguinale Ektopie.
   2. Hodenlage außerhalb des normalen Descensusweges (perineal, suprapubisch, femoral).

## Epididymis (Nebenhoden)

### Meßwerte (Erwachsener)

Gewicht  Etwa 4 g

Aufbau  *Nebenhodenkopf.* In ihn münden die 12–20 etwa 20 cm langen, stark gewundenen Ausführungsgänge des Hodens.
*Nebenhodengang.* 0,2–0,6 mm Lumen, Gesamtlänge 4–6 m. Er verläuft stark gewunden vom Nebenhodenkopf bis zum Nebenhodenschwanz.

Sekret-pH-Wert  6,48–6,61

### Lymphabfluß von Hoden und Nebenhoden

Entlang der Vasa testicularia zu den Nodi lymphatici lumbales.

### Gefäßversorgung von Hoden und Nebenhoden

Arterie A. testicularis

Venöser Abfluß V. testicularis (linke V. testicularis mündet in V. renalis sinistra, rechte V. testicularis in V. cava inferior).
Die Venen bilden Geflechte: Plexus pampiniformis (s. Varicocele, S. 116).

### Innervation von Hoden und Nebenhoden

Vegetative afferente und efferente Nervenfasern verlaufen mit der A. testicularis. Die Nervenfasern stammen aus den Plexus renales und dem vegetativen Nervengeflecht um den Truncus coeliacus.

Hodentorsion Höchst schmerzhafte Torsion des Hodens um seinen Gefäß-Nerven-Stiel mit Unterbrechung der Blutzirkulation.

## Ductus deferens (Samenleiter)

Beginn Am Ende des Ductus epididymidis.

Mündung Im Utriculus prostaticus in die Urethra.

Verlauf An der medialen Seite des Nebenhodens entlang, im dorso-lateralen Teil des Samenstranges durch den Leistenkanal. Nach dem Anulus inguinalis profundus unter dem Peritoneum parietale an der lateralen Beckenwand entlang, seitlich der Harnblase vorbei zu deren Rückseite. Im Bereich des Blasengrundes ist eine ampullenartige Erweiterung des Ductus deferens. Hier dringt der Samenleiter mit dem Ausführungsgang der Glandula vesiculosa gemeinsam in die Prostata ein.

### Meßwerte (Erwachsener)

Länge: 50–60 cm
Äußerer Durchmesser: um 3 mm
Lumendurchmesser: 0,5–1 mm

### Kontraktion des Ductus deferens

Bei der Ejakulation laufen über den Ductus deferens Kontraktionswellen seiner glatten Muskulatur ab. Der Reiz erfolgt über die sympathischen Nn. splanchnici lumbales ($L_1$–$L_3$).

## Glandula vesiculosa (Bläschendrüse)

Lage Extraperitoneal, lateral der Ampulle des Ductus deferens und caudal der Uretermündung an der Dorsalseite des Blasengrundes.

Form Mehrfach S-förmige, unregelmäßig aneinander gedrängte Windungen eines dünnwandigen, bläschenartigen Rohres.

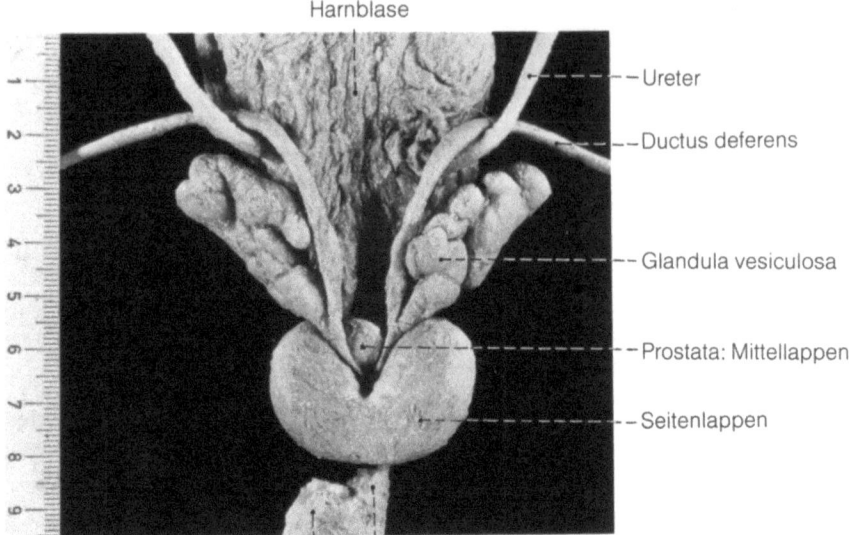

**Abb. 83.** Dorsalansicht von Prostata, Glandula vesiculosa und Harnblase. Der Ductus deferens überkreuzt mündungsnah den Ureter

**Meßwerte** (Erwachsener)

| | | |
|---|---|---|
| Länge | Windungen gestreckt: | 15–20 cm |
| | Normalform (gewunden): | etwa 5 cm |
| | Volumen (mittleres): | etwa 6 cm$^3$ |
| Ausführungsgang | Ductus excretorius mit dem Ductus deferens gemeinsam als Ductus ejaculatorius am Utriculus prostaticus mündend. | |
| Sekret-pH-Wert | 7,29 | |

**Ductus ejaculatorius**

Gemeinsames, etwa 2 cm langes Verlaufsstück in der Prostata von Ductus deferens und Ausführungsgang der Bläschendrüse. Zunächst etwa 0,3 mm enger Gang, erweitert sich auf 5 mm Länge sinusartig bis zu einem Lumen von etwa 3 mm, um sich dann wieder auf etwa 0,3 mm zu verengen.

## Prostata (Vorsteherdrüse)

Lage  Die extraperitoneal und etwa 1–1,5 cm dorsal der Symphyse gelegene Prostata grenzt mit ihrer Basis an den Harnblasengrund. Sie umgreift die Pars prostatica der Harnröhre. Die Levatorenschenkel legen sich seitlich der Prostata an. Ihre Spitze ragt caudalwärts durch den Levatorenspalt und reicht an das Diaphragma urogenitale heran.

Form und Konsistenz  Die Prostataform ähnelt einer auf ihrer Spitze stehenden Eßkastanie. Die Konsistenz ist derb-elastisch (viel glatte Muskulatur).

Aufbau  *2 Seitenlappen* (ventral über Isthmus prostatae verbunden).
*1 kleiner keilförmiger Mittellappen,* der sich dorsal zwischen die Ductus ejaculatorii, den Blasenboden und die Harnröhre zwängt.

**Mittlere Meßwerte** (Erwachsener)

| | |
|---|---|
| Höhe: | knapp 3 cm |
| Breite: | etwa 4 cm |
| Dicke: | etwa 2,5 cm |
| Gewicht: | 17–20 g |
| pH-Wert des Sekrets: | 6,45 |

**Arterielle Versorgung**

A. vesicalis inferior von lateral, A. rectalis media von dorsolateral.

**Venöser Abfluß**

Das Blut fließt zunächst in den Plexus venosus prostaticus zwischen Organkapsel und Beckenfascie und in die Venengeflechte um den Harnblasengrund (Plexus vesicoprostaticus) ab. Der Plexus venosus prostaticus ist ventral besonders ausgeprägt. Die Plexusvenen münden in die Vv. iliacae internae.

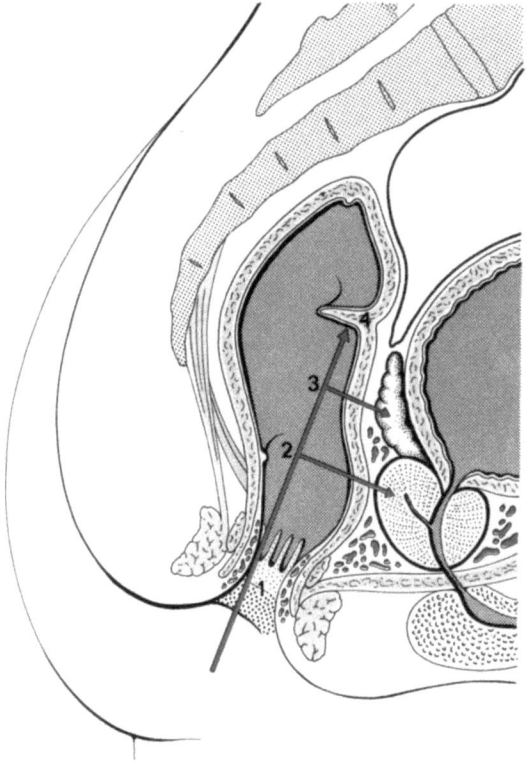

**Abb. 84.** Medianschnitt durch ein männliches Becken mit schematischer Darstellung der vom Rectum her tastbaren Organe. *1* = Analkanal, *2* = Palpation der Prostata, *3* = Palpation der Glandula vesiculosa, *4* = Kohlrausch-Falte

**Lymphabfluß**

Entlang der A. vesicalis inferior und der A. rectalis media zu den Nodi lymphatici iliaci interni und externi und den Nodi lymphatici sacrales.

**Palpation der Prostata**

Die Prostata läßt sich in etwa 5 cm Tiefe bei der rectalen digitalen Untersuchung durch die Vorderwand des Rectums palpieren. Bei der gesunden, nicht vergrößerten Prostata läßt sich eine dorsale mediane Vertiefung tasten, an der sich die Eintrittsstellen der Ductus ejaculatorii in die Prostata befinden. Diese mediane „Furchung" ist bei der „Prostatahypertrophie" nicht mehr zu fühlen. Bei der im Alter häufig zu beobachtenden „Prostatahypertrophie" – einer Hyperplasie der periurethralen Drüsen – vergrößert sich der Mittellappen der Prostata und drängt sich gegen die Pars prostatica der Harnröhre. Dadurch wird der Harnabfluß behindert. (Der Prostatamittellappen entspricht den Glandulae urethrales in der Hinterwand der weiblichen Harnröhre.)

# Ausgewählte endokrine Drüsen

**Inhalt**

Hypophyse . . . . . . . . . . . . . . . . . . . . . . . . . 176
Glandula thyreoidea (Schilddrüse) und Halsfisteln . . . . . . . . 178
Glandulae parathyreoideae (Nebenschilddrüsen, Epithelkörperchen) . . 180
Thymus (Bries) . . . . . . . . . . . . . . . . . . . . . . 181
Glandulae suprarenales (Nebennieren) . . . . . . . . . . . . . 182

# Hypophyse

Die Hypophyse hat in ihrer Entwicklung mit dem Hinterlappenanteil die Dura mater durchbrochen, die als Diaphragma sellae die Sella turcica überspannt. Zwischen Hypophysenkapsel und Dura mater ist im Bereich des Hypophysenvorderlappens ein Spaltraum, in dem venöse Kapillaren verlaufen. Der Vorderlappen der Drüse ist von Arachnoidea und Pia mater umgeben und wird somit auch von Liquor cerebrospinalis umspült (Cisterna hypophysialis). In ihrer Nachbarschaft liegt lateral der Sinus cavernosus mit der A. carotis interna, ventrocranial befindet sich das Chiasma opticum und caudal von ihr befindet sich, nur durch eine dünne Knochenlamelle getrennt, die Keilbeinhöhle. Die Hypophyse gliedert sich in die Adenohypophyse (Vorderlappen), die ¾ des Organgewichtes ausmacht, und in die Neurohypophyse (Hinterlappen). Die Adenohypophyse sendet trope Hormone aus und steuert die Funktionen anderer endokriner Organe. Sie gilt deshalb als das übergeordnete Zentrum aller innersekretorischen Drüsen. Gleichzeitig wird die Funktion der Hypophyse aber über rückkoppelnde Regulierungsstoffe, „releasing hormones", so eingestellt, daß eine sinnvolle Funktion der endokrinen Drüsen gewährleistet ist.

**Meßwerte** (beim Erwachsenen)

| | |
|---|---|
| Querer Durchmesser: | 1,2–1,5 cm |
| Sagittaler Durchmesser: | um 0,8 cm |
| Höhe: | um 0,6 cm |
| Gewicht: | 0,2 g (Säugling) |
| | 0,35–0,8 g (Mann) |
| | 0,45–0,9 g (Frau) |

**Adenohypophyse**

Überfunktion  Eine STH-Überproduktion führt zum hypophysären Riesenwuchs in der Jugend. Später nach Schluß der Epiphysenfugen zeigt sich das klinische Bild der Akromegalie mit u. a. Vergröberung und Vergrößerung des Skeletsystems (besonders Schädelumfang, Unterkiefer, Thorax, Wirbelsäule, Hände und Füße). Eine ACTH-Überproduktion führt zum klinischen Bild des hypophysären Morbus Cushing.

Unterfunktion  Wachstumsstörungen (hypophysärer, proportionierter Zwergwuchs unter 1,20 m); bei Störungen im Zwischenhirn und in der Hypophyse: Dystrophia adiposogenitalis, Fettsucht, Hypogenitalismus.

Ausfall  Tumor, Schädeltrauma, Entzündungen oder Embolien und Thrombosen in Hypophysengefäßen können zum Funktionsausfall des Organs führen. Symptome: Blasse Haut ohne Schweiß- und Talgdrüsensekretion, Haarausfall, Depigmentie-

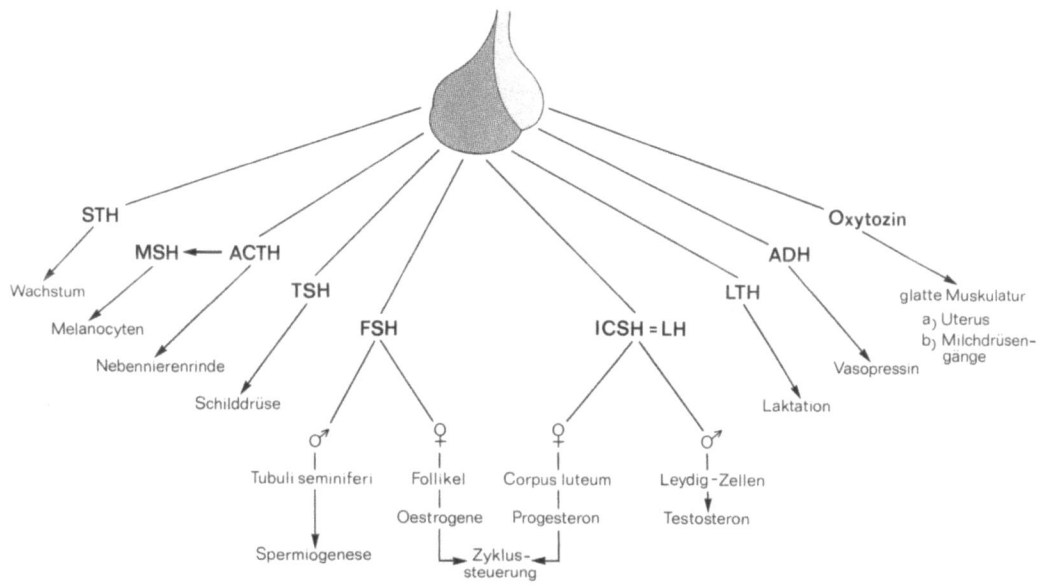

**Abb. 85.** Hypophysenhormone mit Angabe ihrer Wirkungsstellen

rung, Sexualfunktionsausfall, Hypothyreose, Hypoglykämie, Achylie, psychischer und völliger physischer Antriebsverlust.

**Neurohypophyse**

Überfunktion  Antidiabetes insipidus (Abnahme der Harnausscheidung, evtl. bis zu dessen völligem Versiegen), Ödeme.

Unterfunktion  Diabetes insipidus (Polyurie über 5 l/Tag, bei spezifischem Gewicht des Harnes bis maximal 1008), trockene Haut, Schweiß- und Speicheldrüsen stellen ihre Tätigkeit ein, quälender Durst.

Bei der Ausräumung der Keilbeinhöhle muß man sich die unmittelbare Nachbarschaft der Hypophyse stets vergegenwärtigen.

# Glandula thyreoidea (Schilddrüse) und Halsfisteln

Die weiche, komprimierbare und verschiebliche Schilddrüse ist ein den Stoffwechsel steuerndes endokrines Organ, das sich aus dem Epithel des Zungengrundes (Foramen caecum) caudalwärts entwickelte. Nicht selten (etwa 30%) bleibt ein Schilddrüsenstrang auf dem Weg des Ductus thyreoglossus als Lobus pyramidalis erhalten. Die Schilddrüse besteht aus zwei Seitenlappen, die in Höhe des 2. bis 4. Trachealknorpels über einen Isthmus untereinander verbunden sind.

**Meßwerte** (Erwachsener; außerordentlich variabel)

| | | |
|---|---|---|
| Breite: | um 6–7 cm | |
| Höhe: | um 3 cm | |
| Dicke: | 1,5–2 cm | (lateral) |
| | um 0,5 cm | (Isthmus) |
| Gewicht: | 2–3 g | (Neugeborenes) |
| | 25–30 g | (Erwachsener) |

Gewicht und Größe der Schilddrüse sind bei der Frau meist stärker ausgeprägt als beim Mann. Bei der Frau lassen sich, den Cyclusphasen entsprechend, Schwankungen im Schilddrüsenvolumen beobachten.

Bei einer Vergrößerung kann die Schilddrüse nach cranial nicht weit ausweichen. Sie wird in Höhe der Linea obliqua vom M. sternothyreoideus aufgehalten, der hier am Schildknorpel inseriert. Nach lateral ist jedoch eine Verlagerung unter den M. sternocleidomastoideus und darüber hinaus möglich. Eine Ausdehnungsmöglichkeit bietet sich der Drüse auch retrosternal ins Mediastinum hinein. Eine retrosternale Struma (Senkkropf) kann die Trachea und die retrosternalen Zuflüsse zur oberen Hohlvene komprimieren. Erschwertes Luftholen und gestaute Halsvenen sind die Folgen. Bei Druck auf den N. laryngeus recurrens wird der Patient heiser.

Hyperthyreose  Morbus Basedow (Trias: Struma, Tachykardie, Exophthalmus). Der Grundumsatz ist erhöht. Typische Symptome sind daneben: Magerkeit bei großem Appetit, Nervosität, weite Pupillen, feuchte Haut.

Hypothyreose  Der Grundumsatz ist herabgesetzt. Die Haut ist trocken und ödematös. Myxödem, Adipositas, dicke Zunge, geistige und körperliche Trägheit sind zu beobachten.

## Halsfisteln

Im Bereich der Schilddrüse und am Hals werden nicht selten „Halsfisteln" beobachtet. Bei diesen Halsfisteln oder auch Halscysten unterscheidet man zwischen

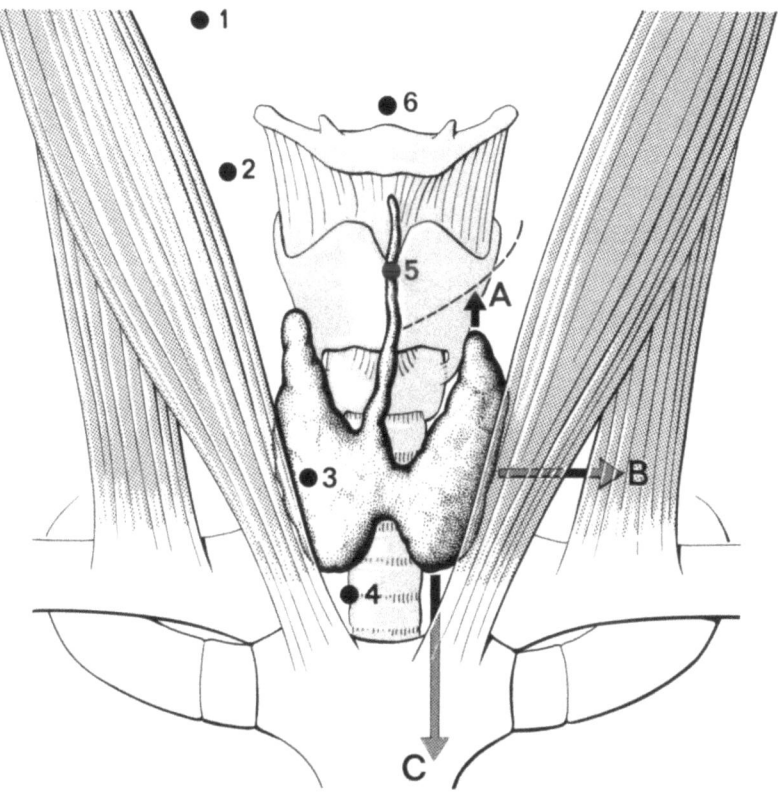

**Abb. 86.** Schematische Darstellung des Verkehrsraumes der Schilddrüse und Lokalisation typischer Halsfisteln. *A* = Bewegungs- und Ausdehnungsmöglichkeit nach cranial bis zur Linea obliqua, *B* = Ausdehnungsmöglichkeit nach lateral unter den M. sternocleidomastoideus, *C* = Ausdehnungsmöglichkeit nach caudal retrosternal ins Mediastinum. *1–4* = Lokalisationen lateraler Halsfisteln am Vorderrand des M. sternocleidomastoideus, *5* und *6* = Lokalisationen medianer Halsfisteln im Bereich des ehemaligen Ductus thyreoglossus

median gelegenen (medialen) und lateralen. Die medialen Halscysten und Halsfisteln stehen im Zusammenhang mit Fehlbildungen des Ductus thyreoglossus, die lateralen sind auf Entwicklungsstörungen im Bereich der 2., 3. und 4. Kiemenfurche zurückzuführen.

Thyreo-glossuscysten bzw. -fisteln
*Mediane Halscysten und Halsfisteln.* Die grundsätzlich median am Hals gelegenen Thyreoglossuscysten finden sich gehäuft (50%) in der Nähe des Zungenbeins, seltener im Bereich des Foramen caecum oder vor dem Kehlkopf. Die Cysten können nach außen perforieren und Fisteln bilden.

branchiogene Fisteln
*Laterale Halscysten und Halsfisteln.* Mit mehrschichtigem Plattenepithel ausgekleidete Gänge oder Cysten medial der Vorderkante des M. sternocleidomastoideus, die durch unvollständige Überdeckung der Kiemenfurchen 2, 3 oder 4 durch das Material des 2. Kiemenbogens entstanden sind. Nicht selten sind Fistelbildungen aus der 2. Kiemenfurche, die sich dann meist dicht unterhalb des Kieferwinkels nach außen öffnen. Eine innere branchiogene Fistel zwischen dem Sinus cervicalis (Höhlenbildung der Kiemenfurchen 2, 3 und 4) und dem Pharynx ist eine Rarität.

# Glandulae parathyreoideae (Nebenschilddrüsen, Epithelkörperchen)

Lage
: Die etwa linsengroßen Epithelkörperchen befinden sich auf der Dorsalseite der Schilddrüse innerhalb ihrer Kapsel. Im Regelfall lagern sich beidseits dem oberen und unteren Schilddrüsenpol je ein Epithelkörperchen an. Relativ konstant sind in ihrer Lage die caudalen Epithelkörperchen, die cranialen können im Halsbindegewebe auch oberhalb der Schilddrüse vorkommen.

**Meßwerte beim Erwachsenen**

| | |
|---|---|
| Craniale Epithelkörperchen: | 5–6 mm lang |
| | 3 mm breit |
| Caudale Epithelkörperchen: | 9 mm lang |
| | 4 mm breit |

Funktion
: Bildung von Parathormon. Das Parathormon ist für die physiologische Einstellung des Serumcalcium- und Serumphosphatspiegels verantwortlich. Es verzögert den Abtransport des resorbierten Calciums aus dem Serum, mobilisiert Knochencalcium und kann die Osteoclasten zu erhöhtem Knochenabbau anregen.

Überfunktion
: Erhöhter Serumcalciumspiegel und Knochenabbau, Nierensteinbildung u. a.

Unterfunktion
: Erniedrigter Serumcalciumspiegel, Bereitschaft zu tetanischen Krämpfen u. a.

# Thymus (Bries)

Lage   Der Thymus ist aus zwei miteinander verwachsenen, meist unterschiedlich großen Lappen aufgebaut. Die Drüse liegt unmittelbar retrosternal im oberen Mediastinum. Sie drängt sich in die sich nach unten zu verjüngende schmale Rinne zwischen rechter und linker Pleura mediastinalis (=„Thymusdreieck"). Der Thymus grenzt mit seiner dorsalen Fläche an die beiden Vv. brachiocephalicae und die V. cava superior. Nach der Pubertät bildet sich das lymphoepitheliale Thymusgewebe der Rindenzone zurück und wird fast völlig durch Fettgewebe ersetzt.

**Meßwerte**

Neugeborenes (nach Testut-Latarjet)
Länge:   etwa 5,0 cm
Breite:   etwa 1,3 cm
Dicke:   etwa 1,3 cm

Gewicht (Testut-Latarjet, Boyd):
Neugeborenes:        11–13 g
1.–3. Lebensjahr:    etwa 23 g
10.–15. Lebensjahr:  etwa 30 g

Funktion  1. Bildung von T-Lymphocyten für zellgebundene Immunitätsreaktionen.
2. Bildung von Thymushormon Thymosin.

# Glandulae suprarenales (Nebennieren)

Die beiden Nebennieren liegen dorsal des Peritoneums auf dem oberen Nierenpol. Sie sind von einem Fettmantel umgeben und werden reichlich von Gefäßen versorgt: A. suprarenalis superior (aus A. phrenica inferior), A. suprarenalis media (aus Aorta), A. suprarenalis inferior (aus A. renalis). Der venöse Abfluß erfolgt links in die Nierenvene, rechts direkt in die untere Hohlvene. Man unterscheidet an der Nebenniere zwischen der aus dem Coelomepithel stammenden *Nebennierenrinde* und dem von Sympathicoblasten abstammenden *Nebennierenmark*.

**Meßwerte** (Erwachsener)

Höhe: etwa 3,0 cm
Breite: etwa 2,5 cm
Dicke: etwa 0,8 cm
Gewicht: etwa 12 g (davon 80–90% Rindenanteil)

*Akzessorische Nebennieren* sind nicht selten. Sie finden sich bevorzugt in den der Nebenniere benachbarten Organen (Niere, Pankreas, Leber, Mesenterien), im Bereich des gesamten Bauchsympathicus und in der Nachbarschaft der Keimdrüsen.

**Nebennierenrinde**

Produktionsstätte der Corticosteroide, deren Ausschüttung über das ACTH des Hypophysenvorderlappens gesteuert wird.

Überfunktion  Eine übermäßige Abgabe von Glucocorticoiden in die Blutbahn, besonders von Cortisol, führt zum Cushing-Syndrom (mit den klinischen Symptomen: Stammfettsucht, Vollmondgesicht, Osteoporose, Striae rubrae, Hypertonie, Oligo- oder Amenorrhoe, Impotenz).

Eine übermäßige Produktion von Aldosteron führt zum Aldosteronismus (Hypertonie, tetanische Anfälle, Nykturie, Polyurie).

Die übermäßige Produktion von Androgenen führt zum adrenogenitalen Syndrom (Virilisierung, stickstoffanabole Wirkung, Hypogonadismus).

Unterfunktion  Latenter Morbus Addison. Verringerte Ausschüttung von Mineralocorticoiden führt zur Hyperkaliämie. Verminderte Ausschüttung von Glucocorticoiden führt zur Hypoglykämie.

Ausfall  Bei langsam sich entwickelndem bis zu 90%igem Verlust der Nebennierenrindenfunktion zeigt sich das klinische Bild des Morbus Addison: Schwäche, leichte Ermüdbarkeit, Abmagerung, an druck- und lichtausgesetzten Hautstellen Hyperpigmentierung, Sekundärbehaarung nimmt ab, Anorexie, Übelkeit und Erbrechen.

**Nebennierenmark**

Überfunktion  Plötzliche Ausschüttung von Adrenalin und Noradrenalin führt zum systolischen und diastolischen Blutdruckanstieg, Temperaturanstieg, Tachykardie, Tachypnoe, schließlich zum Schweißausbruch und zum Flush.

Die hormonell aktiven, meist sehr kleinen Tumoren des chromaffinen Systems (Phäochromocytome) rufen die gleiche Symptomatik hervor. Sie sind außerordentlich schwer auffindbar, da sie sich im Nebennierenmark, in einem der thorakalen oder lumbalen Grenzstrangganglien, in einem der unpaaren vegetativen Bauchhöhlenganglien oder in einer „versprengten" Sympathicusinsel in den Mesenterien und Organen der Bauchhöhle verbergen können.

Unterfunktion und Ausfall  Eine Unterfunktion des Nebennierenmarks bleibt bis auf einen etwas erniedrigten Blutdruck meist symptomlos. Ein Ausfall führt zu erniedrigtem Blutdruck.

# Extremitäten

**Inhalt**

| | |
|---|---|
| **Arm** | 186 |
|     Osteologie | 186 |
|     Gelenke | 186 |
|     Hand | 189 |
| **Bein** | 191 |
|     Osteologie | 191 |
|     Gelenke | 192 |
|     Fuß | 197 |
| Intramuskuläre Injektionen | 200 |

# Arm

## Osteologie

Collodiaphysenwinkel: 130° (Erwachsener).

Sekundäre proximale Humerusepiphysenfuge
: Im 5. Lebensjahr verknöchert der Knochenkern des Caput humeri mit den beiden Knochenkernen der Tubercula majus und minus. Unterhalb der Knochenkerne entsteht so die mehrere Millimeter dicke hyalinknorpelige sekundäre Epiphysenfuge. Sie setzt sich vorn und lateral aus den distalen Anteilen der beiden Apophysenfugen und dorsal und medial aus dem Rest der primären Epiphysenfuge zusammen. Die Epiphysenfuge liegt deshalb dorsal und medial innerhalb, ventral und lateral außerhalb der Schultergelenkkapsel.

Hueter-Dreieck
: Bei rechtwinkliger Beugung im Ellenbogengelenk bilden die beiden tastbaren Epicondylen des Humerus mit der Olecranonspitze ein nach caudal gerichtetes gleichschenkliges Dreieck. In der Streckstellung fallen die drei Knochenpunkte in eine Ebene. Bei Frakturen oder Luxationen im Ellenbogengelenk: Veränderungen des Hueter-Dreiecks.

Lateraler Ellenbogenwinkel
: Zwischen Humerusschaftachse und Ulnalängsachse bildet sich ein nach lateral offener Winkel. Er beträgt beim Erwachsenen etwa 167° (164°–174°).

## Gelenke

Neutral-0-Stellung
: Patient steht, seine Füße sind parallel zueinander nach vorn ausgerichtet, die Arme sind gestreckt, die Handflächen liegen dem Körper an.

### Schultergelenk

Aktives Bewegungsausmaß im Schultergelenk (aus der Neutral-0-Stellung):

| | |
|---|---|
| Abduktion | 90° |
| Adduktion | 10–20° |
| Anteversion | 60° |
| Anteversion mit Lateralbewegung | bis 105° |
| Innenrotation (Oberarm anliegend) | 40° |
| Außenrotation (Oberarm anliegend) | 75° |

Schulternebengelenk (subdeltoidealer Gleitraum)
: Verschieberaum zwischen dem M. deltoideus und dem proximalen Humerusbereich bis zum Acromion und dem Processus coracoideus. Durch diesen mit lokkerem Bindegewebe und Schleimbeuteln versehenen Raum verläuft auch die Sehnenscheide der Ursprungssehne des langen Bicepskopfes. Die Funktionstüchtigkeit des subdeltoidealen Gleitraumes ist für die Beweglichkeit im Schultergelenk (besonders Abduktion) entscheidend wichtig. Eine schmerzhafte, die

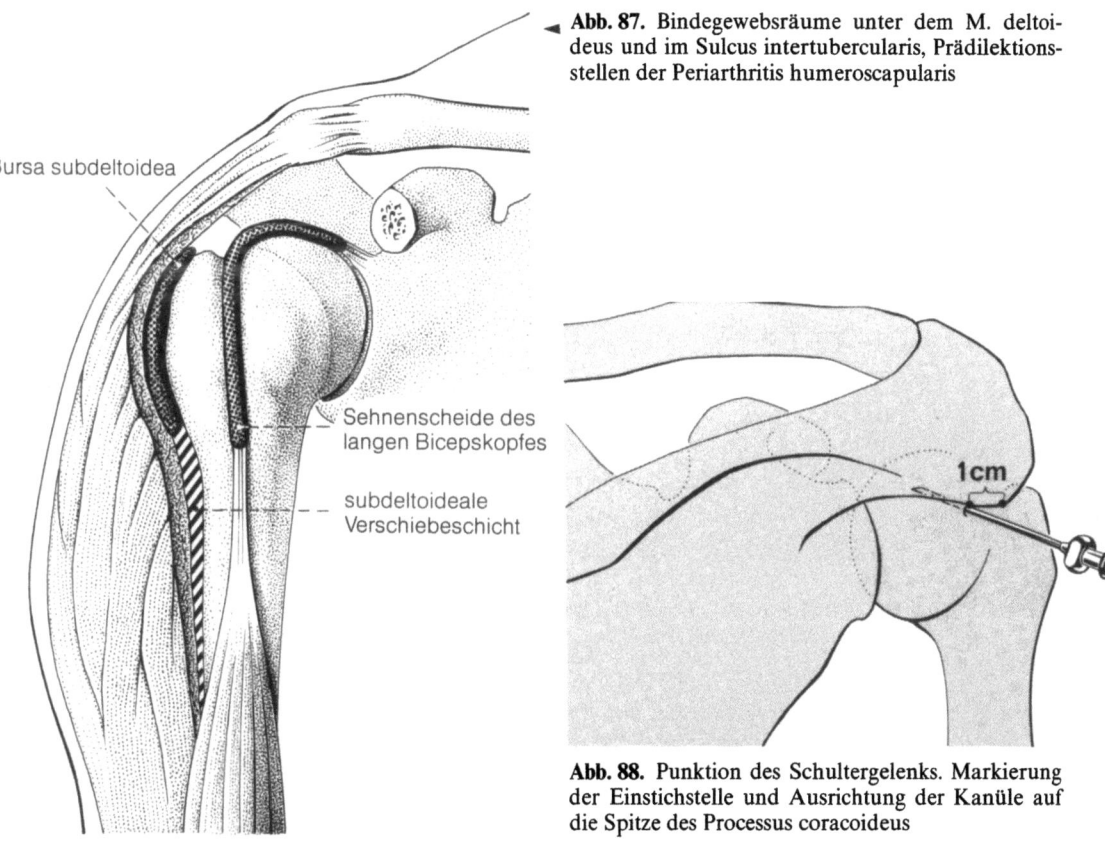

**Abb. 87.** Bindegewebsräume unter dem M. deltoideus und im Sulcus intertubercularis, Prädilektionsstellen der Periarthritis humeroscapularis

Bursa subdeltoidea

Sehnenscheide des langen Bicepskopfes

subdeltoideale Verschiebeschicht

**Abb. 88.** Punktion des Schultergelenks. Markierung der Einstichstelle und Ausrichtung der Kanüle auf die Spitze des Processus coracoideus

Beweglichkeit des Armes stark beeinträchtigende, entzündliche Erkrankung dieses Verschieberaumes ist die *Periarthritis humeroscapularis*.

*Ruhestellung des Armes im Schultergelenk* (geringste Muskelspannung):
Abduktion in 90°-Stellung,
Flexion im Ellenbogengelenk um 90° (bei horizontal ausgerichtetem Unterarm).

*Schonstellung des Armes im Schultergelenk:*
Leichte Abduktion (kompensiert durch korrigierendes Rückschwenken des Schulterblattes, so daß der Arm dem Rumpf anliegt).
Mittlere Rotationsstellung.

Punktion des Schultergelenkes
Der Arm wird am günstigsten in Innenrotationsstellung gehalten. Einen Zentimeter medial der dorsalen Ecke des Acromion wird dicht unter der Spina scapulae mit der Kanüle eingestochen und diese auf die Spitze des Processus coracoideus zu ausgerichtet. Nach etwa 3–4 cm Tiefe hat man beim Erwachsenen den M. infraspinatus durchdrungen, erreicht die etwas gespannte Gelenkkapsel, die als fühlbarer Widerstand durchstochen wird, und ist im Schultergelenk.

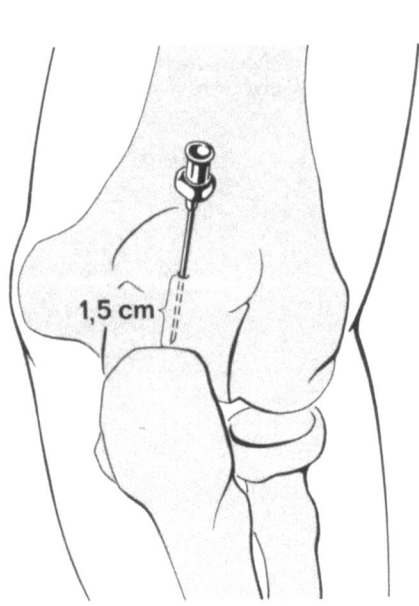 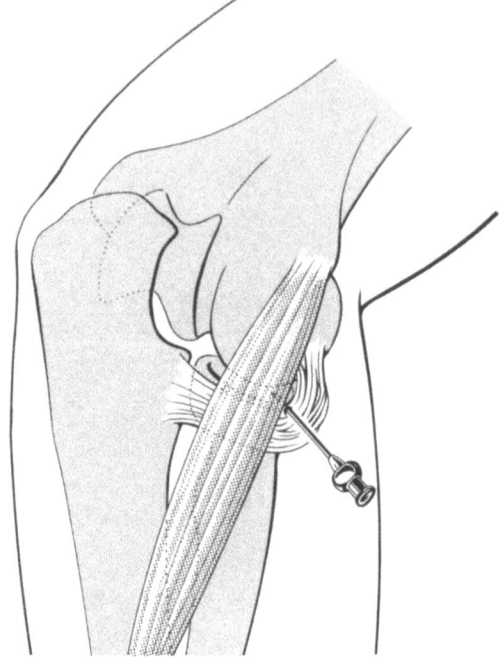

Abb. 89. Punktion des humeroulnaren Teilgelenks im Ellenbogengelenk

Abb. 90. Punktion des humeroradialen Teilgelenks im Ellenbogengelenk

### Ellenbogengelenk

Aktives Bewegungsausmaß im Ellenbogengelenk (aus der Neutral-0-Stellung):
Beugung: 140°
Streckung: 10° (auf Stellung 180°)
Supination: 65°
Pronation: 65°

*Ruhestellung des Ellenbogengelenks:* Ellenbogengelenk rechtwinklig gebeugt, Radioulnargelenke in Mittelstellung.

*Schonstellung des Ellenbogengelenks:* Leichte Flexion.

**Punktion des Ellenbogengelenks** In der klinischen Praxis erscheint das Ellenbogengelenk „zweigekammert": in das Humeroulnargelenk einerseits und in das Humeroradialgelenk mitsamt dem proximalen Radioulnargelenk andererseits. Bei einer Indikation für eine Ellenbogengelenkpunktion muß man dies berücksichtigen und beide „Kammern" punktieren.

*Punktion der Articulatio humeroulnaris.* Der Arm ist im Ellenbogengelenk gering gebeugt und wird in leichter Innenrotation gehalten. Die Kanüle wird 1,5 cm cranial der Olecranonspitze eingestochen und leicht caudalwärts unmittelbar neben der Tricepssehne in den Recessus olecrani der Gelenkhöhle geführt.

*Punktion der Articulatio humeroradialis mitsamt der Articulatio radioulnaris proximalis.* In der Mitte zwischen dem Epicondylus lateralis humeri und dem bei Supinations-Pronations-Bewegungen tastbaren Radiusköpfchen wird horizontal auf den Epicondylus medialis humeri zu eingegangen. Die Kanüle dringt dabei vor dem Vorderrand des M. extensor carpi radialis longus in die Tiefe.

# Hand

## Handgelenke und Hand

Aktives Bewegungsausmaß in den Handgelenken (aus der Neutral-0-Stellung):

| | |
|---|---|
| Extension nach dorsal | 85° |
| Flexion nach palmar | 85° |
| Abduktion nach ulnar (aus 0-Stellung) | 30° |
| Abduktion nach ulnar (aus Normalstellung) | 40° |
| Abduktion nach radial (aus 0-Stellung) | 30° |
| Abduktion nach radial (aus Normalstellung) | 15° |

**Punktion des proximalen Handgelenks** Auf der dorsalen Seite der Handwurzel wird der Raum zwischen den Sehnen des M. extensor indicis und des M. extensor pollicis longus aufgesucht. Eine gedachte Hautlinie über der ulnaren Kante des Metacarpale II und die Verbindungslinie zwischen den Spitzen der Processus styloidei des Radius und der Ulna schneiden sich. Auf ihrem Schnittpunkt wird leicht ulnarwärts eingestochen und die Kanüle etwa 2 cm tief vorsichtig vorgeschoben.

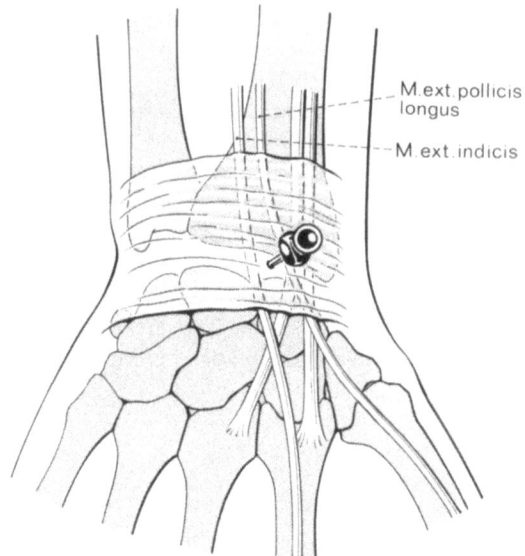

**Abb. 91.** Punktion des proximalen Handgelenks

Faustschluß  Am Faustschluß sind die langen Fingerbeuger, die Daumenballen- und Kleinfingerballenmuskeln und die Mm. interossei beteiligt. Die langen Fingerflexoren werden nach maximaler Flexion in den Fingermittel- und Fingerendgelenken rasch aktiv insuffizient. Für den festen Faustschluß entscheidend sind deshalb die Mm. interossei palmares et dorsales. Da ihre Sehnenzüge palmar der Fingergrundgelenke, aber dorsal der Fingermittel- und -endgelenke verlaufen, sind sie bei Kontraktion der langen Fingerflexoren vorgedehnt und können deshalb optimal und kräftig in den Fingergrundgelenken beugend wirksam werden.

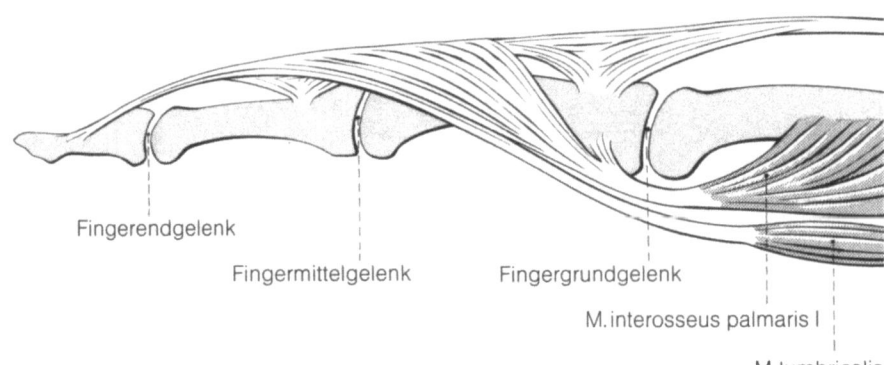

**Abb. 92.** Sehnenverläufe der Mm. interosseus palmaris I und lumbricalis I zu den Gelenken und zur Dorsalaponeurose des Zeigefingers. Ansicht von ulnar

Collateralödeme am Handrücken  Die derbe Palmaraponeurose, die auch an Mittelhandknochen verankert ist, läßt entzündliche Prozesse in der Hohlhand, aber auch Blutungen bei Mittelhandbrüchen, palmar kaum zur Ausbreitung kommen. Es bildet sich daher am Handrücken ein Collateralödem aus, das sich hier in der fettarmen Subcutis ideal ausbreiten kann. Beim Handrückenödem ist deshalb auch besonders die Palmarseite der Hand zu inspizieren.

*Häufigere Fingermißbildungen*

Syndaktylie  Verschmelzung von Fingern, besonders 3. und 4., seltener 4. und 5. Finger.
Polydaktylie  Überzahl an Fingern, Fingergliedern, seltener von Mittelhandknochen.
Oligodaktylie  Fehlen von Fingern.

# Bein

## Osteologie

Roser-Nélaton-Linie
: Bei mit 45° gebeugtem Hüftgelenk fällt in der Lateralansicht die Spitze des Trochanter major auf eine Linie, die das Tuber ischiadicum mit der Spina iliaca anterior superior verbindet (zur Diagnostik von Hüftluxationen).

Shenton-Ménard-Linie
: Sie entspricht folgenden im a.p.-Röntgenbild auf einer Linie verlaufenden Knochenkonturen: Medialer Schenkelhalsrand und Oberrand des Foramen obturatum (zur Diagnostik angeborener Hüftluxationen wichtig).

### Winkelverhältnisse

*Collodiaphysenwinkel:*
Neugeborenes um:   150°
Erwachsener:   124°–126°

Coxa valga
: Collodiaphysenwinkel größer als 138°

Coxa vara
: Collodiaphysenwinkel kleiner als 120°

*Anteversion („Antetorsion") des Femurhalses:*
Neugeborenes um:   34°
Erwachsener um:   12°

*Kniewinkel* (lateraler Winkel zwischen Femur- und Tibiaschaftachse):
Neugeborenes:   186°
2jähriges Kind:   177°
5jähriges Kind:   170°
Ab dem 10. Lebensjahr:   175°

Genu valgum
: Kniewinkel kleiner als 175° = *X-Bein*. Es ist kompensatorisch mit einem Knickfuß kombiniert (Innenbandschmerzen am Kniegelenk, Außenmeniscus komprimiert).

Genu varum
: Kniewinkel größer als 180° = *O-Bein*. Es ist kompensatorisch mit einem Klumpfuß kombiniert (Außenbandschmerzen am Kniegelenk, Innenmeniscus komprimiert).

Genu recurvatum
: Überstreckbares Kniegelenk (angeboren oder erworben).

Tibiatorsion
: Postnatal sich entwickelnde Außentorsion von Tibiakopf gegen distales Tibiaende. Beim Erwachsenen beträgt die Torsion etwa 23°. Die Entwicklung der Tibiatorsion verläuft synchron mit dem Rückgang der „Antetorsion" des Femurhalses.

# Gelenke

## Hüftgelenk

Aktives Bewegungsausmaß im Hüftgelenk (aus der Neutral-0-Stellung):
Extension: 10°– 15°
Flexion: 120°–130°
Abduktion: 30°– 45°
Adduktion: 20°– 30°
Außenrotation: 40°– 45°
Innenrotation: 30°– 40°

Schonstellung  Leichte Abduktion
Leichte Außenrotation
Halbe Flexion

Gelenkkapsel und Epiphysenfugen  Die Gelenkkapsel des Hüftgelenks reicht ventral mit dem Ligamentum iliofemorale bis zur Linea intertrochanterica. Auf der Dorsalseite endet die Kapsel etwa daumenbreit vor der Crista intertrochanterica. Somit ist der Schenkelhals ventral völlig von der Gelenkkapsel ummantelt, dorsal und lateral jedoch extrakapsulär gelegen. Die Femurkopfepiphysenfuge befindet sich grundsätzlich intrakapsulär, die Apophysenfuge des Trochanter major dagegen ist ventral intra-, dorsal aber extrakapsulär gelegen.

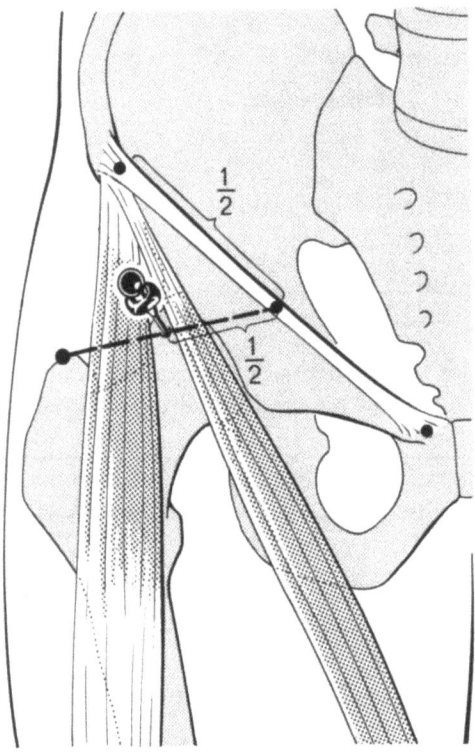

**Abb. 93.** Punktion des Hüftgelenks vom Winkel zwischen M. sartorius und M. rectus femoris aus. Die Einstichstelle liegt auf dem Mittelpunkt einer Verbindungslinie zwischen der Spitze des Trochanter major und der Leistenbandmitte

Punktion des Hüftgelenks  Bein im Hüftgelenk leicht gebeugt, leicht abduziert und leicht außenrotiert. Zur Punktion wird auf dem Ligamentum inguinale der Mittelpunkt zwischen Spina iliaca anterior superior und Tuberculum pubicum bestimmt. Verbindet man den Mittelpunkt am Leistenband mit der Spitze des Trochanter major, so erhält man eine Linie, an deren Mittelpunkt (im Winkel zwischen dem M. rectus femoris und dem M. sartorius) die Einstichstelle für die Gelenkpunktion liegt. Die Kanüle wird genau sagittal ausgerichtet und erreicht nach etwa 4–5 cm Tiefe die Gelenkhöhle.

Angeborene Hüftgelenkluxation  Putti-Trias:
Pfannendysplasie,
proximales Femurende hypoplastisch,
Knochenkern im Caput femoris craniolateralwärts verlagert.

Diagnostik
1. Ortolani-Zeichen positiv (bei Ab-/Adduktionsbewegungen des im Hüft- und Kniegelenk gebeugten Beines läßt sich ein „Schnappen" im Hüftgelenk feststellen).
2. Asymmetrie der Oberschenkelfalten.
3. Shenton-Ménard-Linie unterbrochen.

**Kniegelenk**

Aktives Bewegungsausmaß im Kniegelenk (aus der Neutral-0-Stellung):
Flexion:                                    120°–150°
Extension etwa:                         5°– 10°
Innenrotation (bei mittlerer Flexion):     10°
Außenrotation (bei mittlerer Flexion):     40°

*Schonstellung im Kniegelenk:* Halbe Flexion.
Leichte Außenrotation

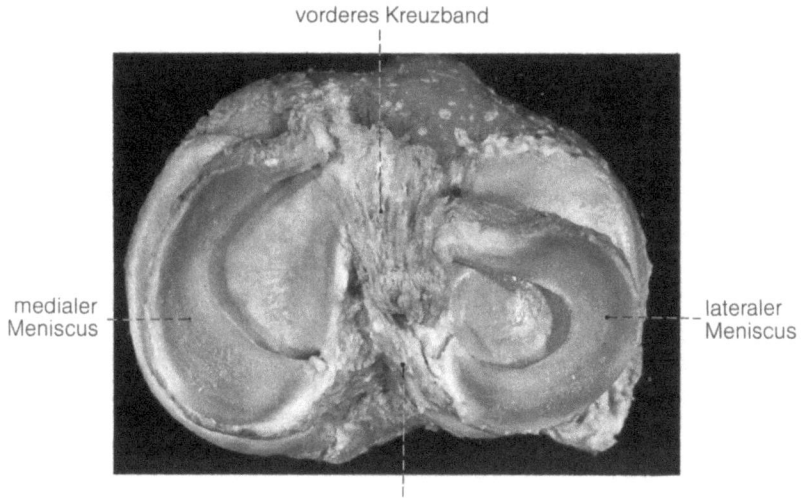

**Abb. 94.** Aufsicht auf die Tibiakopfcondylen und die Menisci des rechten Kniegelenks

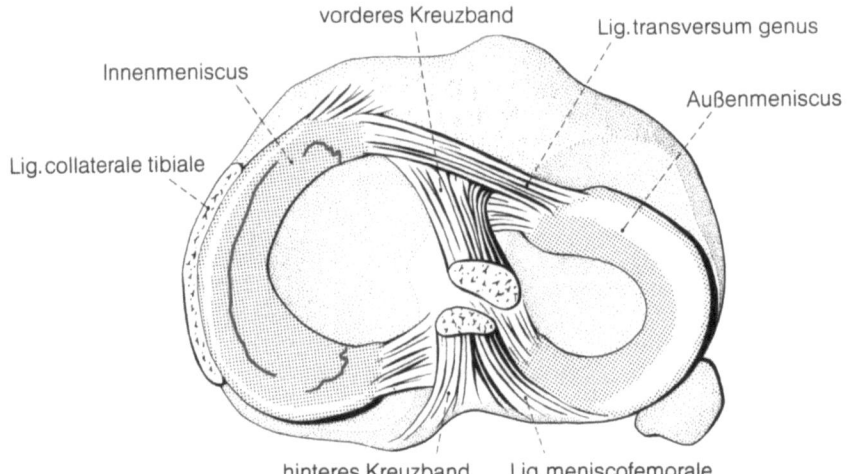

**Abb. 95.** Aufsicht auf die Tibiakopfcondylen und die Menisci am rechten Kniegelenk. Prädilektionsstellen für Verletzungen des Innenmeniscus sind rot angegeben

*Morphologische Ursachen für die Verletzungsanfälligkeit des Kniegelenks*

1. Das Gelenk hat praktisch keine Knochenführung. Es ist auf Muskel- und Bänderführung angewiesen.
2. Der mediale Femurcondylus ist in longitudinaler und sagittaler Richtung größer als der laterale. Oberschenkelschaftachse und Tibiaschaftachse stehen nicht in gleicher Richtung.
3. Die Femurcondylenkrümmung nimmt nach dorsal zu. Daher sind bei Beugung im Kniegelenk die Collateralbänder erschlafft.
4. Bei leichter Flexion und Außenrotation sind die Bänder des Gelenks entspannt. Das Gelenk wird nurmehr von Muskeln gesichert.
5. Die Ausgangsstellung im Kniegelenk entspricht einer Streckstellung mit extrem angespannten Bändern.
6. Der mediale Meniscus ist über die Gelenkkapsel mit dem Innencollateralband verwachsen. Bei Flexion und maximaler Außenrotation werden Scherkräfte zwischen Innenband und Innenmeniscus wirksam.

Meniscus- Bevorzugt wird der Innenmeniscus betroffen („Condylenzange", Innenband-
schaden fixierung). Ursache einer Verletzung ist meist eine forcierte passive Außenrotation bei gebeugtem Kniegelenk (Preßschlag beim Fußball, „Einfädeln" beim Skifahren).

Bänderschäden Das *mediale*, kräftige und breite *Collateralband* wird bei Außenrotation und bei Extension besonders angespannt.

Das *laterale* dünne und runde („bleistiftförmige") *Collateralband* wird bei Außenrotation und bei Extension besonders belastet.

*Beide Kreuzbänder* werden besonders bei der Innenrotation gespannt und gegeneinander verschraubt. Auch bei der Extension sind wesentliche Teilzüge belastet.

Werden bei angespannten Bändern passiv weitere Bewegungen in gleicher Richtung provoziert, so drohen Bänderdehnungen und Bänderrisse.

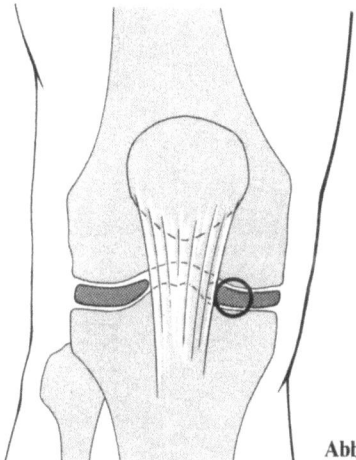

**Abb. 96.** Bragard-Innenmeniscusdruckpunkt am rechten Kniegelenk

*Anatomische Diagnostik bei Verdacht auf Meniscus- oder Bänderschaden*

Bein des Patienten ist in 0-Stellung. Die linke Hand des Untersuchers fixiert den Oberschenkel des Patienten, mit der rechten Hand wird der Unterschenkel des Patienten umgriffen und:

a) sanft nach medial gedrückt:
  1. Schmerzpunkt an der Innenseite des Kniegelenks: Verdacht auf Innenmeniscusschaden.
  2. Schmerzpunkt auf der Außenseite des Kniegelenks: Verdacht auf Außenbandläsion.

b) sanft nach lateral gedrückt:
  1. Schmerzpunkt an der Innenseite des Kniegelenks: Verdacht auf Innenbandläsion.
  2. Schmerzpunkt an der Außenseite des Kniegelenks: Verdacht auf Außenmeniscusschaden.

Böhler-Innenmeniscuszeichen — Umschriebener Schmerz auf der medialen Gelenkspaltseite bei Adduktion des Unterschenkels (Kompression des Innenmeniscus).

Bragard-Innenmeniscuszeichen — Umschriebener Druckschmerz medial und ventral am Gelenkspalt, der bei Flexion und leichter Außenrotation im Kniegelenk (Entlastung des medialen Meniscus!) verschwindet.

Schubladenphänomen — Bei Beugung im Kniegelenk um 120° kann der Unterschenkel gegen den Oberschenkel bei Abriß beider Kreuzbänder „schubladenartig" vor und zurück bewegt werden. Nur Abriß des vorderen Kreuzbandes: „vordere Schublade"; nur Abriß des hinteren Kreuzbandes: „hintere Schublade".

Patellaluxation — Patellaluxationen treten nach fibular häufiger als nach tibial zu auf. Grund:
  1. Der laterale Femurcondylus ist in sagittaler und longitudinaler Richtung kürzer als der mediale.
  2. Schlagrichtung auf Patella von medial ist wohl häufiger.

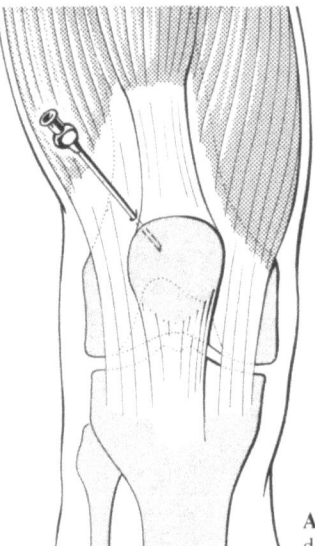

**Abb. 97.** Punktion des rechten Kniegelenks über eine Punktion der Bursa suprapatellaris

Tanzende Patella
Drückt man die Vorwölbung des Gelenkergusses im Bereich der Bursa suprapatellaris und in den Gelenkkapselausbuchtungen nahe der Plicae alares ins Gelenk zurück, so schwimmt die Patella auf dem Kniegelenkerguß. Bei Druck auf die Patella federt diese zurück, sie „tanzt".

Mißbildungen der Patella
1. Aplasie und Hypoplasie der Patella.
2. Quere, längs gerichtete oder schräge Spaltung der Patella in 2 bis 6 Teile (Verknöcherungsstörung, Patella partita, Patella bipartita etc.).

Punktion des Kniegelenks
Der Patient liegt entspannt. Das erkrankte Kniegelenk sollte mit fester Rolle so unterstützt werden, daß das Gelenk etwa mit 30° gebeugt ist. Durch Handdruck auf die Patella wird die Bursa suprapatellaris aufgefüllt. Etwa 0,5 cm laterocranial des oberen äußeren Randes der Patella wird mit der Kanüle eingegangen. Die Punktionsnadel soll etwa 3 cm tief in Richtung auf die Rückseite der Patella zu geführt werden. Nach ungefähr 2 cm Stichtiefe ist die Bursa suprapatellaris schon erreicht. Da sie mit der Gelenkhöhle kommuniziert, kann hier die Gelenkflüssigkeit punktiert werden.

**Sprunggelenke**

Aktives Bewegungsausmaß in den Sprunggelenken (aus der Neutral-0-Stellung):
Dorsalflexion (= Extension):  25° (20°–30°)
Plantarflexion:  30°
Pronation:  25°
Abduktion:  25°
Adduktion:  25°

Bänder  *Mediales Collateralband* (= Deltaband):
Pars tibionavicularis
Pars tibiotalaris anterior   (bei Plantarflexion gespannt)
Pars tibiocalcanearis
Pars tibiotalaris posterior   (bei Dorsalflexion gespannt)

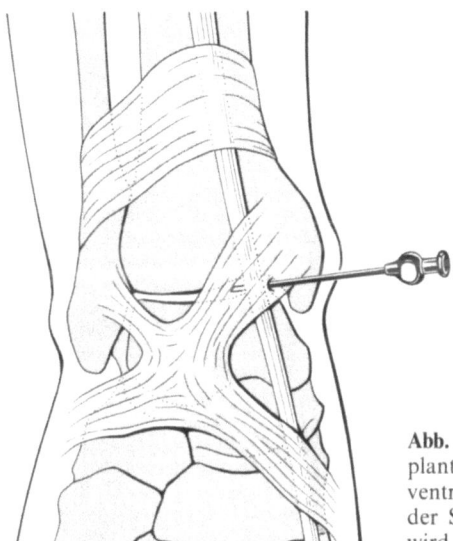

**Abb. 98.** Punktion des oberen Sprunggelenks bei plantar flektiertem Fuß. Die Einstichstelle liegt ventrocranial des Malleolus medialis und medial der Sehne des M. tibialis anterior. Die Kanüle wird auf den Malleolus lateralis zu ausgerichtet

*Laterales Collateralband:*
Ligamentum talofibulare anterius (bei Plantarflexion gespannt).
Ligamentum calcaneofibulare.
Ligamentum talofibulare posterius (bei Dorsalflexion gespannt).

**Punktion des oberen Sprunggelenks**

Bei einem Erguß im oberen Sprunggelenk drängt sich die Kapsel neben den Strecksehnen am Fußrücken vor und wird auch vor den beiden Knöcheln sichtbar.

1. *Punktion von medial.* Fuß in Plantarflexion und leichter Pronation. Am Vorderrand des Malleolus medialis, etwa 2 cm cranial seiner Spitze und medial der Sehne des M. tibialis anterior, wird eingestochen. Die Kanüle wird auf den Malleolus lateralis hin ausgerichtet. Nach 1 cm Stichtiefe ist die Gelenkhöhle erreicht.

2. *Punktion von lateral.* Lateral der Strecksehnen und etwas medial und cranial der Spitze des Außenknöchels wird eingestochen. Die Kanüle wird auf den Innenknöchel zu ausgerichtet und zwischen Talus und Malleolus lateralis geführt. Sie erreicht in etwa 3 cm Tiefe die Gelenkhöhle.

# Fuß

Standflächen am Fußskelet:
a) Tuber calcanei.
b) Caput ossis metatarsalis I mit den beiden Sesambeinen.
c) Caput ossis metatarsalis V.
d) Zusätzlich (aber geringer) die Köpfchen der Metatarsalia II, III, IV.

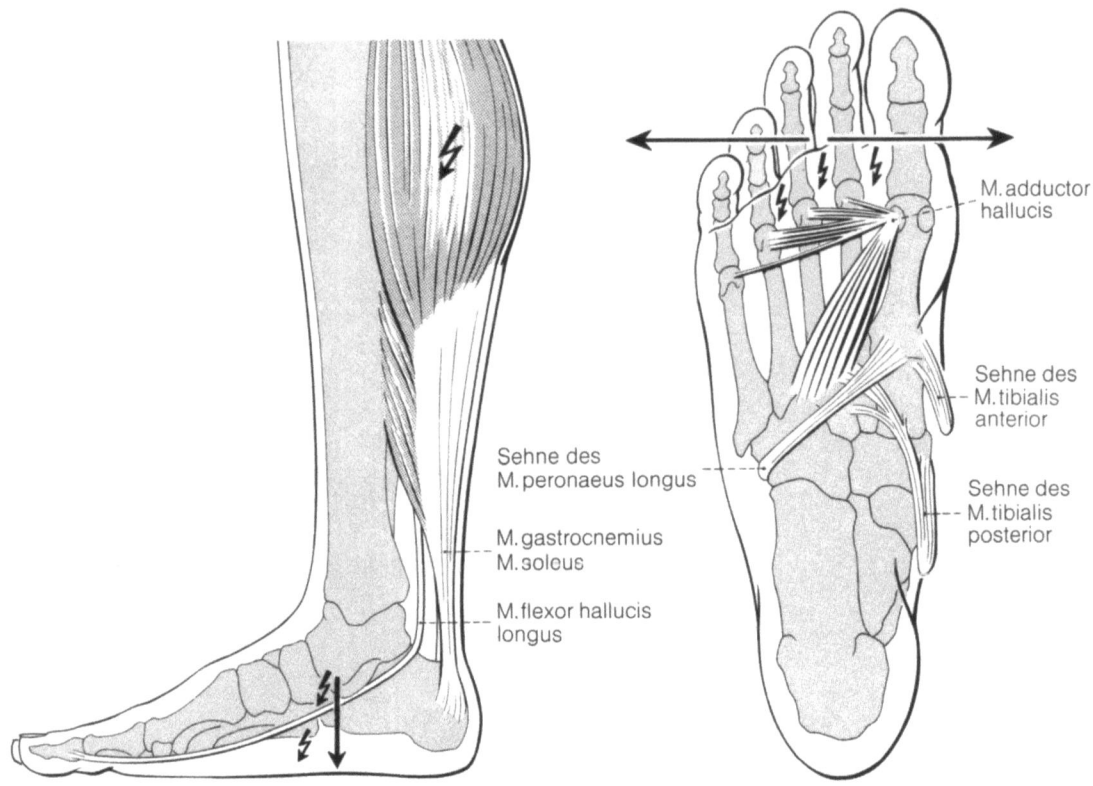

**Abb. 99.** Für die Längsgewölbeverspannung des Fußes besonders wichtige lange Beugemuskeln am Unterschenkel. Die ↯ deuten die Schmerzlokalisation beim Plattfuß an, der Pfeil die Absenkung des Längsgewölbes

**Abb. 100.** Muskulöse und sehnige Verklammerung des Quergewölbes am Fuß in der Ansicht von caudal. Die ↯ deuten die Hauptschmerzlokalisation beim Spreizfuß an, die Pfeile das Auseinanderweichen der Metatarsalköpfchen und der Zehen

**Gewölbekonstruktion des Fußes**

Durch die pronatorische Verwindung des „tibialen Strahles" der Fußwurzel- und Mittelfußknochen haben sich ein Längs- und ein Quergewölbe am Fuß gebildet.

1. *Längsgewölbe*
   Aktiv gehalten durch: kurze, longitudinale Muskeln der Planta pedis; M. gastrocnemius, M. soleus, Steigbügelmuskulatur (M. tibialis anterior und M. peronaeus longus), M. tibialis posterior (Antiplanus), M. flexor hallucis longus (Antivalgus), M. flexor digitorum longus.
   Passiv gehalten durch: Ligamentum plantare longum (=Sohlenband), Ligamentum calcaneonaviculare plantare (=Pfannenband), Plantaraponeurose.

2. *Quergewölbe*
   Aktiv gehalten durch:
   M. adductor hallucis,
   M. tibialis posterior,
   M. peronaeus longus.

Passiv gehalten durch:
Ligamenta metatarsea,
Ligamenta intercuneiformia.

*Veränderungen am Fußgewölbe*

Plattfuß (= Pes planus) Absinken besonders des Längs- und gering des Quergewölbes am Fuß. Mit zunehmender Pronation des Calcaneus resultiert eine zusätzliche Knickfußkomponente (= Pes valgoplanus). Diffuser Fußsohlenschmerz nach Belastung, besonders im Bereich des gedehnten Pfannenbandes, des Os naviculare und der als zusätzliche Auflagefläche abgesunkenen Tuberositas ossis metatarsalis V (Gefahr von Ermüdungsbruch, Marschfraktur). Durch die andauernde und erhöhte Anspannung der Wadenmuskeln treten Schmerzen in der Wade und die Bereitschaft zu Wadenkrämpfen auf.

Spreizfuß (= Pes transversoplanus) Absinken des Quergewölbes besonders im Bereich der Ossa metatarsalia II–IV. Die Metatarsalköpfchen werden auseinandergedrängt, die Ligamenta metatarsea werden besonders gedehnt. Es treten schneidende Schmerzen in der Vorfußmitte auf.

Klumpfuß (= Pes varus) Fixierte oder bewegliche Supinationsstellung des Fußes in der Ruhestellung.

Knickfuß (= Pes valgus) Absinken des Talus auf dem Calcaneus nach medial bei medialwärts gekantetem Calcaneus. Das Fußlängsgewölbe ist nicht betroffen.

Hohlfuß (= Pes cavus) Abnorm hohes mediales Fußgewölbe bei adduziertem und proniertem Fuß (Schmerzen an Metatarsalköpfchen, Großzehenballen, Vorfuß).

Hackenfuß (= Pes calcaneus) Fuß steht fixiert in Dorsalflexion, nur das Tuber calcanei schaut caudalwärts (z. B. bei Ausfall der Unterschenkelflexoren).

Spitzfuß (= Pes equinus) Fuß steht fixiert in Plantarflexion (z. B. bei Ausfall des N. peronaeus profundus). Bei zusätzlicher Supinationsstellung spricht man vom Pes equinovarus, bei zusätzlicher Pronationsstellung vom Pes equinovalgus.

**Lageveränderung der Großzehe**

Angeborener und erworbener Hallux valgus
Bei etwa 25% der Menschen (besonders Frauen betroffen). Lateralabweichung der Großzehenlängsachse von der Längsachse durch das Os metatarsale I um einen Wert über 20° [Grenzwerte bis 90° (Sonntag)].

**Häufigere Zehenmißbildungen**

Syndaktylie Verschmelzungen meist an den mittleren Zehen, selten auch an den Metarsal- und Tarsalknochen.

Polydaktylie Überzahl an Zehen, meist an den Fußrändern.

Oligodaktylie Fehlen von Zehen.

# Intramuskuläre Injektionen

**Injektion in den Deltamuskel**

Bei herabhängendem Arm genau lateral, etwa 4 cm unterhalb des Acromions, einstechen. Der durch die laterale Achsellücke verlaufende Hauptstamm des N. axillaris befindet sich weiter dorsal, seine Muskeläste weiter caudal der Einstichstelle.

**Intraglutaeale Injektion**

Bei entspannter Gesäßmuskulatur in die Muskulatur des oberen äußeren Quadranten der Glutäalregion (M. glutaeus medius) mit kräftiger Kanüle einstechen. Vorherige Überprüfung des Fettpolsters und der Muskeldicke notwendig. Die prophylaktische Aspiration mit der Spritze läßt eine versehentliche intravenöse oder intraarterielle Gabe der meist öligen Substanz vermeiden.

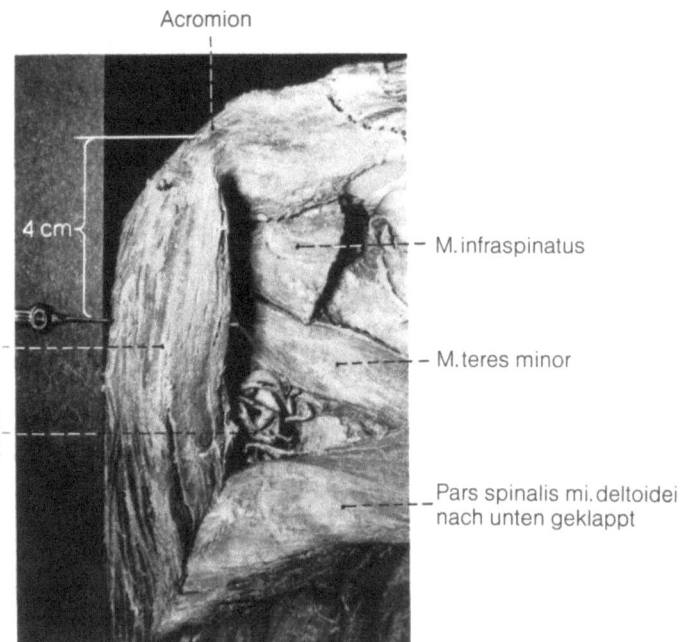

**Abb. 101.** Dorsalansicht auf den Muskelmantel des linken Schultergelenks. Intramusculäre Injektion in den M. deltoideus. Beachte die Gefährdung des N. axillaris, wenn zu weit distal vom Acromion eingegangen wird

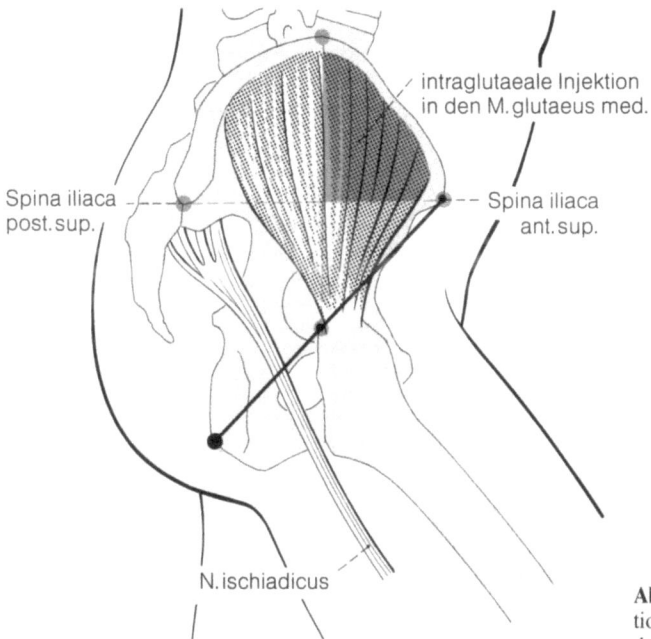

**Abb. 102.** Intramuskuläre Injektion in den oberen äußeren „Quadranten" des M. glutaeus medius

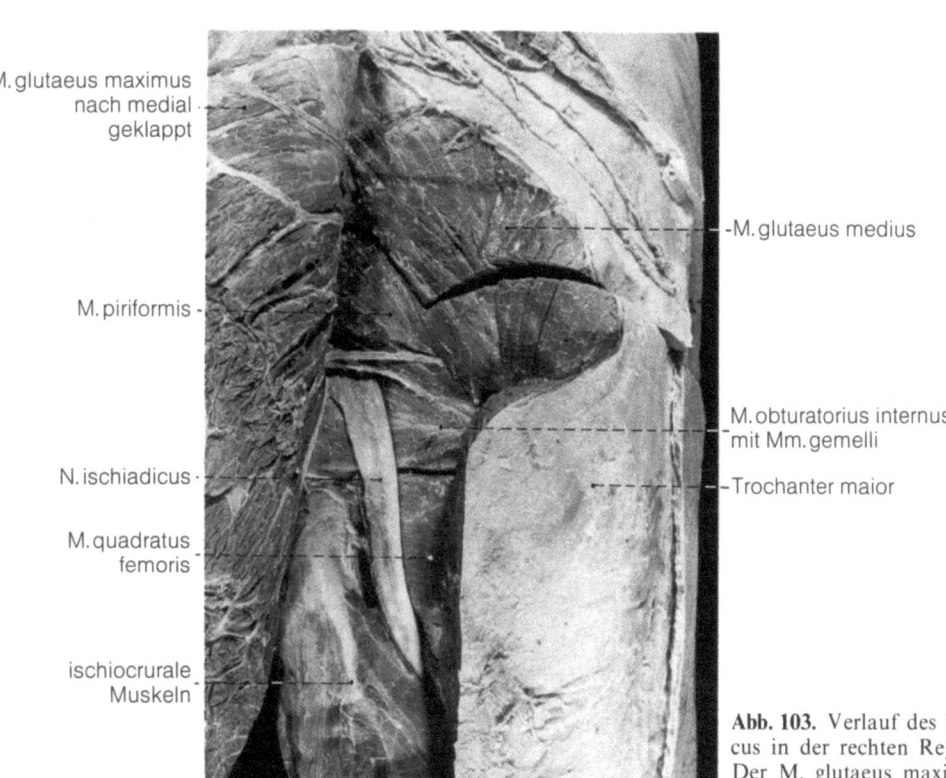

**Abb. 103.** Verlauf des N. ischiadicus in der rechten Regio glutaea. Der M. glutaeus maximus wurde durchtrennt und nach medial aufgeklappt

**Injektion in den Oberschenkel**

1. In den M. tensor fasciae latae, etwas laterocaudal der Spina iliaca anterior superior.
2. In den M. vastus lateralis, handbreit unter dem Trochanter major.

# Peripheres cerebrospinales Nervensystem

**Inhalt**

| | |
|---|---|
| Hirnnerven | 204 |
|     Nn. olfactorii (N. I) | 204 |
|     N. opticus (N. II) | 205 |
|     N. oculomotorius (N. III) | 205 |
|     N. trochlearis (N. IV) | 205 |
|     N. trigeminus (N. V) | 205 |
|     N. abducens (N. VI) | 207 |
|     N. facialis (N. VII) | 208 |
|     N. vestibulocochlearis (N. VIII) | 209 |
|     N. glossopharyngeus (N. IX) | 209 |
|     N. vagus (N. X) | 210 |
|     N. accessorius (N. XI) | 211 |
|     N. hypoglossus (N. XII) | 211 |
| Spinalnerven | 212 |
|     Nervenqualität und Leitungsgeschwindigkeit | 212 |
|     Segmentale Innervation der Haut | 212 |
|     Nerven am Hals | 213 |
|     Armnerven | 213 |
|     Wichtige Nervenreflexe am Arm | 215 |
|     Wichtige Nervenreflexe an der Bauchwand | 215 |
|     Beinnerven | 215 |
|     Wichtige Nervenreflexe am Bein | 218 |

# Hirnnerven
(Verlauf, Funktionsprüfung, Ausfallerscheinung)

## Nn. olfactorii (N. I)

Die Riechsinneszellen (1. Neuron) liegen in der Schleimhaut der oberen Nasenmuschel, des angrenzenden Nasendachs und des benachbarten Nasenseptums. Ihre Neuriten verlaufen durch die Lamina cribrosa des Siebbeins zum *primären Riechzentrum* im Bulbus olfactorius. Hier treten beim mikrosmatischen Menschen mehrere von ihnen über neurodentrische Synapsen mit einer Mitralzelle (2. Neuron) in Verbindung. Über die Neuriten des 2. Neurons (=Tractus olfactorius) wird die Verbindung zu den *gleichseitigen sekundären Riechzentren* hergestellt, die hauptsächlich im Palaeocortexanteil des Endhirns gelegen sind. Durch die Commissura anterior verlaufen einige Kommissurbahnen zwischen den beidseitigen sekundären Riechzentren.

Funktionsprobe  Über Geruchsprüfungen.

Ausfall-  *Hyposmie* (verringerter Geruchssinn).
erscheinungen  *Anosmie* (aufgehobener Geruchssinn).

Ausfallerscheinungen im Geruchsinn treten auf bei Läsionen an der Riechschleimhaut, bei Verletzungen im Bereich der Lamina cribrosa des Siebbeins und u.a. bei Meningeomen in der Mitte der vorderen Schädelgrube.

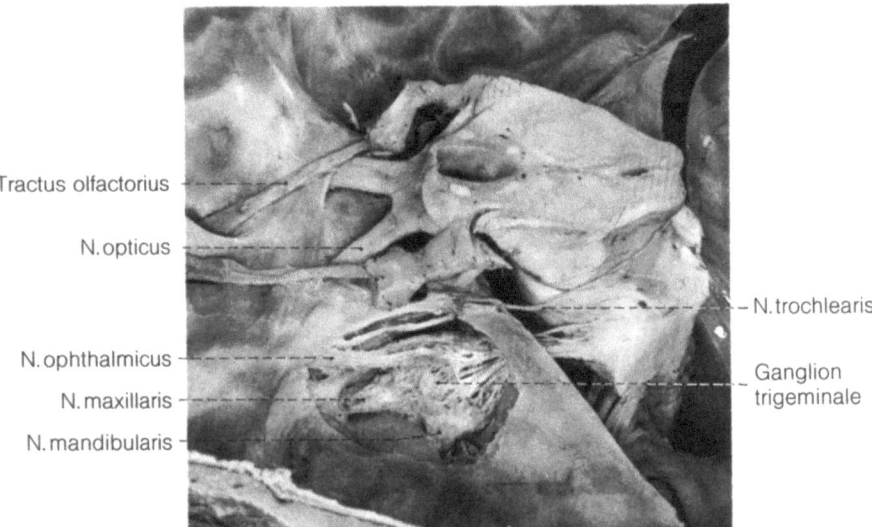

Abb. 104. Blick von links auf den Hirnstamm mit Darstellung des Ganglion trigeminale und der Hirnnerven in der vorderen und mittleren Schädelgrube

*Parosmie* (verfälschte Geruchswahrnehmung): Verfälschte Geruchswahrnehmungen werden u. a. in der Gravidität, als Aurazeichen vor einem epileptischen Anfall, bei Tumoren im Lobus parietalis, bei Hippocampusläsionen beobachtet.

## N. opticus (N. II)

Der Sehnerv wird im Kapitel „Auge" bei den Sinnesorganen behandelt.

## N. oculomotorius (N. III)

Der N. oculomotorius versorgt motorisch die Mm. recti superior, medialis, inferior, den M. obliquus inferior und den M. levator palpebrae. Seine parasympathischen Fasern innervieren den M. sphincter pupillae und den M. ciliaris. Von seinen motorischen und parasympathischen Kerngebieten im Bereich des Mesencephalon verlaufen die meisten Oculomotoriusfasern ungekreuzt zur Fossa interpeduncularis, drängen sich zwischen A. cerebri posterior und A. cerebelli superior hindurch, ziehen an der lateralen Seite des Sinus cavernosus vorbei und treten durch die Fissura orbitalis superior in die Orbita ein.

Funktions- Oberlid gegen Widerstand heben lassen, Bewegungen des Bulbus oculi prüfen.
prüfung

Ausfall- Ptosis, Mydriasis, Abduktionsstellung des Auges.
erscheinung

## N. trochlearis (N. IV)

Der N. trochlearis versorgt motorisch den M. obliquus oculi superior. Sein Kerngebiet liegt im dorsalen Bereich des Mesencephalon. Die Neuriten kreuzen, bevor sie caudal des Colliculus inferior den Hirnstamm dorsal verlassen. Nach einem bogenförmigen Verlauf um die Hirnschenkel zieht der N. IV seitlich am Sinus cavernosus vorbei und tritt durch die Fissura orbitalis superior in die Orbita ein.

In seinem langen subduralen Verlauf hat der N. trochlearis einen sehr engen Kontakt mit den weichen Hirnhäuten. Bei einer Meningitis treten deshalb am N. trochlearis auch gern Reizerscheinungen auf.

Funktions- Der Patient wird aufgefordert, der Fingerspitze des Arztes mit dem Auge zu folprüfung gen. Der Finger wird so bewegt, daß der Patient sein Auge einwärtsrollen muß.

Ausfall- Das betroffene Auge ist leicht auswärts gerollt, adduziert und gehoben. Der
erscheinung Kopf wird kompensatorisch zur gesunden Seite hin geneigt und gedreht.

## N. trigeminus (N. V)

Der N. trigeminus hat eine *sensible Portio major* und eine *motorische Portio minor*. Er ist in 3 Hauptäste gegliedert: *N. ophthalmicus* ($V_1$), *N. maxillaris* ($V_2$), *N. mandibularis* ($V_3$).

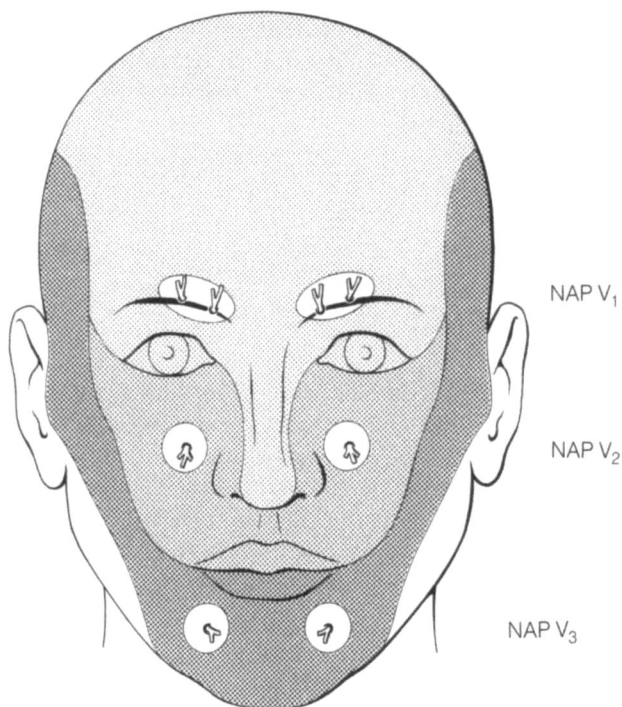

**Abb. 105.** Die Nervenaustrittspunkte (*NAP*) der Trigeminusäste und ihre Versorgungsgebiete an der Gesichtshaut. Die Trigeminusdruckpunkte sind weiß markiert. *NAP* $V_1$ = N. supraorbitalis, *NAP* $V_2$ = N. infraorbitalis, *NAP* $V_3$ = N. mentalis

Die sensiblen Nervenfasern leiten Gefühlsempfindungen von der Gesichtshaut, von den Hirnhäuten, aus der Orbita, der Nasenhöhle und der Mundhöhle mitsamt ihrer Speicheldrüsen ab.

Die sensiblen Perikaryen der 3 Hauptstämme des N. trigeminus liegen im Ganglion trigeminale (Ganglion seminulare Gasseri). Es liegt im Cavum trigeminale (Cavum Meckeli) in einer „Duratasche". Die zentralen sensiblen Perikaryen finden sich im Nucleus sensorius principalis nervi trigemini und den Nuclei tractus nervi trigemini im Mes-, Met- und Myelencephalon und reichen bis ins Halsmark.

Nur im N. mandibularis verlaufen die motorischen Nervenfasern des N. trigeminus. Sie sind für die Innervation der Kaumuskeln, des M. mylohyoideus, des Venter anterius des M. digastricus, des M. tensor veli palatini und des M. tensor tympani zuständig. Die motorischen Perikaryen des N. mandibularis befinden sich in der Rautengrube (Nucleus motorius nervi trigemini).

N. ophthalmicus  Der N. ophthalmicus ist für die Sensibilität von Orbitaorganen, der Schleimhaut von Stirnhöhle, vorderen Siebbeinzellen und vorderem Nasenhöhlenbereich, der Haut des Nasenrückens, der Stirn und des Oberlids und für die Sensibilität der Conjunctiva zuständig. Eine erhöhte Schmerzhaftigkeit des *Trigeminusdruckpunktes I* (N. supraorbitalis am Foramen supraorbitale) deutet auf einen entzündlichen Prozeß im Versorgungsgebiet des N. ophthalmicus hin.

| | |
|---|---|
| N. maxillaris | Der N. maxillaris ist für die Sensibilität der Schleimhaut von Nasenrachenraum, Gaumen, hinteren Siebbeinzellen, Keilbeinhöhle und Kieferhöhle zuständig. Er innerviert die Haut der mittleren Gesichtsregion und die Oberkieferzähne. Eine erhöhte Schmerzhaftigkeit des *Trigeminusdruckpunktes II* (N. infraorbitalis am Foramen infraorbitale) deutet auf einen entzündlichen Prozeß im Versorgungsgebiet des N. maxillaris hin. |
| N. mandibularis | Der N. mandibularis versorgt sensibel die Schleimhaut von Wange, Zunge und Unterkieferzahnfleisch, ferner die Haut der Kinngegend und eines Teils der Schläfenregion, Anteile des äußeren Ohres und die Unterkieferzähne. Seine motorischen Äste sind für die Kaumuskeln, für Mundbodenmuskeln und den M. tensor tympani zuständig. Ein erhöhter Druckschmerz am *Trigeminusdruckpunkt III* (N. mentalis am Foramen mentale) deutet auf einen entzündlichen Prozeß im Bereich des N. mandibularis hin. |
| Funktionsprüfungen des N. V | *Sensibilitätsprüfung* entsprechend den Versorgungsgebieten der Hauptstämme. Synchronität des Lidschlußreflexes! Niesreflex über Reizung der Nasenschleimhaut. Trigeminusdruckpunkte auf erhöhte Schmerzhaftigkeit überprüfen.<br><br>Der *motorische Anteil* des Trigeminus läßt sich überprüfen durch Aufforderung zu Kaubewegungen: a) Mahlbewegungen (M. masseter, Mm. pterygoidei, M. temporalis), b) Mundöffnen (M. mylohyoideus, ventraler Bauch des M. digastricus und M. pterygoideus lateralis), c) Kieferschluß (M. masseter, M. pterygoideus medialis, M. temporalis), d) Hörprüfung (M. tensor tympani). |
| Ausfallerscheinungen des N. V | 1. Bei Ausfall des N. ophthalmicus fehlen: Corneareflex, Conjunctivareflex, Niesreflex, Lidschlußreaktion (letztere auch bei Ausfall des N. VII).<br>2. Anaesthetische Zonen an der Gesichtshaut, an der Zunge und Wangenschleimhaut bei Läsionen peripher des Ganglion trigeminale.<br>3. Bei zentralem motorischem Ausfall:<br>Unterkiefer hängt herab.<br>4. Bei peripherem motorischem Ausfall<br>  a) der Nn. pterygoidei:<br>    Der Unterkiefer bewegt sich beim Öffnen des Mundes nach der kranken Seite hin.<br>  b) des N. temporalis profundus:<br>    Der Unterkiefer bewegt sich beim Öffnen des Mundes zur gesunden Seite hin. |

## N. abducens (N. VI)

Der motorische Nerv mit seinem Kerngebiet im Boden der Rautengrube (Nucleus nervi abducentis) innerviert den M. rectus lateralis des Bulbus oculi. Er tritt am Hinterrand der Brücke aus dem Hirnstamm und zieht ventralwärts in enger Anlehnung an den Clivus. Auf seinem langen epiduralen, intracraniellen Verlauf zieht er schließlich durch den Sinus cavernosus, lateral der A. carotis interna, und tritt durch die Fissura orbitalis superior in die Orbita.

| | |
|---|---|
| Funktionsprüfung | Man läßt den Patienten der Fingerbewegung des Untersuchers folgen, die ihn zwingt, das Auge zu abduzieren. |

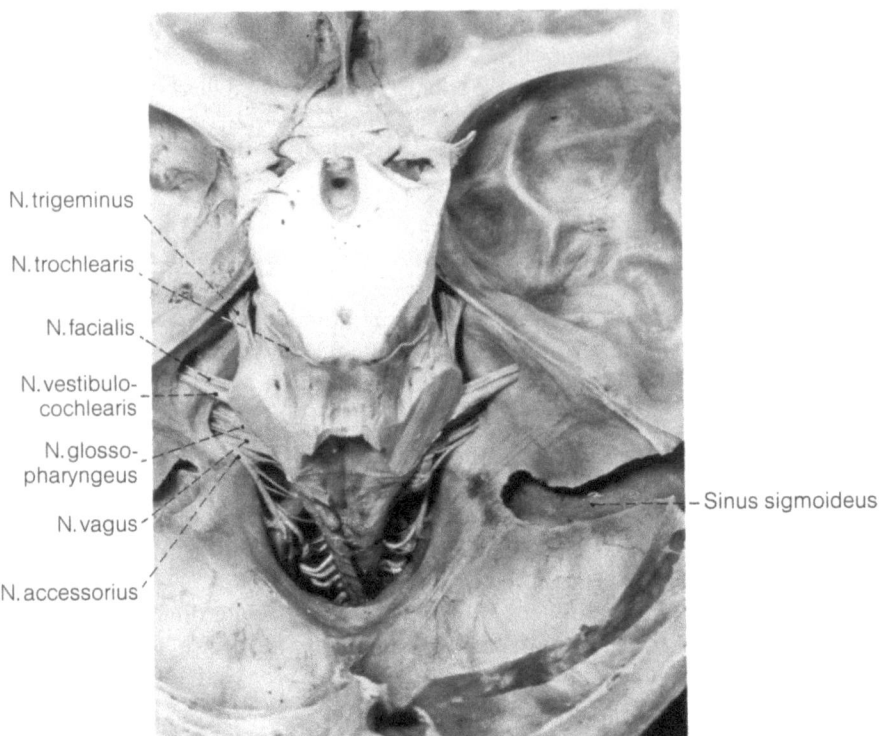

Abb. 106. Blick von dorsal auf den Hirnstamm mit Darstellung der Hirnnerven in der hinteren Schädelgrube

Ausfall- 1. Bei einer peripheren Parese blickt das betroffene Auge nach medial. Lateral-
erscheinung bewegungen kann das Auge nicht durchführen, deshalb erfolgt eine kompensatorische Kopfzwangshaltung zur erkrankten Seite hin.
2. Bei zentraler, nucleärer Parese: Blick zur gesunden Seite, Blicklähmung zur kranken Seite. „Déviation coniugée" (sowohl Ausfall des M. rectus lateralis wie auch des gegenseitigen M. rectus medialis).

## N. facialis (N. VII)

Der N. facialis innerviert motorisch die mimische Gesichtsmuskulatur, den M. stapedius, den M. levator veli palatini, den M. stylohyoideus und den dorsalen Digastricusbauch. Dem N. VII ist der N. intermedius beigelagert, in dem Geschmacksfasern von den vorderen zwei Dritteln der Zunge, parasympathische Fasern zu den Mundspeicheldrüsen (mit Ausnahme der Glandula parotis) und zur Tränendrüse und einige sensible Fasern aus dem Mittelohr, der Tuba auditiva und aus der Zunge verlaufen.

Kerngebiete des N. facialis sind:
a) Für die Motorik der Nucleus nervi facialis in der Rautengrube.
b) Für die Haut und Schleimhautsensibilität sensible Trigeminuskerne im Rautenhirn.

c) Für den Geschmackssinn der Nucleus salivatorius superior in der Rautengrube.

Der N. facialis tritt am Kleinhirnbrückenwinkel aus dem Hirnstamm aus. Nach kurzem Verlauf durch den Porus acusticus internus dringt er in den Canalis nervi facialis ein. Im Ganglion geniculi finden sich die Perikaryen des 1. Neurons der Afferenzen des N. VII. In seinem Verlauf im Canalis nervi facialis trennt sich vom 7. Hirnnerv der Intermediusanteil (Chorda tympani, N. petrosus maior). Die Chorda tympani zieht durch das Mittelohr und führt Geschmacksfasern aus den vorderen 2 Dritteln der Zunge und sekretorischen Fasern für die Speicheldrüsen am Mundboden. Der N. petrosus (superficialis) major versorgt parasympathisch die Tränendrüse und Nasen- und Rachendrüsen. Der N. stapedius zieht zum M. stapedius im Mittelohr. Der Hauptstamm des N. facialis verläßt am Foramen stylomastoideum die Schädelbasis und zweigt sich im Plexus parotideus zu den mimischen Muskeln auf. Kleinere Äste werden zum Platysma, hinteren Digastricusbauch, M. stylohyoideus und gemischt motorisch-sensible Ästchen zum Ohr abgegeben.

**Funktionsprüfung** Stirnrunzeln im Seitenvergleich, Prüfung des Lidschlußreflexes (siehe auch N. V!). Patienten pfeifen oder den Mund spitzen lassen.
Geschmacksprüfung an den vorderen zwei Dritteln der Zunge (s. bei Zunge).

**Ausfallerscheinungen**
1. *Zentrale Facialisparese* (supranucleäre Schädigung): Stirnrunzeln und Lidschluß vorhanden, Mundwinkel hängt herab.
2. *Periphere Facialisparese*
   a) Von nucleär bis zum Ganglion geniculi gelegene Schädigung:
      Gesamte mimische Muskulatur ausgefallen, Gaumensegel hängt, Hyperakusis (Ausfall des M. stapedius), Tränen- und Speichelsekretionsstörung, Lagophthalmus, Verlust des Geschmackssinnes in den vorderen zwei Dritteln der Zunge.
   b) Bei noch weiter peripher gelegenen Facialisparesen sind – je nach Lage der Läsion – einzelne Äste intakt.

## N. vestibulocochlearis (N. VIII)

Der N. vestibulocochlearis wird im Kapitel „Innenohr" bei den Sinnesorganen behandelt.

## N. glossopharyngeus (N. IX)

Der N. glossopharyngeus innerviert gemeinsam mit dem N. vagus über den Plexus pharyngeus *motorisch* die Schlundschnürer, den M. stylopharyngeus und den M. levator veli palatini. Die *sensiblen* Fasern des 9. Hirnnerven nehmen Empfindungen aus der Pharynxschleimhaut, aus der Gegend der Tonsilla palatina, aus der Tuba auditiva und der Paukenhöhle auf. Aus den Papillae vallatae bekommt der N. glossopharyngeus auch *Geschmacksfasern* zugeführt. Schließlich verlaufen im N. IX noch *präganglionäre parasympathische Fasern,* die sich dem N. tympanicus anschließen und über den N. petrosus minor zum Ganglion oticum verlaufen. Sie führen sekretorische Impulse für die Ohrspeicheldrüse.

Motorisches, sensibles und sekretorisches Kerngebiet des N. glossopharyngeus finden sich im Rautenhirn. Der 9. Hirnnerv verläßt seitlich die Medulla oblongata. Bevor er durch das Foramen jugulare austritt, bildet er sein sensibles Ganglion superius, dem sich unmittelbar unterhalb der Schädelbasis ein weiteres sensibles Ganglion, das Ganglion inferius, anschließt. Hier zweigt der N. tympanicus ab. Nachdem der N. glossopharyngeus sich mit vielen Ästchen im Plexus pharyngeus verzweigt hat, verläuft er bogenförmig zwischen M. stylopharyngeus und M. styloglossus zum hinteren Zungendrittel.

**Funktionsprüfung** Seitenvergleichende Prüfung des Würgreflexes durch Berühren des weichen Gaumens.

**Ausfallerscheinung** Halbseitiger Ausfall des Würgreflexes bei Berühren des weichen Gaumens, Schluckstörungen.

## N. vagus (N. X)

Der N. vagus führt *skeletmotorische* Fasern für Kehlkopf und Schlundmuskeln, *visceromotorische Fasern* für die Muskulatur der Eingeweide, *sensible* und *sekretorische Fasern* für die Schleimhaut von Pharynx, Larynx, für Brust- und Bauchorgane (bis etwa zum Cannon-Böhm-Punkt). Mit dem R. auricularis, der die Haut des äußeren Gehörganges und die Hinterfläche der Ohrmuschel sensibel versorgt, hat der N. vagus auch einen feinen Hautnerv. Ein R. meningeus führt sensible Ästchen von der Dura.

Die Endkerngebiete des X. Hirnnerven liegen für die Motorik im dorsalen Bereich des Nucleus ambiguus, für die Sensibilität zunächst im Tractus solitarius und für die parasympathischen Fasern im Nucleus originis dorsalis nervi vagi.

Der N. vagus verläßt unmittelbar hinter dem N. glossopharyngeus die Medulla oblongata und bildet im Bereich des Foramen jugulare ein sensibles Ganglion superius. Hier zweigen schon der R. auricularis und der R. meningeus ab. Nach Durchtritt durch das Foramen jugulare bildet der N. vagus sein spindelförmiges Ganglion inferius.

Im Halsbereich verlassen den N. vagus seine Pharynxäste, der N. laryngeus superior und die oberen Rami cardiaci.

Im Brustbereich bilden beide Nervi vagi um den Oesophagus ein Nervengeflecht, dem sich sympathische Nervenfasern vom Grenzstrang her beilagern. Vagusäste im Brustbereich sind: der N. laryngeus recurrens (rechts um A. subclavia, links um Ligamentum arteriosum und Aortenbogen verlaufend), die unteren Rami cardiaci, Rami pericardiaci, Rami oesophagei und die Plexus pulmonales.

Den Bauchraum betreten die Nervi vagi als zwei oder mehrere Vagusstämme, die um den Oesophagus abdominalis angeordnet sind. Die hier mehr ventral gelegenen Vagusstämme verzweigen sich zur Leber, zum Magen einschließlich Pylorus, zu den ableitenden Gallenwegen, zum papillennahen Pankreaskopfbereich und zum Duodenum. Die mehr dorsal am Oesophagus abdominalis gelegenen Vagusanteile versorgen in der Bauchhöhle den Magen bis zum „Magenknie", Leber und ableitende Gallenwege, Pankreas, Milz und den Darm bis in die Gegend des Cannon-Böhm-Punktes (kurz vor der linken Colonflexur). Vagusäste werden auch zur Niere und Nebenniere abgegeben.

| | |
|---|---|
| Funktions-prüfungen (an Kopf und Hals) | Patienten schlucken lassen. Stellung des Gaumensegels überprüfen (M. levator veli palatini, Innervation über N. IX, X, VII). Über indirekte Laryngoskopie Kehlkopfmotorik überprüfen. |
| Reizsympto-matik | Über Reizung des Ramus meningeus bei einer Meningitis: Erbrechen, Pulsfrequenzverlangsamung (Bradykardie), Schluckauf (Singultus), Hypersekretion der Speicheldrüsen, Hyperperistaltik. |
| Ausfall-erscheinungen (an Kopf, Hals und Herz) | Recurrensparese mit Heiserkeit und Tonbildungsstörung. Pulsfrequenzerhöhung (Tachykardie), die Atmung ist verlangsamt, das Gaumensegel steht zur gesunden Seite hin, das Schlucken kann erschwert sein. |

## N. accessorius (N. XI)

Der N. accessorius ist ein rein motorischer Nerv. Er besteht aus einer Pars cerebralis (=cranialis) und einer Pars spinalis. Die aus dem Nucleus ambiguus im Boden der Rautengrube abgehenden cranialen Fasern lagern sich als Ramus internus dem N. vagus bei. Die spinalen Fasern (Segmentbezug $C_1-C_5$) treten seitlich am Halsmark aus, ziehen cranialwärts und lagern sich beim Durchtritt durch das Foramen jugulare ein kurzes Stück neben den cerebralen Anteil des N. XI. Sie laufen als Ramus externus zum M. trapezius und zum M. sternocleidomastoideus. Der M. trapezius und der M. sternocleidomastoideus erhalten noch weitere motorische Fasern aus den Halsmarksegmenten $C_2-C_4$, die sich dem N. XI beilagern („Plexus accessoriocervicalis").

| | |
|---|---|
| Funktions-prüfung | Schulter hochziehen und zurückführen lassen. |
| Ausfall-erscheinungen | Beim stehenden Patienten hängt die Schulter herab, dadurch schmerzhafte Dehnung des Plexus brachialis. Das Zurückführen der Schulter ist behindert. |

## N. hypoglossus (N. XII)

Der rein motorische N. hypoglossus (Kerngebiet: Nucleus originis nervi hypoglossi in der Medulla oblongata) innerviert die Zungenskelet- und die Zungenbinnenmuskeln.

| | |
|---|---|
| Funktions-prüfung | Zunge herausstrecken lassen, Zunge verformen lassen. |
| Ausfall-erscheinung | Abweichen der herausgestreckten Zunge zur kranken Seite hin. |

# Spinalnerven

Als Spinalnerv wird die segmentale Vereinigung der motorischen ventralen und der sensiblen dorsalen Rückenmarkwurzeln im Foramen intervertebrale bezeichnet. Spinalnerven finden sich für jedes Segment beidseitig am Rückenmark. In der dorsalen Segmentnervenwurzel befindet sich das sensible Spinalganglion. Es beinhaltet die Perikaryen des 1. Neurons aller diesem Rückenmarksegment zufließenden Afferenzen. Jeder Spinalnerv teilt sich in einen Ramus ventralis, einen Ramus dorsalis und einen Ramus meningeus. Die Spinalnerven $C_8$–$L_3$ geben über die Rami communicantes albi präganglionäre sympathische Fasern an den Grenzstrang. Alle Segmentnerven erhalten über die Rami communicantes grisei postganglionäre sympathische Fasern zugeführt. Benachbarte Rami ventrales können miteinander Verflechtungen eingehen und gemeinsame Nerven bilden. Solche Nervengeflechte werden als *Plexus* bezeichnet (Plexus cervicalis, brachialis, lumbosacralis, coccygealis).

## Nervenqualität und Leitungsgeschwindigkeit

**Einteilung, Qualität und Funktion von Nervenfasern**

| Nervenqualität | Faserdurchmesser in μm | Markscheide | Leitungsgeschwindigkeit m/s |
|---|---|---|---|
| Motorisch | 10 –20 | Dick | 60 –120 |
| Sensibel (Berührung) | 7 –15 | Dünner | 40 – 90 |
| Sensibel (Wärme, Kälte, Schmerz) | um 5 | Dünner | 15 – 30 |
| Präganglionär vegetativ | 1 – 3 | Dünn | 5 – 15 |
| Postganglionär vegetativ | 0,3– 1,5 | Marklos | 0,5– 2 |

## Segmentale Innervation der Haut

Das einem Segmentnerv zugeordnete Hautfeld reagiert auf Tast-, Temperatur- und Schmerzempfindungen. Während sich die benachbarten segmentalen Hautnervenfelder für die Tast- und Temperaturempfindungen untereinander überlappen, bleiben die Schmerzfasern streng an ihr Segment gebunden. Hierin beruht auch die diagnostische Bedeutung der Head-Zonen, bei denen ein segmentgebundener tiefer Organschmerz auf das zugehörige Dermatom projiziert wird.

Head-Zonen werden mit ihrer scharfen Begrenzung bei der Gürtelrose (Zoster) sichtbar. Der Zoster ist eine entzündliche, sehr schmerzhafte Viruserkrankung eines Spinalganglions (auch des Ganglion trigeminale), bei der sich die Hautbläschen streng an das zugehörige Dermatom halten.

## Nerven am Hals

In der praktischen Medizin sind 3 Hautnerven am Hals von besonderer Bedeutung: Die Nn. occipitales major und minor und der N. auricularis magnus.

| | |
|---|---|
| N. occipitalis major | Gemischt motorisch-sensibler Ramus dorsalis von $C_2$. Sein Hautast zieht als stricknadeldicker Nerv daumenbreit neben der Mittellinie, 4–5 cm lateral der Protuberantia occipitalis externa cranialwärts. Er versorgt in der Occipitalgegend bis zur Scheitel-Ohr-Linie ein etwa handbreites Hautareal neben der Medianen. |
| N. occipitalis minor | Sensibler Ast ($C_{2,3}$) des Plexus cervicalis. Er zieht am Hinterrand des M. sternocleidomastoideus zur Haut der lateralen Occipitalgegend, besonders hinter das Ohr. |
| Occipitalis-neuralgie | Hinterkopfschmerz, der über die Nn. occipitales major et minor vermittelt wird. Da der N. occipitalis major motorisch den M. semispinalis capitis und den Kopfteil des M. longissimus innerviert, können Occipitalisneuralgien zur Kopfzwangshaltung nach dorsal führen. Umgekehrt wird bei Streckstellung der Halswirbelsäule der N. occipitalis major gedehnt. |
| N. auricularis magnus | Sensibler Hautnerv aus dem Ramus ventralis von $C_2$. Er kommt in der Area nervosa an der Hinterrandmitte des M. sternocleidomastoideus aus der Tiefe, quert den Muskel und innerviert die Haut vor und hinter dem Ohr mitsamt dem Ohrläppchen. |
| N. phrenicus | Ein besonders wichtiger Nerv aus dem Halsmark $C_4$ ($C_3$–$C_5$) ist der N. phrenicus. Er innerviert motorisch das Zwerchfell und gibt sensible Äste zum Herzbeutel und zum Peritoneum ab. Eine Querschnittsläsion des Halsmarks in Höhe von $C_4$ oder oberhalb hiervon führt zum Funktionsausfall des Zwerchfells. |

## Armnerven

Die Armnerven sind Äste des Plexus brachialis ($C_5$–$Th_1$). Es soll hier nur auf Segmentbezüge, gefährdete Stellen im Verlauf der Nerven, Ausfallserscheinungen der Nerven und Reflexe eingegangen werden.

| | |
|---|---|
| N. musculo-cutaneus ($C_{5, 6, (7)}$) | Beim Ausfall des N. musculocutaneus kann im Ellenbogengelenk nicht mehr gebeugt werden, Paraesthesien und Ausfall der Hautsensibilität an der radialen Unterarmbeugeseite. |
| N. medianus ($C_6$–$Th_1$) | Der N. medianus ist bei Ellenbogenfrakturen und vor allem im Canalis carpi (Carpaltunnelsyndrom) gefährdet. Bei Lähmung des Nervs im Ellenbogenbereich und Aufforderung zum Faustschluß entsteht die „Schwurhand". |
| N. ulnaris ($C_6$–$Th_1$) | Der N. ulnaris ist im Sulcus nervi ulnaris im Ellenbogenbereich (z. B. Callusbildung nach Frakturen) und in seinem Verlauf über das Retinaculum flexorum gefährdet. Bei Lähmung des Nervs im Ellenbogenbereich und Aufforderung zum Faustschluß entsteht die „Krallenhand". Die Finger können durch Ausfall der Mm. interossei nicht mehr in den Grundgelenken gebeugt werden. Der Daumen steht abduziert. |
| N. radialis ($C_5$–$Th_1$) | Der N. radialis ist im Sulcus nervi radialis auf der Oberarmstreckseite (Osteosynthesen!) und im Bereich des Condylus lateralis humeri gefährdet. Bei Lähmung des Nervs entsteht die „Fallhand". |

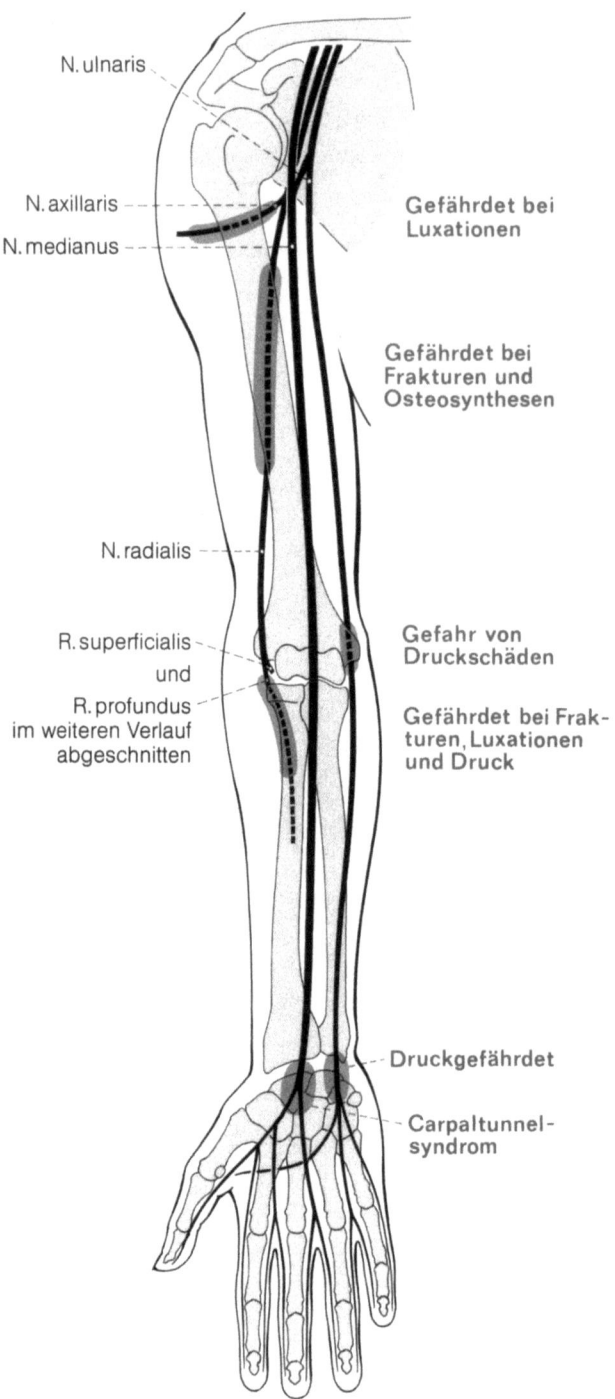

**Abb. 107.** Übersicht über die großen Nerven am Arm. Die besonders gefährdeten Bereiche der Nerven sind rot markiert

N. axillaris  Der N. axillaris ist in seinem Verlauf durch die laterale Achsellücke, durch seine
($C_{5,6}$) enge Nachbarschaft zum Collum chirurgicum des Humerus, bei humeruskopfnahen Frakturen und Luxation des Schultergelenks gefährdet. Auch bei zu tiefen (über 4 cm unterhalb des Acromion) und zu weit dorsal durchgeführten Injektionen in den M. deltoideus kann der N. axillaris geschädigt werden. Bei Lähmung des Nervs fällt der M. deltoideus aus.

## Wichtige Nervenreflexe am Arm

Bicepssehnen- Schlag auf die Bicepssehne im Ellenbeugenbereich führt zur Beugung im Ellenreflex ($C_{5,6}$) bogengelenk. Pathologisch ist eine Reflexsteigerung oder sein Ausfall.

Tricepssehnen- Schlag auf die Tricepssehne kurz oberhalb des Olecranon führt zur Streckung im reflex ($C_{6,7,(8)}$) Ellenbogengelenk. Pathologisch ist eine Reflexsteigerung oder sein Ausfall.

Radiusperiost- Unterarm supiniert. Schlag auf den Radius und sein Periost im mittleren Drittel reflex ($C_{5,6,7}$) führt zur Beugung im Ellenbogengelenk. Pathologisch ist eine Reflexsteigerung oder sein Ausfall.

## Wichtige Nervenreflexe an der Bauchwand

Bauchdecken- Mit spitzerem Gegenstand in verschiedener Höhe von lateral nach medial zu horeflex rizontal die Bauchwand rasch entlangstreichen. Die Bauchmuskulatur der glei($Th_6-L_1$) chen Seite reagiert mit Zuckungen. Pathologisch ist ein Reflexausfall (oft nur bandförmiger schmaler Bereich) oder eine Reflexsteigerung.

Cremasterreflex Durch Bestreichen der Haut an der Innenseite des Oberschenkels werden die
($L_1-L_2$) sensiblen Endigungen des R. femoralis des N. genitofemoralis gereizt. In den Rückenmarksegmenten $L_1-L_2$ werden die afferenten Impulse über Schaltneurone auf die Perikaryen der efferenten Fasern des N. genitofemoralis umgeschaltet. Über sie wird der M. cremaster innerviert, der bei seiner Kontraktion den Hoden anhebt.

## Beinnerven

Die Beinnerven sind Äste der Plexus lumbalis und lumbosacralis. Es soll hier nur auf Segmentbezüge, gefährdete Stellen im Verlauf der Nerven, Ausfallserscheinungen der Nerven und Reflexe eingegangen werden.

### Plexus lumbalis ($L_1-L_4$)

N. femoralis  Der Nerv ist in seinem Verlauf zwischen dem M. psoas und dem M. iliacus sehr
($L_1-L_4$) geschützt. Im Bereich der Lacuna musculorum liegt er unter dem Leistenband, einen knappen Zentimeter lateral der A. femoralis. Beim Ausfall des N. femoralis ist durch Lähmung des M. iliopsoas (N. femoralis und Äste aus $L_{2,3}$) und des M. quadriceps femoris ($L_1-L_4$) das Aufrichten des Oberkörpers aus dem Liegen und eine Beugung im Hüftgelenk unmöglich. Beim Stehen knickt der Patient im Kniegelenk ein. Deshalb ist das Treppensteigen nicht mehr möglich.

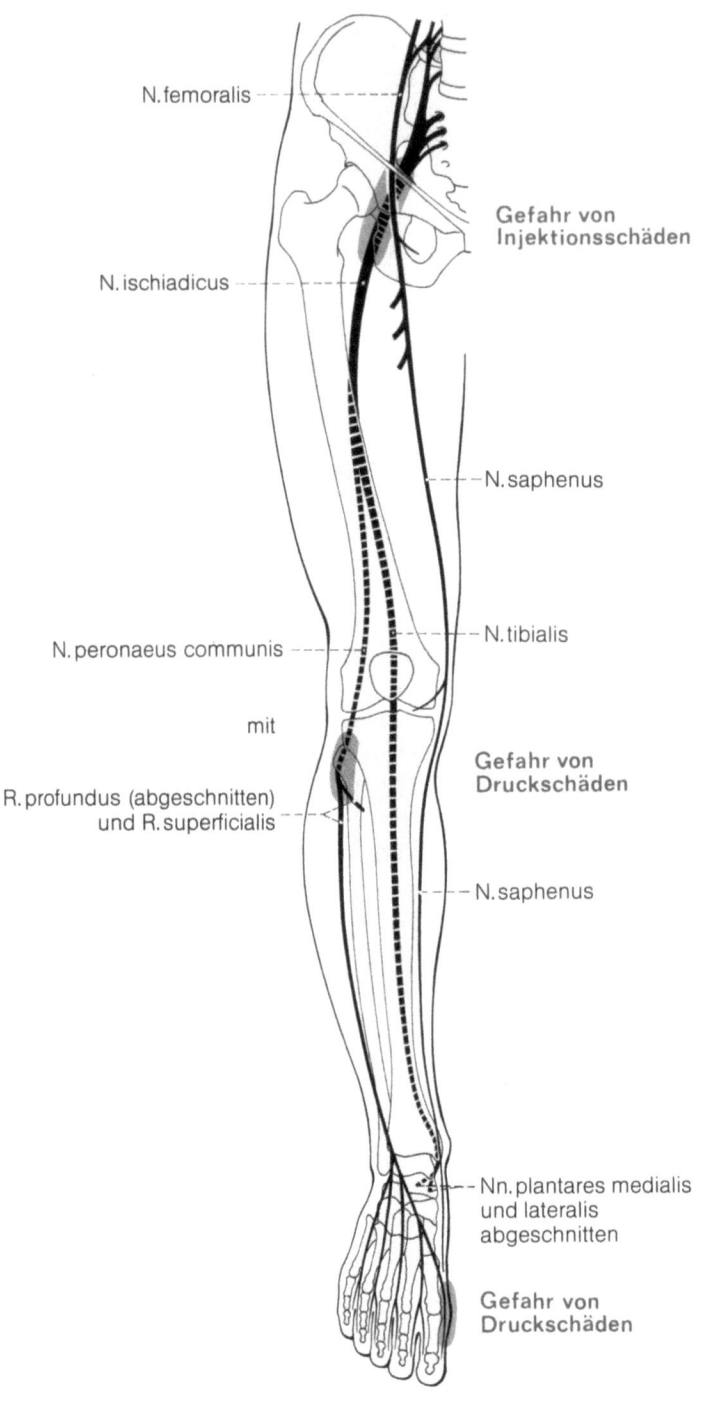

**Abb. 108.** Übersicht über die großen Nerven am Bein. Die besonders gefährdeten Bereiche der Nerven sind rot markiert

N. saphenus   Der N. saphenus ist ein Hautnerv des N. femoralis. Er versorgt die Haut an der Innenseite des Knies, des Unterschenkels und am medialen Fußrand. Seine enge Nachbarschaft zur V. saphena magna muß bei der Venenextraktion nach Babcock berücksichtigt werden. Die Extraktion der varicös erweiterten Vene sollte deshalb von cranial nach caudal erfolgen, da bei diesem Vorgehen die geringsten postoperativen Sensibilitätsstörungen auftreten.

N. obturatorius   Bei Beckenbrüchen ist der N. obturatorius in seinem Verlauf im Canalis obtura-
($L_{(1)2}$–$L_4$)   torius gefährdet. Auf Grund seiner Nachbarschaft zu Beckenorganen (besonders Ovar und Ureter) können Entzündungen dieser Organe auf den Nerv übergreifen. Bei einer Lähmung des N. obturatorius fallen die Mm. adductores aus, die Oberschenkeladduktion ist unmöglich.

**Plexus lumbosacralis**

N. ischiadicus   Bei seinem Verlauf durch die Regio glutaea ist der beim Erwachsenen gut 1,5 cm
($L_4$–$S_3$)   breite N. ischiadicus gefährdet, wenn eine intraglutäale Injektion zu weit medial und caudal verabreicht wird. Bei mageren Patienten fehlt das Fett, das den Nerv gegen Kälte und Druck isoliert. Der Ischiasnerv kann dann beim Sitzen auf kalten Flächen und auf Druck mit einer Entzündung reagieren. Der N. ischiadicus teilt sich in seinem Verlauf am Oberschenkel in den N. tibialis und in den N. peronaeus communis auf.

Bei Ausfall des N. ischiadicus ist eine Beugung im Kniegelenk fast unmöglich. Durch Ausfall aller Extensoren, Flexoren und Peronaeusmuskeln am Unterschenkel sind die Sprunggelenke ohne Halt.

*Lasegue-Zeichen:* Dehnungstest am N. ischiadicus: Patient liegt auf dem Rücken. Am betroffenen Bein beugt der Untersucher zunächst in den Sprunggelenken nach dorsal, darauf wird bei gestrecktem Kniegelenk langsam im Hüftgelenk ventralwärts gebeugt. Der Patient versucht bei einer schmerzhaften Entzündung des N. ischiadicus sofort den so gedehnten Nerv durch eine Flexion im Knieglenk und eine Rumpfausweichbewegung zu entlasten.

N. glutaeus   Der N. glutaeus superior innerviert die Mm. glutaei medius und minimus sowie
superior   den M. tensor fasciae latae. Da die kleinen Glutäalmuskeln für die Austarierung
($L_{4,5}$–$S_1$)   des Beckens beim Gehen und beim Stehen auf einem Bein verantwortlich sind, zeigt sich ein Ausfall des N. glutaeus superior in einer veränderten Beckenstellung: Fällt der N. glutaeus superior auf der Standbeinseite aus, so kippt das Becken nach der Spielbeinseite herab (Trendelenburg-Phänomen).

N. tibialis   Der N. tibialis ist für die Beugemuskeln am Unterschenkel und für die Muskeln
($L_4$–$S_{2(3)}$)   der Planta pedis zuständig. Bei Ausfall des N. tibialis ist der „Zehenstand" nicht mehr möglich, es entwickelt sich der „Hackenfuß".

N. peronaeus   Der N. peronaeus communis schlingt sich – nur von Haut und Unterschenkelfas-
communis   cie bedeckt – ungeschützt in enger Anlehnung um das untere Ende des Fibula-
($L_5$–$S_2$)   köpfchens herum. Er teilt sich in einen N. peronaeus profundus (für die Unterschenkelextensoren) und in einen N. peronaeus superficialis (für die Wadenbeinmuskeln).

Bei falscher längerer Lagerung eines Bewußtlosen, bei schlecht angepaßtem Gehgips und bei übermäßiger Callusbildung nach einer Fibulakopffraktur kann der Nerv gedrückt und geschädigt werden. Durch seine enge Nachbarschaft zum

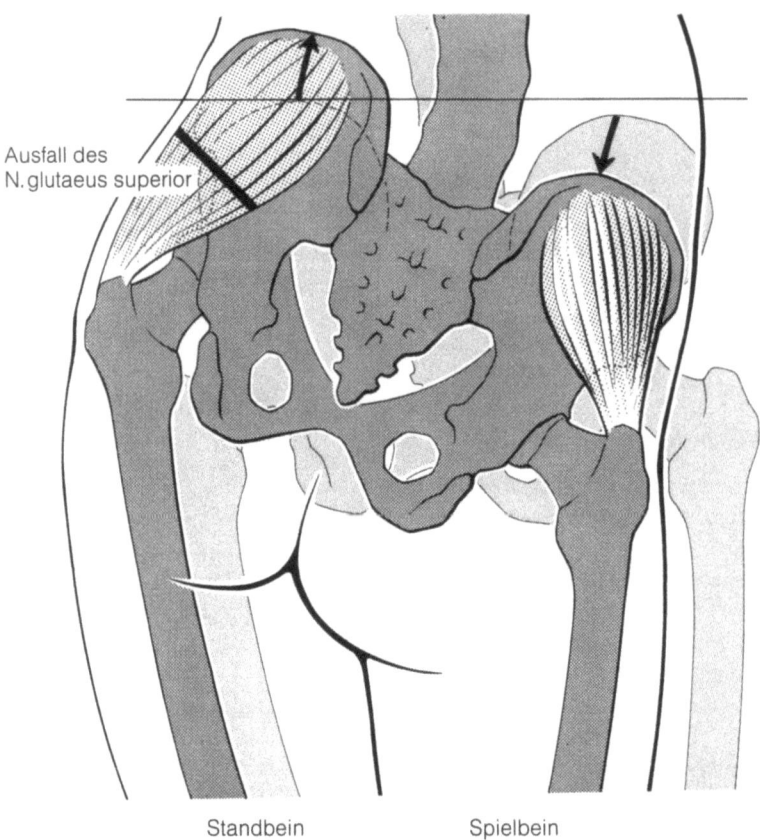

Ausfall des
N. glutaeus superior

Standbein    Spielbein

**Abb. 109.** Trendelenburg-Phänomen beim Ausfall der kleinen Glutäalmuskeln (N. glutaeus superior). Bei Läsion auf der Standbeinseite sinkt das Becken auf der Spielbeinseite ab

Fibulaköpfchen ist er bei Fibulakopffrakturen äußerst gefährdet. Besondere Bedeutung hat der Nerv auch bei der spinalen Kinderlähmung, bei der er oft in der Erstsymptomatik und als Spätschaden mit Ausfällen in Erscheinung tritt.

Ein Ausfall des N. peronaeus communis führt durch Lähmung der Extensoren und Pronatoren in den Sprunggelenken zum „Pes equinovarus", bei dem der laterale Fußrand und die Fußspitze herabhängen.

Beim isolierten Ausfall des N. peronaeus superficialis hängt nur der laterale Fußrand herab (öfters Spätschaden einer nicht erkannten Poliomyelitis). Bei isoliertem Ausfall des N. peronaeus profundus steht der Fuß in „Spitzfußstellung".

## Wichtige Nervenreflexe am Bein

Cremasterreflex ($L_1$, $L_2$)  Streicht man an der Haut auf der Innenseite des Oberschenkels entlang, so kontrahiert sich der gleichseitige M. cremaster, und der Hoden wird angehoben.

| | |
|---|---|
| Patellarsehnen-<br>reflex ($L_2$–$L_4$) | Ein Schlag mit einem Reflexhammer auf das Ligamentum patellae führt bei entspanntem Kniegelenk zur kurzfristigen Streckbewegung im Gelenk. Pathologisch ist eine Reflexsteigerung (Seitenvergleich!) oder sein Ausfall. |
| Achillessehnen-<br>reflex ($L_5$–$S_2$) | Bei entspannten Wadenmuskeln und locker gehaltenen Sprunggelenken wird mit dem Reflexhammer gegen die Achillessehne geschlagen. Der Reiz wird mit einer Plantarflexion des Fußes beantwortet. Pathologisch ist eine Reflexsteigerung (Seitenvergleich!) oder sein Ausfall. |
| Fußsohlenreflex<br>($L_5$–$S_2$) | Streicht man am lateralen Fußsohlenrand bei entspannten Sprunggelenken entlang, führt dies zu einer Plantarflexion der Großzehe. Pathologisch ist eine Dorsalflexion der Großzehe bei gleichzeitiger fächerförmiger Spreizung der übrigen Zehen (Babinski positiv). Physiologisch ist ein positiver Babinski beim Säugling bis etwa gegen Ende des ersten halben Lebensjahres. |

# Schädelbasis, Hirnhäute und Liquorzirkulation

**Inhalt**

| | |
|---|---|
| Schädelbasis. | 222 |
|     Durchtrittsstellen von Gefäßen und Nerven in der Schädelbasis | 224 |
| Hirnhäute. | 225 |
| Liquorzirkulation | 228 |
|     Hydrocephalus | 229 |
|     Liquorpunktionen. | 229 |
| Sinus durae matris | 232 |

# Schädelbasis

Die Schädelbasis ähnelt in ihrer terassenartigen Gliederung einer dreistufigen Treppe. Die obere Treppenstufe entspricht der vorderen Schädelgrube, die mittlere Stufe der mittleren Schädelgrube und die untere Stufe wäre mit der Fossa cranii posterior gleichzusetzen. Den Treppenstufenkanten entsprächen rechts und links der kleine Keilbeinflügel und die obere Felsenbeinkante. Zur Verstärkung der Schädelbasis sind knöcherne Verstrebepfeiler vorhanden:

1. *Sagittaler Verstrebepfeiler:* Crista galli – Keilbeinkörper – Rand des Foramen occipitale magnum – Cristae occipitales interna und externa. Die Falx cerebri und die Falx cerebelli verstärken die sagittale Verstrebung.
2. *Vorderer querer Verstrebepfeiler:* Beidseits die Ala minor und Ala major des Os sphenoidale, dazwischen das Corpus ossis sphenoidalis.
3. *Hinterer querer Verstrebepfeiler:* Beidseits die Pars petrosa des Os temporale, dazwischen der Clivus.

Die knöchernen Verstrebepfeiler und die Durchtrittsöffnungen für Nerven und Gefäße in der Schädelbasis prädestinieren bevorzugte Frakturverläufe durch die Schädelbasis. Fällt eine Fraktur durch eine oder mehrere der Öffnungen in der Schädelbasis, so können die hier durchtretenden Nerven und Gefäße betroffen sein. Bei Frakturen durch das Os ethmoidale mit Zerreißung von Dura und Arachnoidea träufelt Liquor aus der Nase. Bei einem Bruch der Pars petrosa des Os temporale mit Dura- und Arachnoideabeteiligung kann Liquor aus dem Ohr austreten.

Die Knochen des Schädels, besonders ausgeprägt bei den Knochen des Schädeldaches erkennbar, sind aus drei Schichten aufgebaut: Tabula externa, Diploe und Tabula interna. Tabula externa und Tabula interna sind harte Compactastrukturen. Die Tabula interna ist „glashart", neigt bei Frakturen zum Splittern und wurde deshalb auch früher treffend als „Lamina vitrea" bezeichnet. Die mittlere Knochenschicht, die Diploe, ist eine von weiten Diploevenen durchzogene Spongiosa. Diese sinnvolle Dreischichtung unterschiedlich fester Knochenstrukturen ist bei Gewalteinwirkungen für eine gewisse Elastizität und Verformbarkeit des Schädels verantwortlich. Häufig wird das Schädeldach in seinem Aufbau mit einer splitterfreien Windschutzscheibe verglichen. Mit zunehmendem Lebensalter nimmt die Elastizität der Schädelknochen ab.

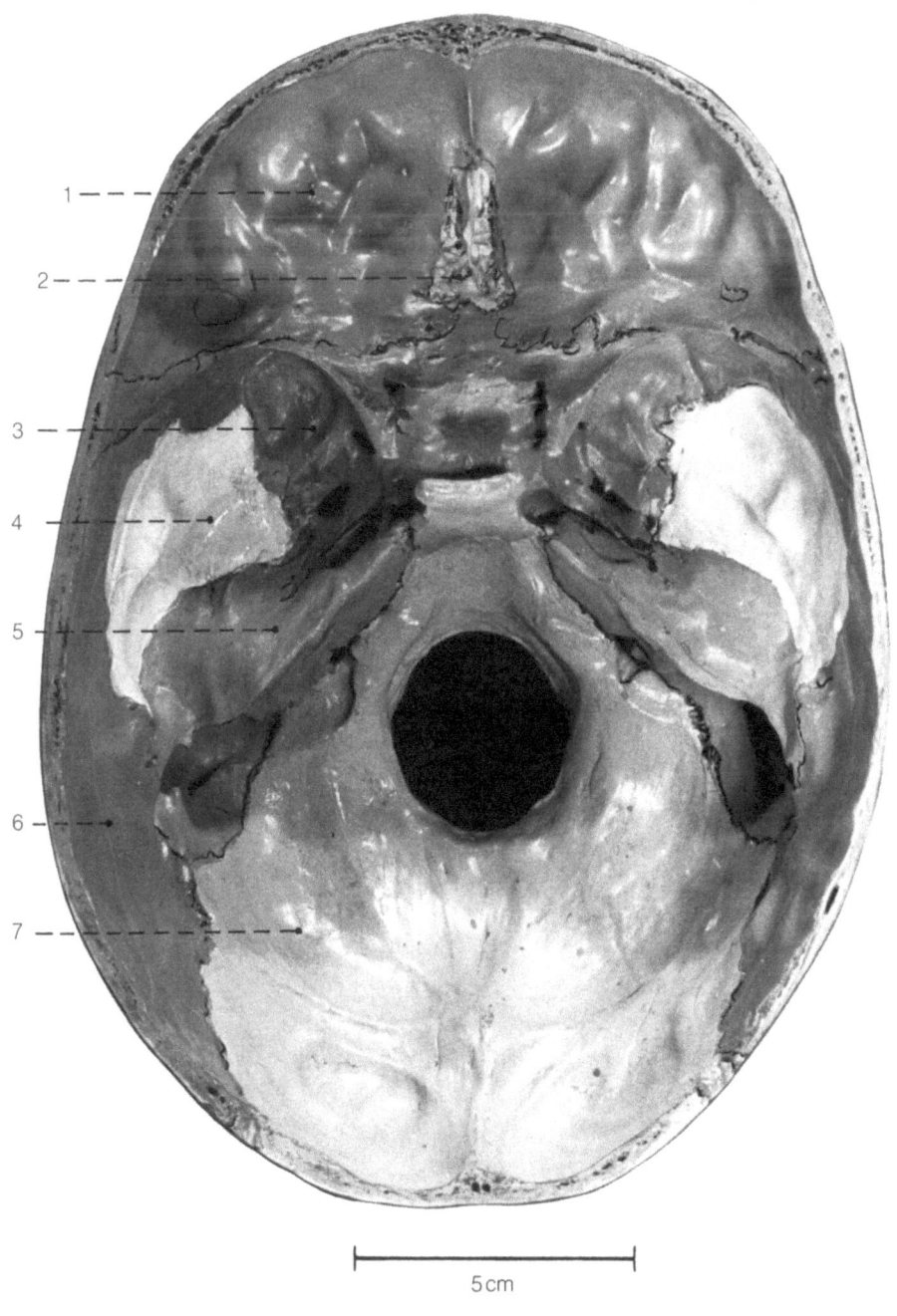

**Abb. 110.** Schädelbasis in der Ansicht von oben. *1* = Os frontale, *2* = Lamina cribrosa ossis ethmoidalis, *3* = Ala magna ossis sphenoidalis, *4* = Pars squamosa ossis temporalis, *5* = Pars petrosa ossis temporalis, *6* = Os parietale, *7* = Os occipitale

## Durchtrittsstellen von Gefäßen und Nerven in der Schädelbasis

| Schädelgruben | Öffnung | Nerv, Gefäß |
|---|---|---|
| Vordere Schädelgrube | Lamina cribrosa des Os ethmoidale | Nervi olfactorii<br>A. ethmoidalis anterior nach Abgang der<br>A. meningea anterior |
| Mittlere Schädelgrube (mit Sella turcica) | Canalis nervi optici | N. opticus<br>A. ophthalmica |
| | Fissura orbitalis superior | N. oculomotorius<br>N. trochlearis<br>N. abducens<br>N. ophthalmicus<br>V. ophthalmica superior |
| | Canalis caroticus | A. carotis interna |
| | Foramen rotundum | N. maxillaris |
| | Foramen ovale | N. mandibularis |
| | Foramen spinosum | A. meningea media |
| Hintere Schädelgrube (mit Foramen magnum) | Porus acusticus internus | N. facialis<br>N. intermedius<br>N. vestibulocochlearis<br>A. labyrinthi |
| | Foramen jugulare | N. glossopharyngeus<br>N. vagus<br>N. accessorius<br>Bulbus superior der<br>V. jugularis interna<br>A. meningea posterior |
| | Foramen magnum | Medulla oblongata<br>Pars spinalis nervi accessorii<br>Aa. vertebrales |
| | Canalis nervi hypoglossi | N. hypoglossus |

# Hirnhäute

### Einteilung

Dura mater encephali: Harte Hirnhaut.
Arachnoidea encephali: Gefäßfreie Spinngewebshaut des Gehirns.
Pia mater encephali: Weiche Hirnhaut.

Pia mater encephali und Arachnoidea encephali werden in der Klinikersprache auch als Leptomeningen bezeichnet, Dura mater encephali und das mit ihr verklebte innere Schädelperiost auch als Pachymeninx.

### Gefäße und Nerven

Arterielle Versorgung
*A. meningea anterior* (aus A. ethmoidalis anterior neben der Crista galli).
*A. meningea media* (aus A. maxillaris durch das Foramen spinosum eintretend).
*A. meningea posterior* (aus A. pharyngea ascendens meist durch das Foramen jugulare eintretend).

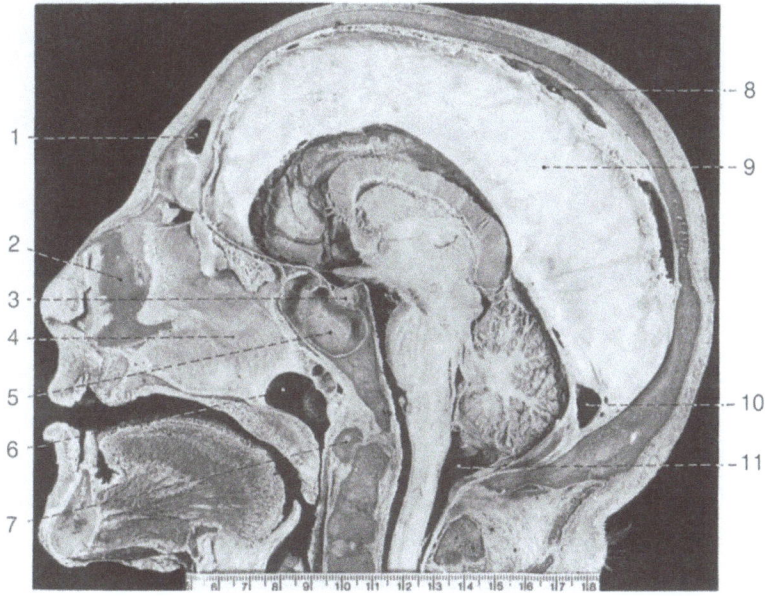

**Abb. 111.** Mediansschnitt durch den Kopf. *1* = Sinus frontalis, *2* = Pars cartilaginea septi nasi, *3* = Hypophyse, *4* = Pars ossea septi nasi, *5* = Sinus sphenoidalis, *6* = Choane, *7* = Arcus anterior atlantis, *8* = Sinus sagittalis superior, *9* = Falx cerebri, *10* = Confluens sinuum, *11* = Cisterna cerebellomedullaris

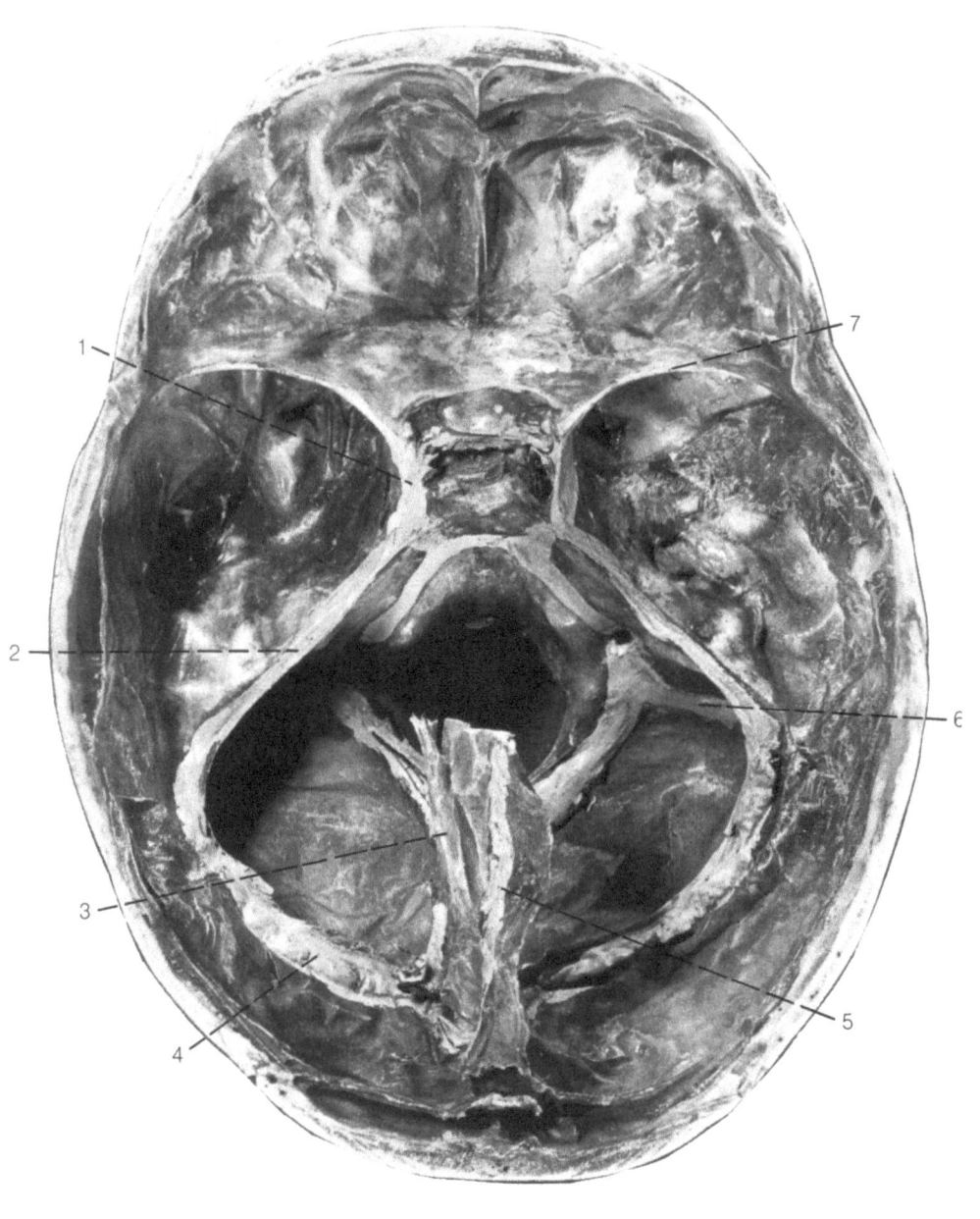

**Abb. 112.** Sinus durae matris an der Schädelbasis. *1*=Sinus cavernosus, *2*=Sinus petrosus superior, *3*=Sinus rectus, *4*=Sinus transversus, *5*=Sinus sagittalis superior, *6*=Sinus sigmoideus, *7*=Sinus sphenoparietalis

Die epidural verlaufenden Arterien können bei Schädelfrakturen einreißen. Es entwickelt sich langsam ein epidurales Hämatom.

Venöser Abfluß  Das venöse Blut der Hirnhäute fließt in die benachbarten Sinus durae matris ab. Es bestehen allgemein Verbindungen zwischen den Sinus und Diploevenen. Vielfach stehen auch äußere Kopfvenen über die Diploevenen mit Sinus in Verbindung (möglicher Weg für eine hämatogene Verschleppung von Erregern, die zu einer Meningitis führen kann).

Innervation  Die Dura mater encephali wird vom N. trigeminus (vordere und mittlere Schädelgrube) und vom N. vagus (hintere Schädelgrube) sensibel versorgt.

**Schichtung der Hirnhäute**

Epiduralraum  Ein Epiduralraum (Raum zwischen Dura und Periost) existiert nur im Bereich der Dura mater spinalis im Wirbelkanal. Im Schädelinnern fehlt er. Er kann sich aber im pathologischen Fall bei einer epiduralen Blutung entfalten.

Subduralraum  Verklebter Spaltraum zwischen Dura mater und Arachnoidea.

Subarachnoidal-  Spaltraum zwischen der allen Hirnwindungen und Hirnfurchungen folgenden
raum  Pia mater encephali und der die Sulci (Vertiefungen) und Gyri (Furchungen) am Zentralnervensystem überspannenden Arachnoidea. Der Subarachnoidalraum ist der extracerebrale Liquorraum. In ihm verlaufen die Hirnarterien und Venen der Hirnrinde durch ein Trabekelnetz von Bindegewebsfasern, die Arachnoidea und Pia mater säulenartig untereinander verbinden. Ein Einriß der Leptomeningen mit ihrem Venennetz führt zur Blutung in den Liquor cerebrospinalis.

**Zisternen**

Erweiterte Subarachnoidalräume an vertieften und verbreiterten Hirnfurchungen werden als Zisternen bezeichnet. Klinisch bedeutend ist die Cisterna cerebellomedullaris, die für Liquoruntersuchungen punktiert werden kann (Suboccipitalpunktion).

# Liquorzirkulation

Der Liquor cerebrospinalis wird in den Plexus chorioidei der 4 Hirnventrikel, im Wandependym der Ventrikel und im cerebralen Subarachnoidalraum gebildet. Seine Gesamtmenge beträgt beim Erwachsenen etwa 100–180 ml. Als Resorptionsstätten des Liquors sind bekannt: Die Arachnoidalzotten in den Sinus durae matris, Lymphbahnen entlang den Hirn- und Spinalnervenscheiden; das Ependym der Hirnventrikel (besonders beim Kind) und Venen des extracraniellen Liquorraumes.

Liquorströmung  Aus den Plexus chorioidei der Seitenventrikel → Foramina interventricularia → 3. Ventrikel → Aquaeductus cerebri → 4. Ventrikel → Aperturae laterales und mediana in den Subarachnoidalraum. Besondere Engstellen sind an den Foramina interventricularia und im Aquaeductus cerebri.

Liquordruck  Beim liegenden Patienten beträgt der Liquordruck im Lumbalbereich
    a) Kind:        5–10 cm $H_2O$
                       (490–980 Pa).
    b) Erwachsener:  8–20 cm $H_2O$
                       (785–1961 Pa).

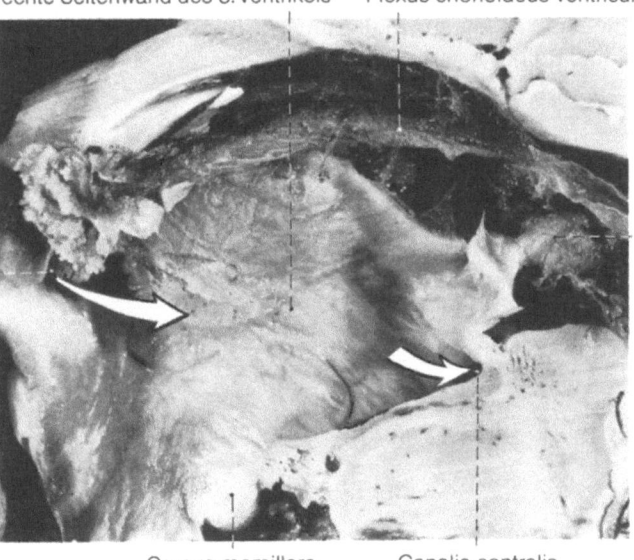

**Abb. 113.** Medianer Sagittalschnitt durch den dritten Ventrikel. Die Pfeile geben die Hauptstromrichtung des Liquor cerebrospinalis durch den dritten Ventrikel an

Blut-Liquor-Schranke  Grenze in der Kapillarwand der Plexus chorioidei und in der Wand der Pia mater zum Liquorraum hin. Zum Nachweis von Substanzen im Liquor cerebrospinalis von diagnostischem Interesse. Eine gesunde Blut-Liquor-Schranke ist für die physiologische Zusammensetzung des Liquors verantwortlich. Bei Hirnhautentzündungen ist die selektiv arbeitende Blut-Liquor-Schranke gestört. Es verändert sich die quantitative Zusammensetzung des Liquors, und es dringen auch Stoffe in den Liquorraum ein, die beim Gesunden die Schranke sonst nicht durchwandern können.

## Hydrocephalus

Ein Hydrocephalus („Wasserkopf") ist eine durch Liquorstau und erhöhten Liquordruck bedingte Hirnschädelvergrößerung. Je nach Lage der Störung im Liquorkreislauf unterscheidet man zwischen einem Hydrocephalus internus und einem Hydrocephalus externus.

Hydrocephalus internus  Liquorabflußstörung aus den Ventrikeln in den Subarachnoidalraum (besonders an den Engstellen Verlegungen). Folge: Erweiterte Seitenventrikel bei Verlegung der Foramina interventricularia, erweiterte Seitenventrikel und dritter Ventrikel bei Verlegung des Aquaeductus cerebri. Die Hirnsubstanz wird nach außen gedrückt und geschädigt. Ohne Therapie würden schwerste cerebrale Erscheinungen auftreten. Im Kindesalter wird beim sich langsam entwickelnden Liquorstau die knöcherne Schädelkapsel auseinandergedrängt. Die Therapie erfolgt über eine dauernd funktionstüchtig zu haltende Ventrikeldrainage.

Hydrocephalus externus  Resorptionsstörung des Liquor cerebrospinalis. Der Subarachnoidalraum wird erweitert. Das Gehirn wird von außen her komprimiert, die Knochen des Schädeldaches werden auseinandergedrängt.

## Liquorpunktionen

Diagnostische Liquormenge  Die zur Diagnostik notwendige Liquormenge von etwa 15 ml ist in knapp 10 h wieder ersetzt.

### Suboccipitalpunktion

Vor Durchführung dieser Punktion sollte man sich im klaren sein, daß die zu punktierende Cisterna cerebellomedullaris beim Erwachsenen nur etwa 1,5 cm tief und 0,3–0,5 cm breit ist. Man sollte auch wissen, daß die A. cerebelli inferior posterior nicht selten Schlingen bildet und dadurch in der zu punktierenden Zisterne von der Kanüle getroffen werden kann.

Technik  Der sitzende Patient soll den Kopf beugen und das Kinn gegen das Brustbein drücken. Den Hals soll er etwas dorsalwärts drängen. Durch den Raum zwischen Os occipitale und dorsalem Atlasbogen, der durch das Ligamentum nuchae überspannt wird, kann die Cisterna cerebellomedullaris punktiert werden. Die Kanüle sollte zunächst gegen die Protuberantia occipitalis externa des Os occipitale geführt werden. Hat sie diese erreicht, gleitet sie am Os occipitale caudalwärts zur Membrana atlantooccipitalis. Diese bietet, etwa 3 cm tief gelegen, ei-

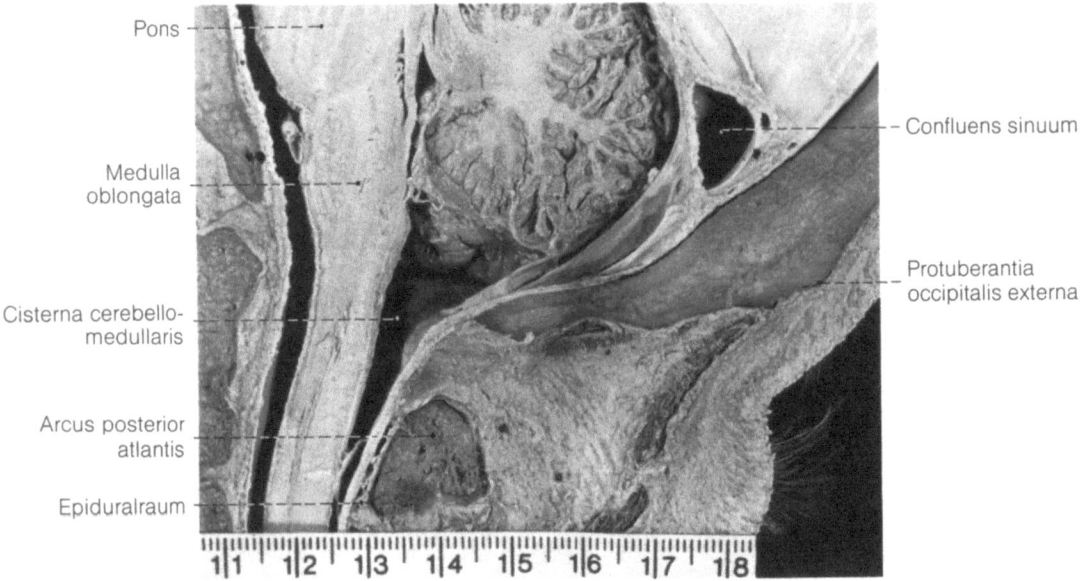

**Abb. 114.** Medianschnitt durch den Bereich um die Cisterna cerebellomedullaris. Beachte die Größen- und Tiefenverhältnisse unter dem Gesichtspunkt der Suboccipitalpunktion

nen derberen Widerstand. Die Kanüle durchsticht nach ihr Dura mater und Arachnoidea spinalis. Sie gelangt in die beim Erwachsenen in Punktionsstellung etwa 1,5 cm tiefe Cisterna cerebellomedullaris (maximale Werte bis 2 cm). Nach vorsichtigem Entfernen des Mandrins kann langsam Liquor entnommen werden.

**Lumbalpunktion**

Das Rückenmark endet mit seinem Conus medullaris beim Mann in Höhe zwischen $L_1$ und $L_2$, bei der Frau in Höhe von $L_2$. Beim Neugeborenen reicht das caudale Ende des Rückenmarks bis in die Höhe des 3. Lumbalwirbels.

Lumbalpunktionen können deshalb beim Erwachsenen gefahrlos zwischen den Dornfortsätzen von $L_3/L_4$ und $L_4/L_5$, beim Neugeborenen nur zwischen $L_4/L_5$ durchgeführt werden.

Technik  Der Patient soll mit gekrümmtem Rücken (Knie an das Kinn) an der Bettkante möglichst waagerecht liegen. Die Verbindungslinie der beiden höchsten Punkte der Cristae iliacae trifft auf den Raum zwischen den Dornfortsätzen von $L_3/L_4$. Zur Punktion eingegangen wird nach Desinfektion und vorheriger Lokalanästhesie mitten zwischen den Dornfortsätzen von $L_3$ und $L_4$ (nur beim Erwachsenen) oder $L_4$ und $L_5$. Die Ausrichtung der genau in der Medianen eingestochenen Kanüle erfolgt geringgradig nach cranial in die Tiefe, etwa in Richtung auf den Nabel zu. Bleibt man in der Medianen, so gibt das kräftige Ligamentum interspinale der Kanüle eine gute seitliche Führung. Kommt man jedoch von der Richtung ab, oder sticht man nicht in der Medianen ein, verbiegt sich die Punktionsnadel an den derben Bändern und sucht sich einen falschen Weg. Nach etwa 4–4,5 cm ist der Epiduralraum mit seinen Venengeflechten erreicht.

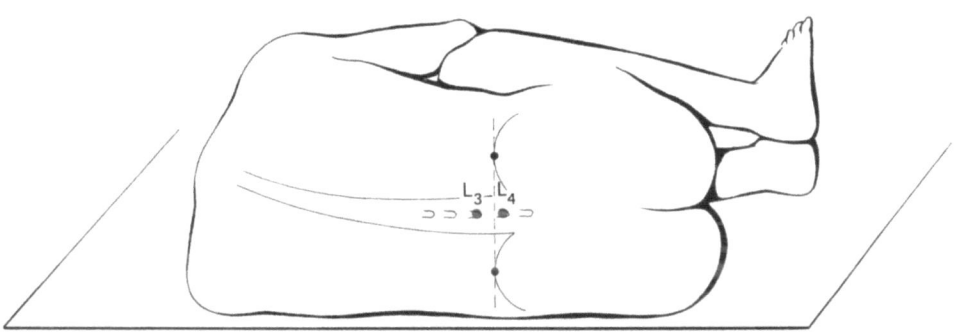

**Abb. 115.** Lagerung und Bestimmung der Einstichstelle bei der Lumbalpunktion

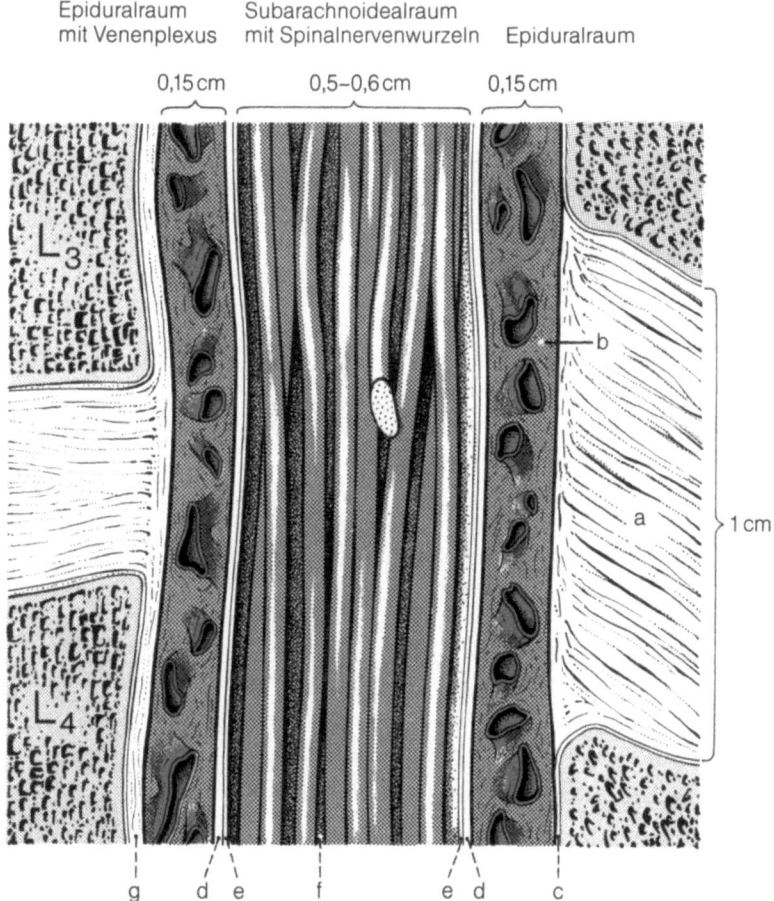

**Abb. 116.** Medianschnitt durch den Wirbelkanal und Interspinalraum in Höhe des 3. und 4. Lendenwirbelkörpers beim Erwachsenen. $a$ = Ligamentum interspinale, $b$ = Epiduralraum, $c$ = Periost, $d$ = Dura mater spinalis, $e$ = Arachnoidea spinalis, $f$ = Liquor cerebrospinalis, $g$ = Ligamentum longitudinale posterius

Man spürt mit dem Mandrin den federnden Widerstand der Dura mater, der fühlbar durchstochen wird. Nach weiterem 2 mm Vorschieben der Kanüle ist ihre Spitze im lumbalen Liquorraum angelangt. Nach vorsichtigem Entfernen des Mandrins (erhöhter Liquordruck möglich!) kann Liquor entnommen werden. Während der Lumbalpunktion wird gern der Queckenstedt-Versuch durchgeführt.

Queckenstedt-Phänomen  Durch sanften Druck mit Daumen- und Fingerspitzen auf beide Vv. jugulares internae am Hals erhöht sich durch die venöse Abflußbehinderung der Venendruck im Schädelinnern, der Liquordruck steigt. Das zeigt sich im rascheren Abtropfen des Liquors an der Lumbalpunktionsstelle. Das Ausbleiben dieses physikalisch leicht einleuchtenden Phänomens wird als „Queckenstedt positiv" bezeichnet. Ein positiver Queckenstedt findet sich bei Liquorabflußstörungen aus den Ventrikeln in den spinalen Liquorraum, aber auch bei Verlegung des spinalen Liquorraumes oberhalb der Punktionsstelle.

# Sinus durae matris

Sinus sind stets offene, klappenlose, venöse Blutleiter, die zwischen den beiden Blättern der Dura mater ausgespannt sind. Die Sinus durae matris führen das Blut aus den Hirnhäuten, der Hirnoberfläche und im Sinus rectus auch das Blut aus der V. cerebri magna. Über die Sinus sigmoidei mündet das Blut aus dem Gehirn und den Hirnhäuten in die beiden Vv. jugulares internae. Vielfach stehen die Sinus mit Diploevenen in Verbindung. Eine Übersicht über die Sinus im Bereich der Schädelgrube gibt Abb. 112.

Klinisch besonders bedeutsam sind folgende Sinus:

*Sinus cavernosus* (Gefahr der Sinusthrombose, z. B. bei Gesichtsfurunkeln).
*Sinus sagittalis superior* (Blutentnahme beim Säugling).
*Sinus transversus* (Einrißgefahr bei Zangen- und Vakuumextraktionen in der Geburtshilfe).
*Sinus sigmoideus* (Gefahr der Sinusthrombose bei verschleppten Mittelohrentzündungen).

# Gehirn und Rückenmark

**Inhalt**

| | |
|---|---|
| Gehirn | 234 |
|     Hirngefäße | 234 |
|     Hirnstamm und basale Ganglien | 238 |
|     Capsula interna | 244 |
|     Limbisches System | 246 |
| Rückenmark | 248 |
|     Übersicht | 248 |
|     Bahnen | 250 |
|     Ausfallerscheinungen bei Verletzungen | 252 |

# Gehirn

## Hirngefäße

### Hirnarterien

Die Arterien des Großhirns beziehen ihr Blut etwa zu je ein Drittel aus der rechten und linken A. carotis interna und aus der unpaaren A. basilaris. Die A. basilaris entsteht aus dem Zusammenfluß der beiden Aa. vertebrales. Die Hirnarterien stehen an ihrem Ursprung durch in Kaliber und Zahl sehr variable Rami communicantes untereinander in Verbindung. So hat sich um die Sella turcica herum ein arterieller Anastomosenkranz (Circulus arteriosus Willisi) gebildet. Dieser Arterienkranz mit seinen meist sehr dünnen Anastomosen ist bei einer plötzlichen Verlegung einer A. carotis interna oder der A. basilaris nicht in der Lage, das betroffene Hirngebiet ausgleichend mit Blut zu versorgen. Hirnarterien sind funktionelle Endarterien.

*A. carotis interna*

Die A. carotis interna gibt direkte Äste ab:
Untere Äste zur Hypophyse, Ästchen zum Ganglion trigeminale, die A. ophthalmica, A. cerebri media, A. communicans posterior, A. cerebri anterior und davor Aa. centrales und obere Hypophysenarterien.

A. cerebri anterior (mittlerer Durchmesser 2,1 ± 0,5 mm, nach Lang).
Ihre Versorgungsgebiete sind: Der vordere Hypothalamusbereich, die vorderen Abschnitte des Striatums, des Pallidums und der Capsula interna; die Gyri frontales superior und medius und die der Falx cerebri zugewandte Seite des Frontallappens; das Corpus callosum und das Septum pellucidum und schließlich die der Falx cerebri benachbarte Hirnrinde bis hin zum Praecuneusgebiet.

A. cerebri media (mittlerer Durchmesser 2,7 ± 0,4 mm, nach Lang).
Die A. cerebri media erscheint in ihrer Verlaufsrichtung und in ihrem Kaliber als direkte Fortsetzung der A. carotis interna. Sie verläuft in mehreren Ästen in der Fissura lateralis (Sylvii).

Die A. cerebri media gibt unmittelbar nach ihrem Ursprung viele feine zentrale Ästchen zu den mittleren Bereichen des Thalamus, des Striatums, des Pallidums und der Capsula interna ab. Sie versorgt das Claustrum und die Capsula externa, die Inselrinde und verzweigt sich bis zum Plexus chorioideus des Unterhorns.

Ihre corticalen Äste erreichen am Frontallappen die Gyri frontales medius und inferior mitsamt den benachbarten basalen Rindenarealen, am Temporal- und Parietallappen sind sie für die Blutversorgung der lateralen Bereiche zuständig.

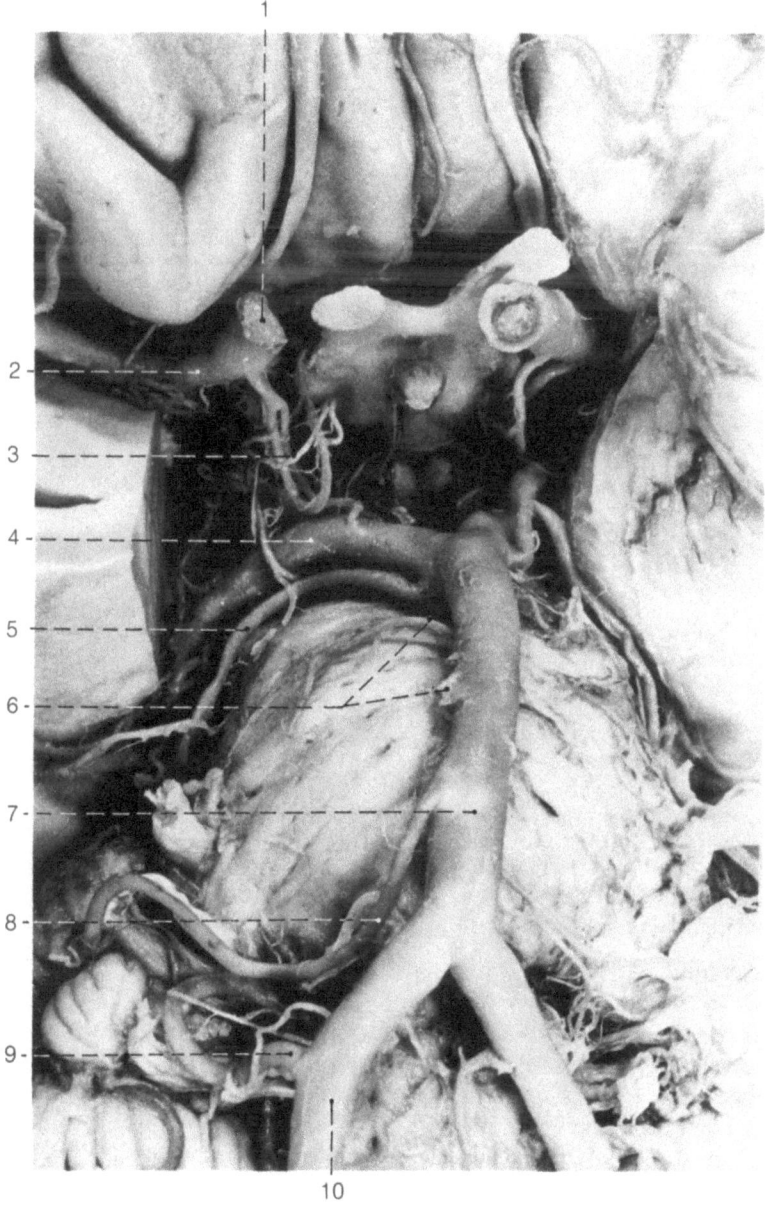

**Abb. 117.** Ansicht von caudal auf den Hirnstamm mit den Hirnarterien. *1* = A. carotis interna, *2* = A. cerebri media, *3* = A. communicans posterior, *4* = A. cerebri posterior, *5* = A. cerebelli superior, *6* = A. labyrinthi und Rr. ad pontem, *7* = A. basilaris, *8* = A. cerebelli inferior anterior, *9* = A. cerebelli inferior posterior, *10* = A. vertebralis

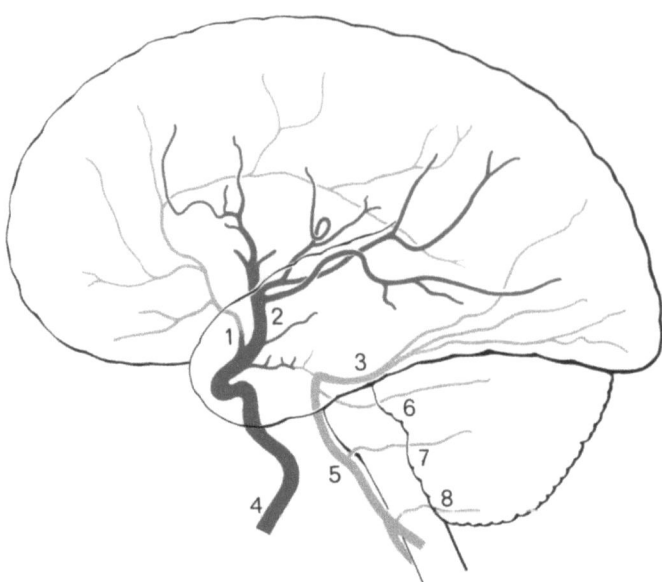

**Abb. 118.** Lateralansicht auf eine schematisierte Hirnarterienverzweigung. *1* = A. cerebri anterior, *2* = A. cerebri media, *3* = A. cerebri posterior, *4* = A. carotis interna, *5* = A. basilaris, *6* = A. cerebelli superior, *7* = A. cerebelli inferior anterior, *8* = A. cerebelli inferior posterior

*A. basilaris* (mittlerer Durchmesser zwischen 4,1 und 4,5 mm, nach Lang).

Die A. basilaris entsteht aus dem Zusammenfluß der beiden Aa. vertebrales. Sie reicht beim Erwachsenen über eine Verlaufsstrecke von etwa 3 cm entlang der Brücke bis zu ihrer Endaufteilung in die beiden Aa. cerebri posteriores.

A. cerebri posterior (mittlerer Durchmesser 2,1 ± 0,1 mm, nach Lang).

Die A. cerebri posterior beginnt im Regelfall als Endast der hier etwa 3 mm starken A. basilaris am vorderen Brückenrand. In etwa jedem 10. Fall gehört die A. cerebri posterior in das Hauptströmungsgebiet der A. carotis interna. Auf ihrem bogenförmigen Verlauf um das Mittelhirn gibt die hintere Großhirnarterie zunächst Äste zum caudalen Bereich des Thalamus ab. Weitere zentrale Äste entsendet sie zu den hinteren Abschnitten der Stammganglien, zur Capsula interna, zum Tectum, zum Tegmentum und zum Corpus geniculatum laterale. Sie stellt auch den Hauptzufluß zum Plexus chorioideus der Seitenventrikel und des 3. Ventrikels. Die A. cerebri posterior verläuft an der oberen Kante des freien Tentoriumrandes entlang und teilt sich in 2 Endäste auf. Diese versorgen am Occipitallappen das Cuneusgebiet und die konvexe Fläche der Hirnrinde und reichen bis zu den basalen Rindenflächen des Temporallappens.

A. cerebelli superior (mittlerer Durchmesser 1,9 mm, nach Hardy).

Die A. cerebelli superior verläuft dorsal des N. oculomotorius nach lateral, biegt um den Hirnschenkel herum und zieht in der Cisterna ambiens dorsocranialwärts. Sie versorgt die Vierhügelplatte, die Zirbeldrüse, den oberen Kleinhirnstiel, die Kleinhirnkerne und die dem Tentorium cerebelli zugewandte Seite der Kleinhirnrinde mit dem zugehörigen Kleinhirnmark.

| | |
|---|---|
| Rami ad pontem | (meist 8 feine Ästchen, bis zu 18 Seitenzweige). |
| | Die feinen Brückenarterien reichen mit ihren Ästchen bis zu den Kerngebieten der Rautengrube. |
| A. labyrinthi | Die A. labyrinthi ist ein feiner langer Ast aus dem unteren Bereich der A. basilaris. Häufig (63%) entspringt sie aus der A. cerebelli inferior anterior. Die A. labyrinthi versorgt im wesentlichen das Innenohr. |
| A. cerebelli inferior anterior | (mittlerer Durchmesser um 0,25 mm, nach Lang). |
| | Die im Verlauf variable Arterie ist im Regelfall ein Ast aus dem caudalen Bereich der A. basilaris. Die A. cerebelli inferior anterior versorgt laterale Anteile der Brücke und den im Recessus lateralis des 4. Ventrikels gelegenen Plexus chorioideus. Sie gibt Zweige zum Tegmentum, zum mittleren Kleinhirnstiel und zur Kleinhirnrinde um die Fissura horizontalis und um die Fossa cerebellaris ab. Aus der A. cerebelli inferior anterior gehen im Bereich des Kleinhirnbrückenwinkels auch feine Ästchen zu den benachbarten Hirnnerven VII und VIII ab. Im Regelfall (63%) ist die A. labyrinthi ein Ast der A. cerebelli inferior anterior. |
| A. cerebelli inferior posterior | (mittlerer Durchmesser zwischen 1–4 mm, nach Lang). |
| | Diese Arterie versorgt den unteren Kleinhirnbereich, die Tonsilla cerebelli, den Unterwurm und gibt Ästchen zur Medulla oblongata und zum Plexus chorioideus des 4. Ventrikels ab. Gemeinsam mit der A. cerebelli superior versorgt sie den Nucleus dentatus. |
| | Die *A. cerebelli inferior posterior* ist meist (um 80%) ein *Ast der A. vertebralis*, selten (in etwa 10%) entspringt sie aus der A. basilaris. In den restlichen Fällen ist die Arterie so schwach angelegt oder fehlt, daß ihr Versorgungsgebiet von anderen Arterien mitübernommen werden muß. |

**Zur Klinik der Hirnarterien**

| | |
|---|---|
| Blut-Hirn-Schranke | „Grenzschranke" zwischen der Grundsubstanz der Perivasculärräume und dem Hirngewebe. Die besondere klinische Bedeutung der Blut-Hirn-Schranke liegt u.a. auch darin, daß bestimmte Pharmaca und Giftstoffe diese Barriere nicht überwinden können. |
| Aneurysmen von Hirnarterien | Circumscripte Wanderweiterung einer Hirnarterie mit noch unklarer Genese. Aneurysmen an Hirnarterien sind in 4–8% (Lang) zu erwarten und finden sich besonders gehäuft (etwa 85%, Lang) im vorderen Bereich des Circulus arteriosus cerebri. |
| Ausfall der A. cerebri media | Typische Ausfallerscheinungen sind: |
| | Kontralaterale Hemiplegie und kontralaterale Hemianaesthesie, motorische und sensorische Aphasie und homonyme Hemianopsie. |
| Verschluß der A. labyrinthi | Plötzliche Hör- und Gleichgewichtsstörungen. |

**Hirnvenen**

| | |
|---|---|
| Äußere Hirnvenen | *Vv. cerebri superiores* sammeln das Blut der Hirnrinde von der konvexen Seite des Telencephalon und führen es in den Sinus sagittalis superior ab. |
| | *Vv. cerebri inferiores* sammeln das Blut der Hirnrinde von der basalen Seite des Telencephalon und führen es in den Sinus transversus ab. |

*Die Vv. cerebri mediae superficialis und profunda,* die in der Fissura lateralis Sylvii verlaufen, und die *V. cerebri anterior* münden in die V. basalis. Die V. cerebri media superficialis hat Anastomosen zum Sinus sagittalis superior (Trolard-Anastomose) und zum Sinus transversus (Labbé-Anastomose). Die V. basalis zieht um die Hirnschenkel dorsocranialwärts und vereinigt sich über der Vierhügelplatte mit der V. cerebri magna oder der V. cerebri interna.

Die *Vv. occipitales* und *Vv. cerebellares* münden in den Sinus transversus und in den Sinus sigmoideus.

Klinik Blutungen aus den äußeren Hirnvenen sind für die meisten subduralen Hämatome verantwortlich. Diese Blutungen brechen im Regelfall in den Subarachnoidalraum ein. Der Liquor cerebrospinalis ist dann blutig getrübt.

Innere Die inneren Hirnvenen sammeln sich zur unpaaren *V. cerebri magna* (Galeni),
Hirnvenen die in den Sinus rectus einmündet.

Einzugsgebiete der V. cerebri magna sind: über die *Vv. cerebri mediae* und *anterior* große Bereiche der Hirnrinde und des Marklagers des Telencephalon, der Plexus chorioideus der beiden Seitenventrikel und des 3. Ventrikels, Anteile des Diencephalons, des Striatums, des Mesencephalons, der Pons und des Kleinhirns.

## Hirnstamm und basale Ganglien

### Definition

Unter dem Begriff „*Hirnstamm*" werden die Stammganglien des Telencephalon, das Diencephalon, das Mesencephalon, die Pons und die Medulla oblongata zusammengefaßt.

### Systematische Einteilung des Gehirns

Telencephalon   (=Endhirn).
Diencephalon    (=Zwischenhirn).
Mesencephalon   (=Mittelhirn).
Metencephalon   (=Hinterhirn = Brücke und Kleinhirn).
Myelencephalon  (=Medulla oblongata = verlängertes Mark = Nachhirn).

### Stammganglien des Telencephalon

Die Stammganglien des Endhirns sind makroskopisch erkennbare Ansammlungen einer Vielzahl von großen und kleinen extrapyramidalmotorischen Perikaryen. Die kleinen Perikaryen haben vorwiegend eine Hemmfunktion, die großen wirken bahnend. Die kleinzelligen Anteile eines Stammganglions erreichen mit ihren Neuriten die großen Perikaryen des nächsthöher gelegenen Stammganglions und wirken hier hemmend.

Stammganglien des Telencephalons sind: Das Striatum (Nucleus caudatus und Putamen), der Globus pallidus (Pallidum), das Claustrum und das Corpus amygdaloideum. Die Stammganglien des Telencephalons stehen mit den übrigen Kerngebieten des extrapyramidalmotorischen Systems (EPMS) direkt oder indirekt in Verbindung. Über Rückmeldekreise können sie sich gegenseitig beeinflussen.

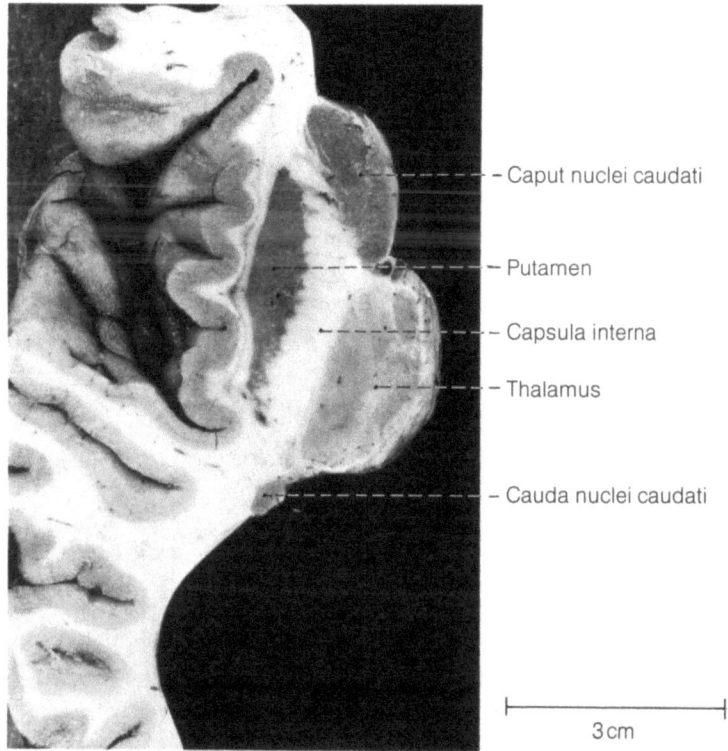

**Abb. 119.** Horizontalschnitt (oberhalb des Pallidum) durch die linke Capsula interna mit Darstellung basaler Ganglien des Großhirns

Striatum  Nucleus caudatus und Putamen werden durch die Capsula interna voneinander abgegliedert. Sie stehen aber durch diese Faserbahnmassen hindurch untereinander in Verbindung.

Eine Zerstörung der kleinen Perikaryen des Striatums führt zu einer hyperkinetischen Bewegungsstörung mit „blitzartig" raschen Bewegungen (Chorea). Ist das gesamte Putamen zerstört, so tritt dieses Krankheitsbild nicht auf.

Globus pallidus  Der Globus pallidus, ein Derivat des Diencephalons, befindet sich mediocaudal des Putamens und wird durch die Capsula interna gegen den Thalamus zu abgegrenzt. Er steht über die Neuriten seiner kleinen Perikaryen mit dem Striatum in enger Verbindung.

Als Ursache für die Paralysis agitans (Parkinsonismus, akinetisch-hypertonisches Syndrom mit grobschlägigem Tremor der Hände und einer Einschränkung aller mimischen und unwillkürlichen Mitbewegungen) wurde lange Zeit ein – z. B. auf Grund einer Encephalitis – geschädigtes Pallidum angesehen, das seine Hemmfunktion am Striatum nicht mehr ausüben kann. Man nimmt heute an, daß die Störung in einer Degeneration des kleinzelligen Anteils der Substantia nigra liegt, wodurch eine Enthemmung des Pallidums erfolgt. Eine allgemeine Steigerung des Muskeltonus ist die Folge.

Claustrum   Das Claustrum ist ein flaches ausgedehntes Kerngebiet des extrapyramidalmotorischen Systems und liegt in Höhe der Inselrinde zwischen der Capsula extrema und der Capsula externa.

Corpus amygdaloideum   Das kirschgroße Corpus amygdaloideum (Mandelkern) liegt an der medialen Fläche des Temporallappens, unmittelbar vor dem Unterhorn.
Elektrische Reizungen des Kerngebietes bewirken veränderte vegetative Reaktionen (u.a. Blutdruckanstieg, Herz- und Atemfrequenzsteigerungen, erhöhte Darmperistaltik und Magensaftsekretion). Eine Reizung des Mandelkerns führt auch zu Veränderungen in der psychischen Reaktion, wobei die Handlungsweisen je nach der emotionalen Ausgangslage ganz unterschiedlich sein können.

**Diencephalon**

Epithalamus   Habenulae, Corpus pineale und Commissura posterior.

Thalamus   Am rechten und linken Thalamus enden die sensiblen und sensorischen Bahnen mit Ausnahme der Hörbahn. Über efferente und afferente Nervenfasern in den Thalamusstielen stehen die Perikaryen des Thalamus mit der Großhirnrinde in Verbindung. Der Thalamus registriert, koordiniert und integriert die ankommenden Afferenzen.
Motorische Impulse der Großhirnrinde zu den Basalganglien verlaufen großenteils über untere Thalamuskerne. Sie bestimmen entscheidend die affektbetonte Motorik, die Mimik, die Gestik und die persönlichkeitseigenen Bewegungen.

Subthalamus   „Untere Thalamuskerne", die ventral des Thalamus und lateral des Hypothalamus liegen und praktisch die Fortsetzung des Tegmentum mesencephali sind. Hier finden sich die ventralen Anteile des Nucleus ruber und der Substantia nigra und der Nucleus subthalamicus Luysi u.a. Der Subthalamus wird als das motorische Zentrum des Diencephalons angesehen und gilt als das übergeordnete Zentrum des extrapyramidalmotorischen Systems.

Metathalamus   Corpus geniculatum mediale (Beginn des 4. bzw. 5. Neurons der Hörbahn).
Corpus geniculatum laterale (Beginn des 4. Neurons der Sehbahn).

Hypothalamus   Er bildet den Boden des Diencephalons. Bestandteile des Hypothalamus sind u.a.: der Nucleus supraopticus, der Nucleus paraventricularis, das Infundibulum, die Neurohypophyse, das Tuber cinereum und das Corpus mamillare. Der Hypothalamus ist das übergeordnete Zentrum des vegetativen Nervensystems.

**Mesencephalon**

Tectum (Dach)   Vierhügelplatte.

Tegmentum (Haube)   Das Tegmentum beinhaltet u.a.:
1. Die motorischen Nuclei der Nn. III und IV.
2. Den sensiblen Nucleus tractus mesencephalici nervi V.
3. Lemniscus medialis (mediale Schleifenbahn mit den gebündelten Nervenfasermassen der Tiefensensibilität, der Schmerz-, Temperatur- und groben Tastempfindung, der Gesichtssensibilität, der sekundären Geschmacksfasern und des Tractus spinotectalis, einer Reflexbahn für die Pupillenreaktion bei starker Schmerzempfindung).

4. Lemniscus lateralis (gekreuzte Faserbahnmassen der Hörbahn, die zum unteren Hügel verlaufen).
5. Aquaeductus cerebri.
6. Nucleus ruber (Kerngebiet des EPMS).
7. Substantia nigra (Kerngebiet des EPMS). Eine Schädigung der Substantia nigra führt zu Muskelstarre, „Maskengesicht", Ruhetremor der Hände, zum Ausfall der Mitbewegungen der Arme beim Gehen und zum allgemeinen Antriebsmangel.

Pedunculi cerebri (Hirnfüßchen)
Die Pedunculi cerebri beinhalten von medial nach lateral die folgenden Nervenfaserbahnen:
Tractus frontopontinus.
Tractus corticonuclearis.
Tractus corticospinalis.
Tractus temporopontinus.

**Pons und Medulla oblongata**

Rautengrube
Die Rautengrube bildet den Boden des 4. Ventrikels und wird in etwa je zur Hälfte von der Brücke und der Medulla oblongata gebildet. Die Rautengrube ist beim Erwachsenen etwa 3 cm lang und hat eine maximale Breite von 1,5 cm. Im Boden der Rautengrube befinden sich die Kerngebiete der Hirnnerven V bis XII.

Formatio reticularis
Die Formatio reticularis ist ein ausgedehntes bilaterales Netzwerk von Neuronen, das sich vom Diencephalon bis zur Medulla oblongata erstreckt. Es stellt mit seinen Neuriten Verbindungen zu höher gelegenen Hirnabschnitten und zu $\gamma$-Motoneuronen im Vorderhorn des Rückenmarks her. Man unterscheidet deshalb zwischen aufsteigenden sensorischen, zu verschiedenen Zentren des limbischen Systems und der Großhirnrinde verlaufenden Nervenfasern und den zum Rückenmark absteigenden motorischen Fasern. Zu den motorischen Funktionen der Formatio reticularis gehören die Regelung des Muskeltonus und der Reflexerregbarkeit, die Anpassung der Skeletmuskeltätigkeit auf verschiedene, über die Sinnesorgane, die Oberflächen- und die Tiefensensibilität erhaltene Reize, die zentrale Regelung der Atem- und Kreislauffunktionen und auch die Steuerung der Saug-, Schluck-, Brech-, Gähn- und Niesreflexe. Wichtige Steuerungen der Formatio reticularis betreffen auch die Sensorik. So stellt sie über eine Warn- und Weckwirkung auf die Hirnrinde die Bewußtseinslage ein (Wachzustand, Erschöpfung, Schlaf) und beeinflußt die Stimmungslage (Depression, Euphorie).

Im basalen Anteil der Brücke verlaufen die von der Großhirnrinde absteigenden Pyramidenbahnen und die Großhirnbrückenbahnen. Im mehr zentral gelegenen Brückenbereich ziehen beidseits die aufsteigenden Schleifenbahnen, der Lemniscus medialis (Fortsetzung der sensiblen Hinterstrangbahnen und des 2. Neurons der sensiblen Trigeminusfasern) und der Lemniscus lateralis (Hörbahn).

## Kleinhirnstiele

Pedunculus cerebellaris superior
(= Brachium coniunctivum). Er verbindet das Kleinhirn mit dem Tegmentum mesencephali. In ihm verlaufen die afferenten Tractus spinocerebellaris anterior (Gowers) und tectocerebellaris, die efferenten Tractus cerebellorubralis, dentatothalamicus und der Fasciculus uncinatus ascendens.

Pedunculus cerebellaris medius
(= Brachium pontis). Dieser kräftigste Kleinhirnstiel verbindet über den Tractus pontocerebellaris die Brücke mit dem Kleinhirn.

Pedunculus cerebellaris inferior
(= Corpus restiforme). Er verbindet die Medulla oblongata mit dem Kleinhirn. In ihm verlaufen die zum Kleinhirn aufsteigenden Rückenmarkbahnen: die Tractus olivocerebellaris, spinocerebellaris posterior (Flechsig), reticulocerebellaris, ebenso der Tractus vestibulocerebellaris und efferente fastigiobulbäre Nervenfasern, sowie lange Fasern zum Nucleus vestibularis.

## Kleinhirn

Das Kleinhirn erhält Afferenzen in besonderem Maß von den Receptoren der Tiefensensibilität und des Gleichgewichtsorgans und integriert diese zu einem „Gesamtbild". Da es das Körpergleichgewicht aufrechterhält und für das exakte Ausführen einer gezielten Bewegung verantwortlich ist, gilt das Kleinhirn als regulierendes Kontrollzentrum für die Motorik.

## Motorik

*Extrapyramidalmotorisches System*

Als extrapyramidalmotorisches System (EPMS = EPS) werden die cerebralen motorischen Kerne bezeichnet, deren Neuritenbündel außerhalb der Pyramide zum Rückenmark absteigen. Zu den Kerngebieten des EPMS zählen: einige Hirnrindengebiete, das Striatum, das Pallidum, das Corpus subthalamicum, der Nucleus ruber und die Substantia nigra, die Nuclei olivares, Kerngebiete in der Formatio reticularis, die Nuclei vestibulares und das Kleinhirn. Die meist in gesonderten Bahnen ins Rückenmark absteigenden Neuriten der verschiedenen EPMS-Kerngebiete werden auf ihrem Weg dorthin in der Regel mehrfach unterbrochen. Die einzelnen Kerngebiete stehen dadurch untereinander in Kontakt. Die im Rückenmark absteigenden EPMS-Bahnen enden überwiegend an spinalen Schaltneuronen, bevor die Erregung vorzugsweise auf die $\gamma$-Motoneuronen im Vorderhorn übertragen wird. Von jeder willkürlichen Bewegung, die über das Pyramidensystem ihre Impulse erhält, werden über Axonkollateralen auch die EPMS-Kerne mitinformiert.

Funktion des EPMS ist eine unbewußte, zeitlich und räumlich koordinierende Muskeltätigkeit.

*Kleinhirnmotorik*

Die Kleinhirnmotorik koordiniert die extrapyramidale und die pyramidale Motorik. Die motorischen Impulse aus dem Kleinhirn sind in Zusammenarbeit mit den Mechanoreceptoren des Gleichgewichtsorgans für die Erhaltung des Gleichgewichts verantwortlich (Steuerung der Halte- und Stellreflexe, auch der Augenstellungen bei Lageveränderungen des Körpers). Die Tonusregelung der Skeletmuskeln und die zeitliche Koordination eines Bewegungsablaufes (auch von rasch aufeinanderfolgenden Gegenbewegungen) sind zentrale Aufgaben der „Kleinhirnmotorik".

*Pyramidalmotorisches System*

Die willkürliche Motorik wird über das pyramidale System (PS) gesteuert und über Axonkollateralen auch vom extrapyramidalen System wesentlich beeinflußt. Die zentralen Perikaryen des pyramidalmotorischen Systems, die kleinen und großen Pyramidenzellen, finden sich in den motorischen Rindenfeldern der von Brodmann definierten Rindenareale 4 (=Gyrus praecentralis), 6 und auch der Areale 8, 5, 7. Ihre Neuriten verlaufen durch den „Kniebereich" der Capsula interna, danach durch den mittleren Bereich der Hirnschenkel zur Brücke. Hier schwenken die zu den motorischen Kerngebieten der Hirnnerven zugehörigen Nervenfasern des Tractus corticonuclearis zur kontralateralen Seite. Die meisten Nervenfasern des Tractus corticospinalis kreuzen in der Pyramide der Medulla oblongata auf die Gegenseite und steigen im Rückenmark als Tractus corticospinalis lateralis abwärts. Sie erreichen meist über Zwischenneurone oder in etwa 10% direkt die segmental zugehörigen $\alpha$-Motoneuronen im Vorderhorn des Rückenmarks.

*Cerebrale Störungen der extrapyramidalen Motorik*

| | |
|---|---|
| Hyperkinese | Übermäßige Bewegungstätigkeit, Bewegungsunruhe. |
| Ballismus | Plötzliche, blitzartige, sich rasch und arrythmisch wiederholende, unwillkürliche Schleuderbewegungen meist eines Armes (Hemiballismus). Läsion im Bereich der kleinen Perikaryen des Striatum. |
| Akinetisch-hypertonisches Syndrom | Grobschlägiger Tremor der Hände, Einschränkung aller mimischen und unwillkürlichen Mitbewegungen.<br>Läsion im Bereich des kleinzelligen Anteils der Substantia nigra mit Enthemmungswirkung am Pallidum. |
| Muskulöse Hypotonie | Verminderung der Muskelspannung. |

*Cerebelläre Störungen der Motorik*

| | |
|---|---|
| Adiadochokinese | Unvermögen, rasch aufeinanderfolgende antagonistische Bewegungen durchführen zu können. |
| Abasie | Gangunsicherheit oder Unvermögen zu gehen, bei intaktem Pyramidensystem und intakter Muskulatur. |
| Astasie | Unsicherheit oder Unvermögen zu stehen, bei intaktem Pyramidensystem und intakter Muskulatur. |

*Corticale Störungen*

| | |
|---|---|
| Totale Aphasie | Corticale (und subcorticale) Veränderungen, die zu Störungen bei der Sprachformulierung und dem Sprachverständnis geführt haben. |
| Motorische Aphasie (Broca) | Störung der Sprachformulierung. Läsion im Bereich des Gyrus frontalis inferior. |
| Sensorische Aphasie (s. A.) (Wernicke) | Störung des Sprachverständnisses.<br>a) Läsion im Bereich des Gyrus temporalis superior (corticale s. A.):<br>Das Wortbild und das gehörte Wort können nicht verarbeitet und verstanden werden.<br>b) Läsion im temporalen Marklager im Bereich der Gyri temporales transversi (subcorticale s. A.):<br>Das gehörte Wort und gehörte Laute können nicht symbolisiert werden. |
| Amnestische Aphasie | Störung des Wortfindens. |
| Apraxie | Unfähigkeit, eine dem Handlungsziel entsprechende Folge von Zweckbewegungen durchzuführen, obwohl keine Muskellähmungen vorhanden sind. |
| Agraphie | Unfähigkeit zu schreiben (Intelligenz und Beweglichkeit der Hand sind normal). Läsion meist im Bereich des linken Gyrus angularis. |
| Alexie | Unfähigkeit zu lesen. „Wortblindheit". Läsion meist im Bereich des linken Gyrus angularis. |
| Legasthenie | Anlagebedingte oder traumatisch verursachte Lese- und Schreibschwäche. Läsion meist im Bereich des linken Gyrus angularis. |

## Capsula interna

Zwischen der Rinde und den Kerngebieten des Gehirns befindet sich das Marklager. In ihm verlaufen die drei Fasersysteme des zentralen Nervensystems:

| | |
|---|---|
| Assoziationsfasern | Die Assoziationsfasern verbinden benachbarte oder auch entfernte Areale grauer Substanz der gleichen Seite untereinander. |
| Kommissurenfasern | Die Kommissurenfasern verbinden bilateral symmetrisch gelegene Areale grauer Substanz untereinander. |
| Projektionsfasern | Die efferenten Projektionsfasern verbinden Areale grauer Substanz des zentralen Nervensystems mit tiefer gelegenen Kerngebieten (u. a. im Rückenmark).<br>Die afferenten Projektionsfasern leiten einen peripher aufgenommenen Reiz zu höher gelegenen grauen Kernen und auf zugehörige Hirnrindenareale. |

Die *Capsula interna* ist eine dicke Schicht von Assoziations- und Projektionsfasern. Sie wird medial vom Nucleus caudatus und vom Thalamus begrenzt, lateral vom Putamen und Pallidum. Die Nervenfasermassen der Capsula interna sind caudalwärts im Bereich der Hirnschenkel auf gedrängtem Raum gebündelt, hirnrindenwärts divergieren sie.

Unter diesen zur Hirnrinde des Telencephalons divergierenden Nervenfasern befinden sich auch solche, die vom Thalamus zu den 4 Lappen des Endhirns verlaufen (= die 4 Thalamusstiele = Stabkranzfaserung). Oberhalb der beiden Sei-

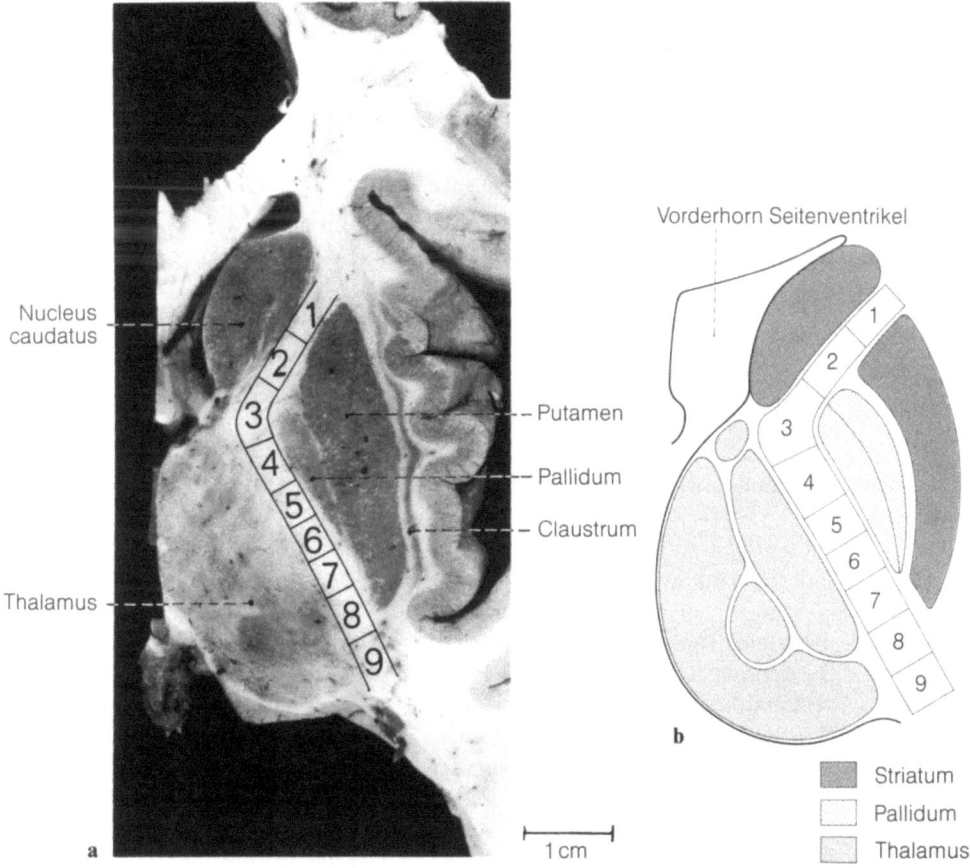

**Abb. 120 a, b.** Horizontalschnitt in Höhe des Foramen interventriculare durch die rechte Capsula interna am Präparat (**a**) und im Schema (**b**) mit Darstellung basaler Ganglien des Großhirns. Schematisierte Faseranalyse der Capsula interna. *1* = Frontaler (vorderer) Thalamusstiel, *2* = Tractus frontopontinus, *3* = Tractus corticobulbaris, *4* = Tractus corticospinalis, *5* = Parietaler (oberer) Thalamusstiel, *6* = Temporaler (unterer) Thalamusstiel, *7* = Radiatio optica, *8* = Tractus temporo-occipito-pontinus, *9* = Occipitaler (hinterer) Thalamusstiel

tenventrikel werden die divergierenden Nervenfasermassen aus der Capsula interna von den Kommissurenfasern des Corpus callosum durchbrochen. Im Horizontalschnitt erkennt man, daß die Capsula interna einen nach lateral offenen Winkel bildet. Man unterscheidet an der Capsula interna drei Bereiche:

Einen ventralen Teil = vorderer Schenkel.
Einen mittleren Teil = Kniebereich.
Einen dorsalen Teil = hinterer Schenkel.

Die drei Bereiche der Capsula interna werden über verschiedene Arterien versorgt:

Vorderer Rr. centrales aus der A. cerebri anterior.
Schenkel

| | |
|---|---|
| Kniebereich | Rr. centrales aus der A. cerebri media. Im hinteren Knieanteil und am Beginn des hinteren Schenkels die A. chorioidea anterior (in 78% Ast der A. carotis interna). |
| Hinterer Schenkel | Rr. centrales aus der A. cerebri posterior. |

**Anordnung der Bahnen in der Capsula interna**

Die durch die Capsula interna verlaufenden Projektions- und langen Assoziationsbahnen können einem bestimmten Bezirk zugeordnet werden (Anordnung von ventral nach dorsal).

| | |
|---|---|
| Vorderer Schenkel | Vorderer Thalamusstiel, Tractus frontopontinus. |
| Kniebereich | Tractus corticonuclearis (die Fasern für den motorischen Kern des N. VII liegen am weitesten ventral, dahinter die für das Kerngebiet des N. XII). |
| Hinterer Schenkel | Thalamocorticale Fasern zur prämotorischen Hirnrinde.<br>Tractus corticospinalis zu ⇐ Arm / Rumpf / Bein<br>Parietaler Thalamusstiel (mit Körperfühlbahn).<br>Temporaler Thalamusstiel (mit Hörstrahlung).<br>Sehstrahlung.<br>Tractus temporo-occipito-pontinus.<br>Occipitaler Thalamusstiel (verbindet Pulvinar thalami mit Occipital-, Parietal- und Temporallappen). |

**Ausfälle in der arteriellen Versorgung der Capsula interna**

Blutungen in die Capsula interna, Verlegungen oder Minderdurchblutung der die Capsula interna versorgenden Arterien bewirken je nach Lage und Größe der Läsion u. a.:

| | |
|---|---|
| Im Kniebereich | Ausfälle kontralateraler motorischer Hirnnerven (z. B. zentrale Facialisparese). |
| Im hinteren Schenkel | *Vorn:* Motorikausfall der kontralateralen Seite, partiell oder total (Hemiplegie).<br>*Vorn bis Mitte:* Sensibilitätsausfall der kontralateralen Seite, partiell oder total (Hemianaesthesie).<br>*Mitte:* Hörausfall der kontralateralen Seite.<br>*Hinten:* Kontralateraler Gesichtsfeldausfall (homonyme Hemianopsie). |

# Limbisches System

Das limbische System (limbus = Saum; der Name kommt vom Gyrus limbicus, dem heutigen Gyrus cinguli) ist ein funktionelles System von untereinander in Verbindung stehenden Rinden- und Kerngebieten des Gehirns. Zum limbischen System gehören im einzelnen:

Gyrus cinguli (balkennaher Teil) } äußerer Bogen
Gyrus parahippocampalis

Indusium griseum  
Striae longitudinales  
Gyrus paraterminalis  
Septum pellucidum  
Hippocampus  
Gyrus dentatus  
Gyrus fasciolaris  
Corpus amygdaloideum  } innerer Bogen  
Fornix  
Corpus mamillare  
Nuclei anteriores thalami  
Nuclei habenulae  
Kerne der Formatio reticularis im Tegmentum  
Nucleus interpeduncularis

Die Zentren des limbischen Systems sind mit vielgliedrigen Neuronenkreisen untereinander verknüpft. Einer dieser Neuronenkreise verläuft vom Hippocampus über die Fornixbahn zum Corpus mamillare im Hypothalamus, von hier zu den Nuclei anteriores des Thalamus, diese projizieren die Erregungen zur Rinde des Gyrus cinguli, das Cingulum schließlich ist wieder mit dem Hippocampus neuronal verknüpft. Von den Corpora mamillaria sind Verbindungen zur Formatio reticularis vorhanden. Die verschiedenen Rinden- und Kerngebiete des limbischen Systems stehen also in enger Verknüpfung zum Hypothalamus, zum Thalamus, zu Stammganglien und zur Formatio reticularis des Hirnstammes.

**Funktionen des limbischen Systems**

1. Beeinflussung der vegetativen Innervation der inneren Organe.
2. Beeinflussung der hormonalen Steuerungen.
3. Steuerung des emotionalen Verhaltens (z. B. Wut, Angst, Freude, Lust, Zuneigung, Abneigung).
4. Beeinflussung des Sexualverhaltens.
5. Beeinflussung der Speicherfähigkeit (Gedächtnis) und des Lernens.

# Rückenmark

## Übersicht

### Ausdehnung

Beginn  Am unteren Ende der Medulla oblongata.
Ende  Beim Neugeborenen in Höhe des Lumbalwirbelkörpers 3.
Beim Erwachsenen bis etwa in Höhe des Lumbalwirbelkörpers 2.

### Meßwerte (beim Erwachsenen)

Dicke  etwa 1 cm.
Im Bereich der oberen Intumeszenz 1,4 cm.
Im Bereich der unteren Intumeszenz 1,2 cm.
Länge  um 45 cm.

### Befestigung

1. An der Dura mater spinalis über die Durascheiden der Spinalnervenwurzeln.
2. Über die Ligamenta denticulata, die die Pia mater spinalis unter Mitnahme der Arachnoidea mit der Dura mater spinalis verspannen.

### Arterielle Versorgung des Rückenmarks

Die arterielle Versorgung erfolgt für die vorderen 2 Drittel des Rückenmarks aus der in der vorderen Fissura mediana verlaufenden, unpaaren A. spinalis anterior und für das dorsale Drittel des Rückenmarks aus den beiden Aa. spinales posterolaterales. Die A. spinalis anterior bekommt ihre Zuflüsse aus den beiden Aa. vertebrales und den in Zahl und Kaliber sehr variablen Aa. radiculares, deren wichtigste die A. radicularis magna ist. Sie findet sich in Höhe der Wirbelkörper zwischen $Th_6$ und $L_2$, bevorzugt auf der linken Seite.

### Projektion von Rückenmarksegmenten auf die Wirbelsäule

Das schon in der Fetalzeit ausgeprägte unterschiedliche Längenwachstum von Wirbelsäule und Rückenmark hat dazu geführt, daß das Wirbelsegment und das zugehörige Rückenmarksegment beim Menschen nicht mehr auf gleicher Höhe liegen. Die Segmentnervenwurzeln haben deshalb für den Bereich des Brustmarks, besonders ausgeprägt für das Lumbal-, Sacral- und Coccygealmark, größere Höhendifferenzen zwischen Rückenmarksegment und zugehörigem Foramen intervertebrale zu überwinden. Die langen Nervenwurzeln der unteren lumbalen, der sacralen und coccygealen Segmentnerven werden mitsamt dem Filum terminale als Cauda equina bezeichnet.

**Höhenbezug der Rückenmarksegmente zu den Wirbelkörpern** (Topodiagnostik einer Querschnittsläsion)

| Wirbelkörper | Rückenmark-segment | Ausfall des Rückenmark-segments | Ausfall |
|---|---|---|---|
| Os occipitale | $C_1$ | | |
| Vertebra $C_1$ | $C_2$ | | |
| Vertebra $C_2$ | $C_3$ | | |
| Vertebra $C_3$ | $C_4$ | $C_4$ | N. phrenicus ($C_{3,4,5}$) (Zwerchfell- |
| Vertebra $C_4$ | $C_5$ | | motorik fällt aus), Tetraplegie, alle |
| Vertebra $C_5$ | $C_6$ | | Bauchmuskeln |
| Vertebra $C_6$ | $C_7$ | | |
| Vertebra $C_6$ auf $C_7$ | $C_8$ | $C_8-Th_2$ | Durch Läsion des sympathischen |
| Vertebra $C_7$ | $Th_1$ | | Centrum ciliospinale: Miosis, Pto- |
| Vertebra $Th_1$ | $Th_2$ | | sis, Enophthalmus (Horner), alle |
| Vertebra $Th_2$ | $Th_3$ | | Bauchmuskeln, Paraplegie der Beine |
| Vertebra $Th_3$ | $Th_4$ | $Th_5$ | Alle Bauchmuskeln, Paraplegie |
| Vertebra $Th_4$ | $Th_5$ | | der Beine |
| Vertebra $Th_5$ | $Th_6$ | | |
| Vertebra $Th_6$ | $Th_7$ | | |
| Vertebra $Th_7$ | $Th_8$ | | |
| Vertebra $Th_8$ | $Th_{9,10}$ | | |
| Vertebra $Th_9$ | $Th_{10,11}$ | | |
| Vertebra $Th_{10}$ | $Th_{12}, L_1$ | $Th_{12}$ | Paraplegie der Beine |
| Vertebra $Th_{11}$ | $L_{2,3}$ | | |
| Vertebra $Th_{12}$ | $L_{3,4,5}$ | | |
| Vertebra $L_1$ | $S_{1,5}$ | $S_3$ | Kontrolle über Harn- und Stuhl- |
| Vertebra $L_1$ auf $L_2$ | Coccygeal-segmente | | entleerung verloren |

**Aufbau der grauen Substanz des Rückenmarks**

Die graue Substanz (Ansammlung von Perikaryen) durchzieht das Rückenmark säulenartig. Im Horizontalschnitt erscheinen die beidseitig vorhandenen Columnae anterior, lateralis und posterior als „Hörner" und bewirken das bekannte „Schmetterlingsbild" der grauen Substanz. Die Columna lateralis ist nur im Hals- und oberen Brustmark gut erkennbar.

Vorderhorn  *α-Motoneuronen* (höhere Reizschwelle, im Regelfall über spinale Schaltzellen mit PS-Bahnen verknüpft).

*γ-Motoneuronen* (niedere Reizschwelle, besondere Bedeutung beim reflektorischen Muskeltonus; über Interneurone mit den EPMS-Bahnen in Verbindung).

*Renshaw-Zellen* (kleine Schaltneuronen im lateralen Teil des Vorderhorns). Die Renshaw-Zelle wird über eine Axonkollaterale von der Aktivität des zugehörigen spinalen α-Motoneurons informiert und wirkt auf sie wiederum dämpfend ein (inhibitorische Rückkopplung).

Seitenhorn  Das Seitenhorn ist in den Rückenmarksegmenten $C_8-L_2$ und $S_2-S_4$ vorhanden.
$C_8-L_2$: Perikaryen des Sympathicus (1. Neuron der Visceroefferens).
$S_2-S_4$: Perikaryen des sacralen Anteils des Parasympathicus.

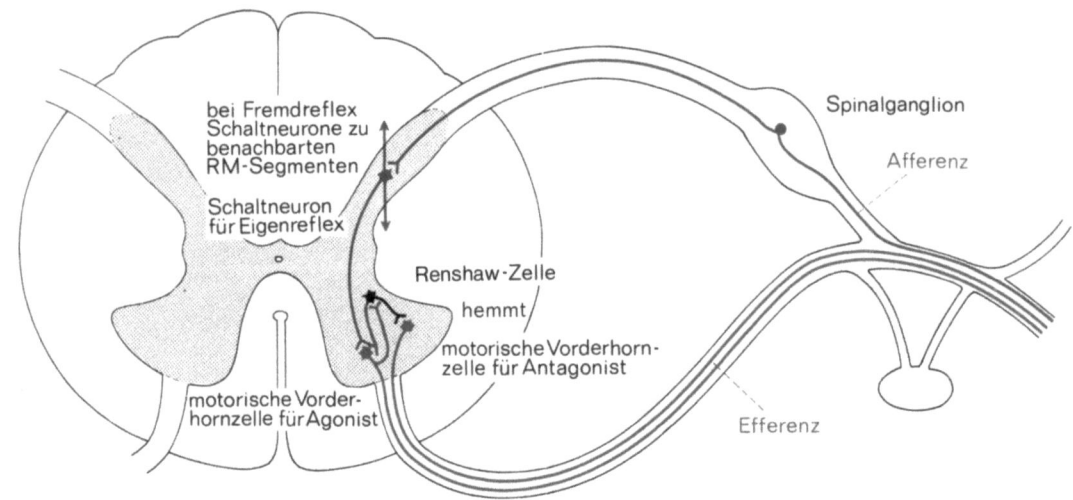

**Abb. 121.** Reflexbogen mit Beeinflussung durch die Renshaw-Zelle. Schaltwege für Eigen- und Fremdreflex

Hinterhorn Folgende Zellgruppen sind vorhanden:
1. Zona marginalis.
2. Substantia gelatinosa u. a. für Schmerz- und Temperaturleitung.
3. Nucleus proprius columnae posterioris u. a. intersegmentale Verbindungen.
4. Nucleus dorsalis (Stilling-Clarke-Säule) nur zwischen $C_8$ und $L_3$. Die Axonen des Nucleus dorsalis verlaufen im Tractus spinocerebellaris posterior der gleichen Seite zum Kleinhirn.

### Aufbau der weißen Substanz des Rückenmarks

Die die graue Substanz umhüllende weiße Substanz des Rückenmarks enthält Nervenfasern und ist beidseitig in drei Stränge gegliedert:

1. Vorderstrang  Areal zwischen der vorderen Fissura mediana und den aus dem Vorderhorn austretenden Nervenfasern.

2. Seitenstrang  Areal zwischen dem Vorderhorn mit den austretenden Nervenfasern und dem Hinterhorn mit den eintretenden Nervenfasern.

3. Hinterstrang  Areal zwischen Hinterhorn und dem hinteren Sulcus medianus.

## Bahnen

### Absteigende Bahnen der pyramidalen Motorik

*Tractus pyramidalis (corticospinalis) lateralis*

Wichtigste Bahn der bewußten Motorik. Sie verläuft im Seitenstrang des Rückenmarks und beinhaltet die etwa 90% der Nervenfasern der Pyramidenbahn, die in Höhe der Pyramide auf die kontralaterale Seite gekreuzt haben.

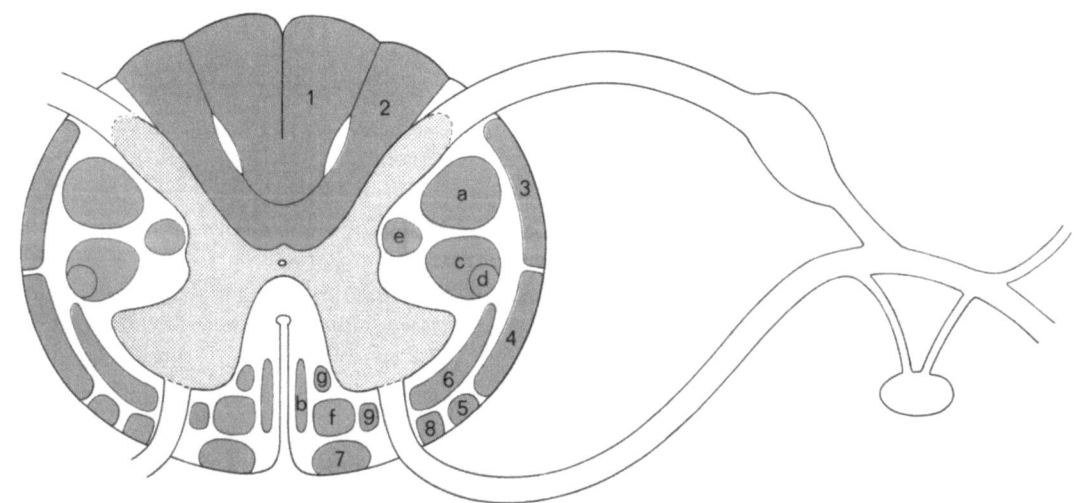

**Abb. 122.** Schematische Übersicht über die Bahnen des Rückenmarks (Schnitthöhe etwa C3). Blau=Afferenzen, rot=Efferenzen. Afferenzen: *1* = Goll (Fasciculus gracilis), *2* = Burdach (Fasciculus cuneatus), *3* = Flechsig (Tractus spinocerebellaris posterior), *4* = Gowers (Tractus spinocerebellaris anterior), *5* = Tractus spinoolivaris, *6* = Tractus spinothalamicus lateralis, *7* = Tractus spinothalamicus anterior, *8* = Tractus spinovestibularis, *9* = Tractus spinotectalis. Efferenzen: *a* = Tractus corticospinalis (pyramidalis) lateralis, *b* = Tractus corticospinalis (pyramidalis) anterior, *c* = Tractus tegmentospinalis, *d* = Tractus rubrospinalis, *e* = Tractus reticulospinalis lateralis, *f* = Tractus reticulospinalis ventrolateralis, *g* = Tractus tectospinalis

*Tractus pyramidalis (corticospinalis) anterior*

10% der Nervenfasern der Pyramidenbahn, die im Bereich der Pyramide nicht auf die kontralaterale Seite gekreuzt haben. Sie verlaufen im Vorderstrang neben der vorderen Fissura mediana und kreuzen erst segmental in der Commissura alba zur kontralateralen Seite.

**Absteigende Bahnen der extrapyramidalen Motorik**

Vorderstrang  Tractus reticulospinalis ventrolateralis.
              Tractus tectospinalis.

Seitenstrang  Tractus tegmentospinalis  } (differenzierte Motorik von Kopf und Arm).
              Tractus rubrospinalis
              Tractus olivospinalis     } (Gleichgewicht, Muskeltonus).
              Tractus vestibulospinalis
              Tractus reticulospinalis lateralis.

**Aufsteigende Bahnen**

Jeder von der Peripherie des Körpers – mit Ausnahme des Kopfbereiches – aufgenommene Nervenreiz wird über afferente Nervenfasern zu den Perikaryen des segmental zugehörigen Spinalganglions geleitet. Im Spinalganglion, das im Foramen intervertebrale in der Radix posterior liegt, befinden sich die Perikaryen zu den peripheren Receptoren.

| | |
|---|---|
| Tractus spinothalamicus anterior | Neuriten des 2. Neurons (2. Perikaryon im Hinterhorn), über die grobe Druck- und Tastempfindungen geleitet werden. Die Neuriten des 2. Neurons haben segmental in der Commissura alba in den Vorderstrang der Gegenseite gekreuzt. |
| Tractus spinothalamicus lateralis | Neuriten des 2. Neurons (2. Perikaryon im Hinterhorn), über die Schmerz- und Temperaturempfindungen vermittelt werden. Die Neuriten des 2. Neurons haben segmental in der Commissura alba in den Seitenstrang der Gegenseite gekreuzt. |
| Tractus spinocerebellaris posterior (Flechsig-Bündel) | Das Flechsig-Bündel verläuft im Seitenstrang. Es beinhaltet die gleichseitigen Neuriten des 2. Neurons (Perikaryen im Hinterhorn), über die dem Kleinhirn Informationen über Muskeltonus, Gelenkstellungen, Muskel- und Gelenkempfindungen vermittelt werden. |
| Tractus spinocerebellaris anterior (Gowers-Bündel) | Das Gower-Bündel liegt im Seitenstrang, ventral des Flechsig-Neuritenbündels. Im „Gowers" verlaufen die Neuriten des 2. Neurons, deren Perikaryen entweder im Hinterhorn der Gegenseite oder selten im Hinterhorn der gleichen Seite liegen. Sie vermitteln Informationen über Gelenk- und Muskelempfindungen an das Kleinhirn. |
| Fasciculus gracilis (Goll-Strang) | Der Goll-Strang liegt im Hinterstrang neben dem hinteren Sulcus medianus. Im Goll-Strang verlaufen die Neuriten des gleichseitigen 1. Neurons (Perikaryen im Spinalganglion), über die Druck-, Tiefensensibilität und Tastempfindungen aus der unteren Körperhälfte abgeleitet werden. |
| Fasciculus cuneatus (Burdach-Strang) | Der Burdach-Strang liegt im Hinterstrang, lateral des Goll-Stranges. Im Burdach-Strang verlaufen die Neuriten des gleichseitigen 1. Neurons (Perikaryen im Spinalganglion), über die Druck-, Tiefensensibilität und Tastempfindungen aus der oberen Körperhälfte abgeleitet werden. |

## Ausfallerscheinungen bei Verletzungen

### Motorik

| | |
|---|---|
| Monoplegie | Ausfall eines Muskels oder einer Muskelgruppe. |
| Paraplegie | Lähmung praktisch nur der unteren Körperhälfte. |
| Hemiplegie | Lähmung der rechten oder linken Körperhälfte. |
| Tetraplegie | Lähmung beider Arme und Beine. |
| Schlaffe Lähmung | Ein Muskel ist dann schlaff gelähmt, wenn er von keinen motorischen Nervenimpulsen mehr erreicht wird. Eine schlaffe Lähmung tritt auf bei einem Ausfall der zugehörigen motorischen Vorderhornzellen im Rückenmark oder bei einem Ausfall des zugehörigen peripheren motorischen Nervs. Der Reflexbogen ist ausgefallen. |
| Spastische Lähmung | Ein Muskel wird dann spastisch dauerkontrahiert, wenn die ihn versorgenden Pyramidenbahnfasern ausfallen (z. B. Schlaganfall im Kniebereich der Capsula interna, Querschnittsläsion am Rückenmark). Bei einer spastischen Lähmung ist der Ablauf des Reflexbogens beschleunigt und verstärkt. Die Spastizität und der beschleunigte und verstärkte Reflexbogen beruhen auf dem durch die Läsion be- |

dingten Ausfall der übergeordneten cerebrospinalen Bahnen, die für eine erhöhte Grundspannung der Extensoren sorgen. Da Erregungen an den Hautrezeptoren der Extremitäten schon physiologischerweise hauptsächlich einen gesteigerten Flexorentonus bewirken, muß bei Ausfall der zentralen Gegensteuerung der Flexorentonus in besonderem Maße – als Spasmus – wirksam werden.

| | |
|---|---|
| Querschnittslähmung | In der Höhe des von der Läsion betroffenen Rückenmarksegmentes ist der Reflexbogen unterbrochen. Caudal der Läsion findet sich nach einer gewissen Latenzzeit eine spastische Lähmung. Caudal der Läsionsstelle ist die Sensibilität ausgefallen. Bei Läsionen oberhalb von $S_4$ ist die Kontrolle über Harn- und Stuhlentleerung entfallen. |
| Kleinhirnsymptomatik | Nystagmus, Intentionstremor, skandierende Sprache (Charcot-Trias), Rumpfataxie, Gangataxie, Dysdiadochokinese, Muskelhypotonie.<br>Die Kleinhirnsymptomatik ist nicht nur auf reine Kleinhirnerkrankungen beschränkt, sie tritt ebenso nach Läsionen afferenter und efferenter Kleinhirnrückenmarkbahnen auf. |
| Ataxie | Zielbewegung mit falschem Ausmaß. |

**Sensibilität**

| | |
|---|---|
| Analgesie | Schmerzempfindung vermindert oder aufgehoben. |
| Hyperästhesie | Gesteigerte Empfindlichkeit besonders auf Berührungsreize. |
| Parästhesien | Mißempfindungen wie Kribbeln, Brennen, taubes Gefühl. |
| Dysästhesie | Fehlempfinden eines sensiblen Reizes. |
| Kausalgie | Über sensible Sympathicusfasern vermittelte, anfallsweise, dumpfbrennende, „glühende" Schmerzen, die auf eine periphere Nervenschädigung zurückzuführen sind. |
| Hinterstrangläsion | Gestörtes Empfindungsvermögen für feine Berührungsreize und deren Lokalisation; Tastsinn, Trennvermögen für örtlich benachbarte und rasch aufeinanderfolgende Berührungsreize gestört, feine Temperaturunterschiede können nicht mehr registriert werden, Störungen in der Lage- und Bewegungsempfindung (Tiefensensibilität). |

**Störungen im Versorgungsgebiet der A. spinalis anterior**

Störungen im Versorgungsgebiet der A. spinalis anterior treten gehäuft in Höhe der relativ schwach versorgten Rückenmarksegmente $C_4$, $Th_4$ und $Th_{12}$–$L_1$ auf. Je nach Ort und Größe der Erweichungsherde können Erscheinungen bis zur Tetraplegie auftreten.

# Weiterführende Literatur

Bademann L, Hallberg D (1974) Small-intestinal length. An intraoperative Study in obesity. Acta Chir Scand 140:57
Bargmann W, Doerr W (1963) Das Herz des Menschen, Bd I, II. Thieme, Stuttgart
Benninghoff A, Goerttler K (1977) Lehrbuch der Anatomie des Menschen (neu bearbeitet von Ferner H, Staubesand J), Bd 1, 12. Aufl, Bd 2, 11. Aufl, Bd 3, 10. Aufl. Urban & Schwarzenberg, München
Boenninghaus HG (1980) Hals-Nasen-Ohrenheilkunde für den Allgemeinarzt, 5. Aufl. Springer, Berlin Heidelberg New York

Clara M (1942) Das Nervensystem des Menschen. Barth, Leipzig
Corning HK (1946) Lehrbuch der topographischen Anatomie für Studierende und Ärzte, 23. Aufl. Springer, Berlin Heidelberg New York

Davenport HW (1977) Physiology of the digestive tract, 4th edn. Yearbook Medical Publishers, Chicago London
Diem K, Lentner C (1975) Documenta Geigy, 7. Aufl. Geigy, Basel

Frick H, Leonhardt H, Starck D (1980) Allgemeine und spezielle Anatomie I, II. Taschenlehrbuch der gesamten Anatomie, Bd 1 und 2, 2. Aufl. Thieme, Stuttgart

Ganong WF (1979) Lehrbuch der medizinischen Physiologie, 4. Aufl. Springer, Berlin Heidelberg New York
Gohrbandt E, Gabka J, Berndorfer A (1972) Handbuch der plastischen Chirurgie, Bd I, Teil 2. de Gruyter, Berlin New York
Gross R, Schölmerich P (1977) Lehrbuch der inneren Medizin, 5. Aufl. Schattauer, Stuttgart New York

Hafferl A (1969) Lehrbuch der topographischen Anatomie, 3. Aufl (bearbeitet von Thiel W). Springer, Berlin Heidelberg New York
Hansen K, Schliack H (1962) Segmentale Innervation. Thieme, Stuttgart
Harnack GA v (1980) Kinderheilkunde, 5. Aufl. Springer, Berlin Heidelberg New York
Holle F (1980) Grundriß der gesamten Chirurgie, 7. Aufl. Bergmann, München

Jacoby H (1960) Veränderungen der Zunge in der Diagnostik des praktischen Arztes, 2. Aufl. Schattauer, Stuttgart

Keidel WD (1979) Kurzgefaßtes Lehrbuch der Physiologie, 5. Aufl. Thieme, Stuttgart
Kepp R, Staemmler HJ (1980) Lehrbuch der Gynäkologie, 13. Aufl. Thieme, Stuttgart
Korting GW (1980) Dermatologie in Praxis und Klinik. Thieme, Stuttgart

Langmann J (1980) Medizinische Embryologie, 6. Aufl. Thieme, Stuttgart
Lanz T v, Wachsmuth W (1980, 1955, 1959, 1972) Praktische Anatomie, Bd 1, Teil 1B Kopf (fortgeführt und herausgegeben von Lang J, Wachsmuth W); Bd 1, Teil 2 Hals; 2. Aufl, Bd 1, Teil 3 Arm; 2. Aufl, Bd 1, Teil 4 Bein und Statik. Springer, Berlin Heidelberg New York
Leger L, Nagel M (1978) Chirurgische Diagnostik, 3. Aufl. Springer, Berlin Heidelberg New York
Leonhardt LH (1981) Histologie, Zytologie und Mikroanatomie, 6. Aufl. Thieme, Stuttgart

Müller F, Seifert O, Kress H v (1975) Taschenbuch der medizinischen Diagnostik, 70. Aufl. Bergmann, München

Pschyrembel W (1973) Praktische Geburtshilfe und geburtshilfliche Operationen, 14. Aufl. de Gruyter, Berlin New York

Schiebler T, Schmidt W (1981) Lehrbuch der gesamten Anatomie, 2. Aufl. Springer, Berlin Heidelberg New York

Schmidt RF, Thews G (1980) Einführung in die Physiologie des Menschen, 20. Aufl. Springer, Berlin Heidelberg New York

Starck D (1975) Embryologie, 3. Aufl. Thieme, Stuttgart

Testut L, Latarjet A (1949) Traité d'anatomie humaine. Doin, Paris

Waldeyer A, Mayet A (1980) Anatomie des Menschen, 14. Aufl, Bd I, II. de Gruyter, Berlin New York

# Sachverzeichnis

## A
Abasie 243
Abdrückstellen von Arterien 76
Abducensparese 27
Abschürfung 8
Abszeß 9
Achalasie 104, 122
Achillessehnenreflex 219
Achsellymphknoten 49
Achylie 121
–, totale 121
Adenohypophyse 176
Aderhaut 22
Adiadochokinese 243
Agraphie 244
Akkomodation 23
Akkomodationsbreite 23
Akkomodationsvorgang 23
Akromegalie 176
Alcock-Kanal 161
Alexie 244
Amaurose 27
Amboß 28
Amenorrhoe 168
Ampulla epiphrenica 104
Ampulla recti 139
Ampulla tubae 164
Anacidität 119
Analatresie 142
Analgesie 253
Analverschluß 140
Anastomose, arterio-venöse 77
Aneurysmen von Hirnarterien 237
Anisokorie 24
Anosmie 204
Antidiabetes insipidus 177
Antrum cardiacum 104
Anulus inguinalis profundus 113
Anulus inguinalis superficialis 112
Anulus umbilicalis 113
Aortenenge 103
Aortenklappe 61
Aphasie, amnestische 244
–, motorische 244

–, sensorische 244
–, totale 244
Appendices epiploicae 137
Appendix 135
Apraxie 244
Arachnoidalzotten 228
Arachnoidea encephali 225
Argyll-Robertson-Phänomen 25
Arm 186
Arteria brachialis 77
– cerebelli inferior anterior 237
– cerebelli inferior posterior 237
– cerebelli superior 236
– cerebri anterior 234
– cerebri media 234
– cerebri media Ausfall 237
– cerebri posterior 235, 236
– carotis communis 76
– coronaria dextra 63
– coronaria sinistra 63
– dorsalis pedis 77
– facialis 76
– femoralis 77
– labyrinthi 237
– labyrinthi Ausfall 237
– meningea anterior 225
– meningea media 225
– meningea posterior 225
– poplitea 77
– radialis 77
Arteriae radiculares 248
Arteria radicularis magna 248
– spinalis anterior 248
– spinalis anterior Ausfall 253
Arteriae spinales posteriores 248
Arteria subclavia 76
– tibialis posterior 77
– ulnaris 77
Articulatio sacroiliaca 13
Aschoff-Tawara-Knoten 65
Assoziationsfasern 244
Astasie 243
Ataxie 253

Atemfrequenz 54
Atemgeräusche 57
Athlet 3
Atmung 54
Auge 21
Augenhintergrund 24
Augeninnendruck 24
Augenkammer, hintere 22
–, vordere 22
Augenmuskeln 23

## B
Babinski, positiver 219
Ballismus 243
Bandscheibe 13
–, Innervation 15
–, Prolaps 15
Bauchatmung 50
Bauchdeckenreflexe 215
Bauchhöhle, Punktionsstellen 110, 111
Bauchwand 108
–, Arterien und Venen 110
–, Brüche 113
–, Druckpunkte 110, 111
–, Gliederung 108
–, Konstruktion 109
–, Muskeln 109
–, Punktionsstellen 110, 111
–, schwache Stellen 113
Becken 158
–, Ausgangsebene 160
– boden 160
– boden, Lymphabfluß 161
–, Eingangsebene 159
–, Kammhöhe 158
–, Mittelebene 159
–, Neigungswinkel 159
Bein 191
Beinnerven 215
Bicepssehnenreflex 215
Bifurkation der Trachea 51, 52
Bißformen 94
Bläschen 8
Bläschendrüse 171
Blase 8
Blasengalle 128
Blockwirbel 18

Blumberg-Zeichen 111
Blut 88
Blutdruck 74
Blutdruckmessung 75
Blutdruckschwankungen 74
Blutdruckverlust 73
Blutentnahmestellen 81
Blutgerinnungszeit 88
Blutgruppen 88
Blut-Hirn-Schranke 237
Blut-Liquor-Schranke 229
Blutmenge 88
Blutplasma 88
Blutungstypen 168
Blutungszeit 88
Blutzellen 89
Blutzirkulation 73
Böhler-Innenmeniscuszeichen 195
Boyd-Venen 84, 85
Brachium conjunctivum 242
Brachium pontis 242
Bradykardie 66
Bragard-Innenmeniscus-Zeichen 195
Brechkraft, Auge 23
Bries 181
Bronchialbaum 51
Bruch (Hernie) 114
–, Inhalt 114
–, Pforte 114
–, Sack 114
Brustatmung 50
Brustdrüse 48
–, Lymphabfluß 48, 49
Bulbus oculi 22
Burdach-Strang 252

C
Caecum 135
Canalis analis 138, 139
Canalis intervertebralis 13
Canalis nervi optici 224
Canalis vertebralis 13
Cannon-Böhm-Punkt 137, 210
Capsula interna 244, 245, 246
Cellulae ethmoidales 39, 40
Cellulae mastoideae 28, 31
Chemoreceptoren 74
Choane 36
Chorda tympani 209
Chorea 239
Chorioidea 22
Chromaffines System 183
Circulus arteriosus Willisii 234
Cisterna cerebello-medullaris 227, 229, 230

Cisternen 227
Claustrum 240
Cockett-Venen 84, 85
Collodiaphysenwinkel, Arm 186
–, Bein 191
Colon 135
– ascendens 135
– descendens 136
– sigmoideum 136
– transversum 120, 135
Conchae nasales 40
Condylenzange 194
Conjugata diagonalis 159, 160
– externa 159
– vera 159, 160
Conjunctiva 21
Conjunctivalreflex 21
Conjunctivalsäcke 21
Conus elasticus 43
Corium 6
Cornea 21, 22
Cornealreflex 21
Coronararterien 63
–, Versorgungstypen 63
Corpus amygdaloideum 240
– geniculatum laterale 26, 240
– geniculatum mediale 240
– mamillare 240
– restiforme 242
Courvoisier-Zeichen 111, 129
Cowper-Drüsen 154
Coxa valga 191
Coxa vara 191
Cremasterreflex 215, 218
Cutis 6
Curvatura praepubica 153
– subpubica 153
Cushing-Syndrom 182
Cyste 8
Cystennieren 148

D
Damm 161
Darm 134
–, Länge 134
–, Oberfläche 134
Deckplatten 13
Deltaband 196
Deviation conjugée 208
Diabetes insipidus 177
Diaphragma urogenitale 160
Dickdarm, Gefäße 137
Diencephalon 240
Differentialblutbild 90
Dioptrie 23
Distantia cristarum 158

– spinarum 158
– trochanterica 159
Dodd-Venen 84, 85
Douglas-Raum 117
Ductus arteriosus (Botalli) 87
– choledochus 128
– deferens 113, 171
– ejaculatorius 172
– pancreaticus 129
– venosus (Arantius) 87
Dünndarm, Arterien 134
–, Lymphabfluß 134
Duodenum 124
Dura mater encephali 225
–, Innervation 227
Dysästhesie 253
Dysmenorrhoe 168
Dyspnoe 54

E
Eifollikel 163
Eitransport 164
Eizelle 163
Endarterie, anatomische 77
–, funktionelle 77
Endometrium 166
Ejakulation 171
EKG-Ableitungsstellen 65
Ellenbogengelenk 188
–, Punktion 188
–, Ruhestellung 188
–, Schonstellung 188
Emmetropie 23
Epidermis 6
Epididymis 170
Epiduralraum 227
Epigastrische Hernie 114
Episiotomie 162
–, laterale 162
–, mediane 162
Epispadie 154, 169
Epithalamus 240
Epithelkörperchen 180
Epithelzellregeneration (Darm) 124
Erector spinae (trunci) 15
Erwachsenengebiß 93
Eumenorrhoe 168
Extrapyramidalmotorisches System (EPS) 242

F
Facialisparese, periphere 209
–, zentrale 209
Fallhand 213
Farbsinnstörungen 25
Fascia subdiaphragmatica 104

Fasciculus cuneatus 252
– gracilis 252
Femurhalsantetorsion 191
Femur, proximale Epiphysenfugen 192
Fingermißbildungen 190
Fissur 8
Fisteln, branchiogene 179
Fissura orbitalis superior 224
Flechsig-Bündel 252
Fleck 8
Fleck, blinder 25
Foramen interventriculare 228
– jugulare 224
– magnum 224
– ovale 87, 224
– rotundum 224
– spinosum 224
Formatio reticularis 241
Fossa inguinalis lateralis 111
– inguinalis medialis 111
– ischiorectalis 161
Fovea centralis 24, 25
Fremdkörperaspiration 51, 58
Funiculus spermaticus 113
Furunkel 9
Fuß, Gewölbekonstruktion 198
–, Längsgewölbe 198
–, Sohlenreflex 219
–, Standflächen 197
–, Quergewölbe 198

**G**
Galle 128
Gallenblase, Entleerung 129
–, Lymphabfluß 126
Gallendruck 129
Gallenfluß 128
Gallenfluß und Papillotomie 129
Gallengang 128
–, Mündungstypen 128
Gallenkolik 129
Gallenwege, ableitende 128
Ganglien, basale 238
Ganglion geniculi 209
– inferius nervi vagi 210
– superius nervi vagi 210
– trigeminale 204, 206
Gartner-Gang 169
Gastrektasie 119
Gastroptose 119
Gaumenbögen 99
Gaumensegel 99
Gaumenspalte 98
Gehörgang, äußerer 29

– –, Innervation 29
– –, Spülung 29
Genu recurvatum 191
Genu valgum 191
Genu varum 191
Geschmacksprüfung 96
Geschmacksqualitäten 96
Geschmackssinn 96
Geschwür 9
Gesichtsfeldausfälle 27
Glaskörper 22
Glandulae bulbourethrales 154
– parathyreoideae 180
Glandula parotis 97
– sublingualis 98
– submandibularis 97
Glandulae suprarenales 182
Glandula thyreoidea 178
Glandulae urethrales 154
Glandula vesiculosa 171
Glaukom 24
Gleichgewichtsorgan 31
Gleitwirbel 17
Globus pallidus 239
Glottisoedem 43
Glucagonbildner 132
Goll-Strang 252
Gowers-Bündel 252
Gratiolet-Sehstrahlung 26
Grundplatten 13

**H**
Hackenfuß 199
Hämatocele 116
Hämatokrit 88
Hämodynamik 73
Hämoglobinwert 88
Hämorrhoiden, äußere 142
–, innere 141
Hallux valgus 199
Halsfisteln 178, 179
–, laterale 179
–, mediane 179
Halsrippen 50
Hammer 28
Hand 189
–, Gelenke 189
–, –, Punktion 189
Handrückenoedem 190
Handrückenvenen 81
Harnblase 151
–, Entleerung 151
–, Lymphabfluß 151
–, Mißbildungen 152
–, Verschluß 151
Harnröhre 153
–, Engen 153
–, Weiten 153
Harntransport 149

Hasenscharte 98
Hauptkreuzprobe 89
Haut 6
–, Flächen 7
–, Innervation 212
–, Transplantate 8
–, Venen 81
Head-Zone, Appendix 135
–, Caecum 135
–, Colon ascendens 135, 136
–, Duodenum 124, 125
–, Herz 67, 68
–, Leber und ableitende Gallenwege 126
–, Magen 123, 124
–, Milz 133
–, Nieren 147
–, Pankreas 131
–, Ureter 150
Hemianopsie 27
Hemiplegie 252
Hernie 113
–, äußere 113
–, innere 113
Herz 60
–, Auskultation 61
Herzbeutelpunktion 70, 72
Herz, Erregungsleitung 65
–, Geräusche 62
–, Kranzarterien 63
–, Massage, äußere 69
–, Perkussion 60
–, Reizbildung 65
–, Rhythmus 66
–, Spitzenstoß 60
–, Töne 61
–, Volumen 67
Hiatushernie 105
Hilton-Linie 138
Hinterhorn 250
Hinterstrang 250
Hinterstrangläsion 253
Hirnarterien 234
Hirneinteilung 238
Hirnhäute 225
–, arterielle Versorgung 225
–, venöser Abfluß 227
Hirnnerven 204
Hirnstamm 238
Hirnvenen, äußere 237
–, innere 238
Hirschsprung, Morbus 137
His-Bündel 65
Hoden 170
–, Arterien 171
–, Descensus 170, 171
–, Descensusanomalien 115, 170
–, Dystopie 116
–, Ektopien 116

259

Hoden, Hüllen 115
–, Lymphabfluß 171
–, Nerven 171
–, Torsion 171
Hörgrenzen 33
Hörorgan 33
Hörvorgang 33
Hohlfuß 199
Hueter-Dreieck 186
Hüftgelenk 192
–, angeborene Luxation 193
–, Gelenkkapsel 192
–, Punktion 192, 193
–, Schonstellung 192
Hüftluxation, Diagnostik 193
Humerusepiphysenfuge, proximale 186
Hustenreflex 52
Hydrocele 116
Hydrocephalus, externus 229
–, internus 229
Hydronephrose 148
Hymenalatresie 169
Hyperästhesie 253
Hyperakusis 33
Hyperkinese 243
Hypermenorrhoe 168
Hyperopie 23
Hyperthyreose 178
Hypertonie 75
Hypomenorrhoe 168
Hypophyse 176
Hyposmie 204
Hypospadie 154, 169
Hypothalamus 240
Hypothyreose 178
Hypotonie, muskulöse 243

**I**
Ileum 134
Inclinatio pelvis 159
Innenohr 31
Insulinbildner 132
Intercostalraum 50
intracardiale Injektion 69
intramuskuläre Injektionen 200
Intubation 46
Intumescenzen 248
Iris 22
Isthmus tubae 164

**J**
Jejunum 134
Jugularis-Interna-Katheter 80

**K**
Kachexie 4
Kammerflattern 67

Kammerflimmern 67
Karbunkel 9
Kardiospasmus 104, 122
Katheterisierung (beim Mann) 155
Kausalgie 253
Kehlkopfbinnenräume 43
Keilbeinhöhle 39, 40
Keith-Flack-Sinusknoten 65
Kieferhöhle 39, 40
Kleinhirn 242
Kleinhirnbrückenwinkel 32, 34
Kleinhirnmotorik 243
Kleinhirnstiele 242
Kleinhirnsymptomatik 253
Klumpfuß 199
Knickfuß 199
Kniegelenk 193
–, anatomische Diagnostik 195
–, Bänderschäden 194
–, Collateralbänder 194
–, Kreuzbänder 194
–, Punktion 196
–, Schonstellung 193
Kniewinkel 191
Knochenmark-Blut-Grenze 90
Knötchen 8
Körpergewicht 4
Körperoberfläche 7
Koilonychie 9
Kollateralgefäße 77
Kommissurenfasern 244
Krallenhand 213
Kruste 8
Kryptorchismus 116

**L**
Lacunae urethrales 154
Lacuna vasorum 113
Lähmung, schlaffe 252
–, spastische 252
Lamina perpendicularis 36
Lamina vitrea 222
Langerhans-Inseln 130
Lanz-Druckpunkt 111
Lappenbronchi 51
Laryngoskopie 44, 45
Laryngotomie 47
Larynx 42
–, Lymphabfluß 45
–, Muskeln 43
–, Nerven 45
–, Skelet 42
Lasegue-Zeichen 217
Leber 124
–, Feld 126
–, Fixierung 126

–, Galle 128
–, Kapsel 126
–, Lymphabfluß 126
–, Palpation 126
–, Segmente 124
–, Sekretionsdruck 129
Lederhaut 22
Legasthenie 244
Leistengruben 111
Leistenhernien 114
Leistenkanal 112
Lemniscus medialis 240
Leptosomer 3
Leptomeningen 225
Letalität 5
Leukocyten 89
Leukocytose 90
Leukonychie 9
Leukopenie 90
Levatorenschlitz 160
Ligamenta denticulata 248
– vocalia 43
Ligamentum cardinale 166
– sacrouterinum 166
– teres uteri 166
Limbisches System 246, 247
Linea alba 113
Linea anocutanea 138
Linea pectinata 138
Linksverschiebung, Blutbild 90
Linse 22
Lippen-Kiefer-Gaumenspalte 98
Lippen-Kiefer-Spalte 98
Lippenspalte, seitliche 98
Liquor cerebrospinalis 228
–, Druck 228
–, Nasen-Fistel 41
–, Punktionen 229
–, Strömung 228
–, Zirkulation 228
Littré-Drüsen 154
Lumbalisation 18
Lumbalpunktion 230, 231
Lungen 54
–, Auskultation 57
–, Grenzen 54
–, Lappenprojektion 55, 56
–, Lymphabfluß 56
–, Perkussion 56
Lymphocyten T 181

**M**
Macula lutea 25
Magen 119
–, Feld 119
–, Gefäße 121
–, Knie 119
–, Lymphabfluß 122

–, Saft 119
–, –, Sekretionssteuerung 121
–, Schlauch 105
–, Volumen 119
Major-Test 89
Mandelkern 240
Marasmus 4
Marscheidendicken 212
McBurney-Druckpunkt 111
Meckel-Divertikel 134
Mediastinalflattern 58
Medulla oblongata 241
Membrana quadrangularis 43
Menarche 168
Meniscusschaden 194
Menorrhagie 168
Mesencephalon 240
Mesenterien 117
Metathalamus 240
Metrorrhagie 168
Michaelis-Raute 158, 159
Milchgebiß 93
Milz 132
–, Fixierung 132
–, Projektion 133
–, Untersuchung 133
Miosis 24
Mitralklappe 61
Mittelohr 30, 31
Monoplegie 252
Monro-Linie 111
Morbidität 5
Morbus Addison 182
Morbus Cushing 176
Morgagni Drüsen 154
Mortalität 5
Motoneuron 249
Motorik 242, 252
Mundhöhle 93
Mundspeicheldrüsen 97
Murphy-Zeichen 129
Musculus ciliaris 23
– deltoideus (Injektion) 200
– dilatator pupillae 24
– glutaeus medius (Injektion) 201
– levator ani 160
– quadratus lumborum 144
– sphincter ani externus 160
– sphincter ani internus 160
– sphincter pupillae 24
Mydriasis 24, 205
Myometrium 165
Myopie 23

N
Nabelhernie 113, 114
Nagel 9
Nagelbett 9

Nagelfalz 9
Nageltasche 9
Nagelwall 9
Nase 37
Nasengefäße 38
–, Muscheln 40
–, Nebenhöhlen 39, 40
–, Schleimhaut 37
–, Septum 37
–, Tamponaden 38
Nebenhoden 170
–, Lymphabfluß 171
Nebenmilz 133
Nebennieren 182
Nebennieren, akzessorische 182
Nebennierenmark 182
Nebennierenrinde 182
Nebenschilddrüsen 180
Nervenleitungsgeschwindigkeit 212
Nervenqualität 212
Nervus abducens 207
– abducens, Ausfallerscheinung 208
– abducens, Funktionsprüfung 207
– accessorius 211
– accessorius, Ausfallerscheinung 211
– accessorius, Funktionsprüfung 211
– auricularis magnus 213
– axillaris 200, 215
– cochlearis 31, 33
– facialis 209
– facialis, Ausfallerscheinungen 209
– facialis, Funktionsprüfung 209
– femoralis 215
– genitofemoralis R. genitalis 113
– glossopharyngeus 209
– glossopharyngeus, Ausfallerscheinung 210
– glossopharyngeus, Funktionsprüfung 210
– glutaeus superior 217
– hypoglossus 211
– hypoglossus, Ausfallerscheinung 211
– hypoglossus, Funktionsprüfung 211
– iliohypogastricus 144
– ilioinguinalis 113
– ischiadicus 217
– laryngeus recurrens 210
– laryngeus superior 45
– mandibularis 205, 206, 207

– maxillaris 205, 206, 207
– medianus 213
– musculocutaneus 213
– obturatorius 217
– occipitalis major 213
– occipitalis minor 213
– oculomotorius 23, 205
– oculomotorius, Ausfallerscheinungen 27, 205
– oculomotorius, Funktionsprüfung 205
Nervi olfactorii 204
Nervus ophthalmicus 205, 206
– peronaeus communis 217
– peronaeus superficialis 217
– petrosus major 209
– phrenicus 213
– pudendus 161
– radialis 213
– recurrens 45
– saphenus 217
– subcostalis 144
– tibialis 217
– trigeminus 205, 206, 207
– trigeminus, Ausfallerscheinungen 207
– trigeminus, Funktionsprüfung 207
– trochlearis 23, 205
– trochlearis, Ausfallerscheinung 27, 205
– trochlearis, Funktionsprüfung 205
– ulnaris 213
– vagus 210
– vagus, Ausfallerscheinungen 211
– vagus, Funktionsprüfung 211
– vagus, Reizsymptomatik 211
– vestibularis 31
– vestibularis, Prüfung 33
– vestibulocochlearis 31
Netzhaut 22
Neurohypophyse 177
Nieren 144
–, Agenesie 148
–, Aplasie 148
–, Arterien 146
–, Becken 145
–, Beckenektopie 148
–, Cysten 148
–, Einteilung 145
–, Fixierung 145
–, Kapsel 145
–, Kapselarterien 146
–, Rinde 145

Nieren, Varianten, Lage 146
–, Verletzung 145
Nodi lymphatici axillares 49
Nodi lymphatici inguinales 167
Nodi lymphatici submandibulares 97
Nucleus caudatus 238
– paraventricularis 240
– pulposus 14
– ruber 241
– subthalamicus Luysi 240
– supraopticus 240

**O**
Oberbauch 117
Occipitalisneuralgie 213
Oculomotoriusparese 27, 205
Oesophagus 102
–, Atresie 105
–, Divertikel 105
–, Engen 102, 103
–, Fixierung am Zwerchfell 104
–, Varicen 105
–, Verschluß 105
–, Weiten 102, 103
Oddi-Sphincter 129
Ohr 29
Oligodaktylie 199
Oligomenorrhoe 168
Onychogryposis 9
Onychorrhexis 9
Onychoschisis 9
Orthopnoe 54
Ortolani-Zeichen 193
Ovar 163
–, Fixierung 163
–, Lymphabfluß 163

**P**
Pachymeninx 225
Pallidum 239
Pankreas 129
–, A-Zellen 132
–, B-Zellen 132
–, Funktion 130
–, Sekretionssteuerung 130
Papilla duodeni major 124
Papilla nervi optici 25
Papilla Vateri 129
Paracentese 30
Paracolpium 168
Paralysis agitans 239
Parametrium 166
Paraplegie 252
Parästhesien 253
Parasympathicus 65, 210, 249
Parathormon 180

Parkinsonismus 239
Paronychie 9
Parosmie 205
Parovarialcysten 169
Patellaluxation 195
Patella, Mißbildungen 196
–, tanzende 196
Patellarsehnenreflex 219
Paukenhöhle 30, 31
Pedunculus cerebellaris inferior 242
– – medius 242
– – superior 242
Pedunculi cerebri 241
Periarthritis humeroscapularis 187
Perimetrium 165
Peritonealverhältnisse 117
Peritoneum 117
Peritoneum, Recessus 118
Perthes-Test 85
Pes calcaneus 199
– cavus 199
– equinus 199
– equinovarus 218
– planus 199
– transversoplanus 199
– valgus 199
– varus 199
Phäochromocytom 183
Pharynx 99
Pia mater encephali 225
Platonychie 9
Plattfuß 199
Pleura 52
–, parietalis 53
–, Spalt 52
–, –, Druck 53
–, –, Recessus 53
Plexus 212
– accessorio-cervicalis 211
– brachialis 213, 214
– chorioideus 228
– haemorrhoidalis 140
– lumbalis 215
– lumbosacralis 217
Plica umbilicalis lateralis 111
– – medialis 111
Polydaktylie 190, 199
Polymenorrhoe 168
Pons 241
Porus acusticus internus 224
Pressoreceptoren 74
Progenie 94
Projektionsfasern 244
Promontorium 158
Prostata 172, 173
–, Arterien 173
–, Lymphabfluß 174
–, Palpation 173, 174

–, Venen 173
Ptosis 27, 205
Pudendusblockade 161
Pulmonalklappe 61
Puls 66
Pulsionsdivertikel 105
Pulsqualitäten 66
Pulsstellen 76
Pupille 22, 24
Pupillenreaktion 25
Pupillenspiel 24
Pustel 8
Putamen 238
Putti-Trias 193
Pykniker 3
Pylorusstenose 122
Pyramidalmotorisches System 243

**Q**
Quaddel 8
Quadrantenanopsie 27
Queckenstedt-Phänomen 232
Querschnittlähmung 253
Querschnittläsion, Topodiagnostik 249

**R**
Rachen 99
Radiusperiostreflex 215
Radix mesenterii 134
Rami ad pontem 237
Rami communicantes albi 212
– – grisei 212
Rautengrube 241
Recessus costodiaphragmaticus 54, 55
– piriformis 43
– pubicus 161
Rechtsverschiebung, Blutbild 90
Rectum 138
–, Atresie 142
–, Austastung 142, 166, 173
–, Entleerung 141
–, funktionelle Einteilung 138
–, Gefäße 140
–, Krümmungen 138
–, morphologische Einteilung 138
–, Lymphabfluß 140, 141
Renshaw-Zelle 249, 250
Retina 22
Rhagade 8
Rhesusfaktor 89
Rhesussystem 89

Rhinoscopia anterior 41
– media 41
– posterior 41
Riechzentrum, primäres 204
– sekundäres 204
Rima glottidis 43
Rippen 50
Rippenstellungen 50
Roser-Nélaton-Linie 191
Rovsing-Zeichen 110, 111
Rot-Grün-Blindheit 25
Rückenmark 248

S
Samenleiter 171, 172
Schädelbasis 222
–, Verstrebepfeiler 222
Schädelgruben 223, 224
Schambeinwinkel 159
Schenkelhernie 114
Scherenbiß 94
Schilddrüse 178
Schlaganfall 244
Schleimhaut 9
Schluckablauf 99
Schluckreflex 100
Schlund 99
Schock 75
Schockformen 75
Schrunde 8
Schubladenphänomen 195
Schultergelenk 186
–, Punktion 187
–, Ruhestellung 187
–, Schonstellung 187
Schulternebengelenk 186
Schuppe 8
Schwiele 8
Schwurhand 213
Segmentbronchi 51
Segmentsprung 50
Sehbahn 26
Seitenhorn 249
Seitenstrang 250
Sengstaken-Blakemore-Sonde 105, 106
Shenton-Ménard-Linie 191
Shuntstellen 87
Siebbeinzellen 39, 40
Sigmadivertikel 137
Sigmakrümmungen 136
Sinus durae matris 226, 227, 232
Sinus frontalis 39, 40
– maxillaris 39, 40
– sphenoidalis 39, 40
Sklera 22
Skoliose 16
Sodbrennen 105
Spanngelenk 42

Spannungspneumothorax 58
Spinalnerven 212
Spitzfuß 199
Spondylolisthesis 17
Sportlerherz 66
Spreizfuß 199
Sprunggelenke 196
–, Collateralbänder 196, 197
–, Punktion 197
Stammbronchi 51, 52
Stammganglien 238
Star, grüner 24
Steigbügel 28
Stellgelenk 42
Stimmbänder 43
Stimmritze 43
Stirnhöhle 39, 40
Striatum 239
Subacidität 119
Subarachnoidalraum 227
Subclaviakatheter 78
Subdeltoidealer Gleitraum 186
Subduralraum 227
Suboccipitalpunktion 229, 230
Substantia nigra 241
Subthalamus 240
Sudeck-Punkt 137
Superacidität 119
Sympathicus 249
Syndaktylie 190, 199

T
Tabula externa 222
– interna 222
Tachykardie 67
Tachypnoe 54
Taenien 135
Tectum 240
Tegmentum 240
Telencephalon 238, 239, 240
Testis 170
Tetraplegie 252
Thalamus 240
Thalamusstiele 245
Thoraxwand 48
–, Hautvenen 49
Thymosin 181
Thymus 181
Thymusdreieck 181
Tibiatorsion 191
Tonsilla lingualis 95, 101
– palatina 101
– pharyngea 36, 100
– tubalis 100
Trachea 51
Tracheotomien 47
Tractus olivospinalis 251
– pyramidalis anterior 251

– pyramidalis lateralis 250
– reticulospinalis lateralis 251
– reticulospinalis ventrolateralis 251
– rubrospinalis 251
– spinocerebellaris anterior 252
– spinocerebellaris posterior 252
– spinothalamicus anterior 252
– spinothalamicus lateralis 252
– tectospinalis 251
– tegmentospinalis 251
– vestibulospinalis 251
Tränennasengang, Spülung 20
Tränenreflex 21
Tränenweg 20, 21
Traktionsdivertikel 105
Trendelenburg-Phänomen 85, 217
Tricepssehnenreflex 215
Tricuspidalklappe 61
Trigeminusdruckpunkte 206, 207
Trigonum lumbale 113
Trochlearisparese 27
Trommelfell 29, 30
Tuba auditiva 28, 30
Tuba uterina 164
– –, Arterien 164
Tubargravidität 164
Tuber cinereum 240

U
Überbiß 94
Unterbauch 117
Ureter 149
–, Engen 149
–, Kreuzungen 149
–, Mißbildungen 150
–, Variationen 150
Urethra 153, 155
– accessoria 154
–, Drüsen 154
–, Engen 153
–, Mißbildungen beim Mann 154
–, Weiten 153
Uterus 164, 165
–, Aplasie 169
–, Bänder 166, 167
–, gravider 167
–, Lage 167
–, Lymphabfluß 167
–, Wandaufbau 165

**V**

Vagina 168
–, Aplasie 169
–, Lymphabfluß 168
Valvula fossae navicularis 154
Varicocele 116
Vena azygos 78
– basilica 81
– brachiocephalica 78
– cava superior 78
– cephalica 81
– jugularis interna 78, 80
– mediana cubiti 81
Venae perforantes, Bein 84, 85
Vena portae 85, 86
– saphena magna 83
– saphena parva 83
– subclavia 78
Venenkatheter 78
Venenpuls 78
Venenstämme 78
Ventrikel, Gehirn 228
Verschmelzungsnieren 148
Vertebra prominens 13
Vomer 36
Vorderhorn 249
Vorderstrang 250
Vorhofflattern 67
Vorhofflimmern 67
Vorsteherdrüse 172, 173

**W**

Waldeyer-Rachenring 100
Wandermilz 133
Wanderniere 146
Weber-Versuch 33
Windkesselwirkung 73
Wirbelbogenspalten 18
Wirbelgelenke 13
Wirbelkörperspalten 18
Wirbelsäulenbänder 15
–, Beweglichkeit 16
–, Fehlbildungen 18
–, Krümmungen 12, 16
Wolfsrachen 98

**Z**

Zähne 93
–, Durchbruch 93
–, Innervation 93
–, Lymphabfluß 94
Zangenbiß 94
Zehenmißbildungen 199
Zisternen 227
Zona haemorrhoidalis 138, 139
Zunge 94
–, Innervation 95
–, Lymphabfluß 95, 97
–, Papillen 95
Zwerchfellenge, Oesophagus 103
Zwergwuchs, hypophysärer 176

P. Abrahams, P. Webb
**Klinische Anatomie diagnostischer und therapeutischer Eingriffe**
Übersetzt aus dem Englischen und bearbeitet von H. Loeweneck
1978. 96 Abbildungen, davon 47 in Farbe
X, 148 Seiten
Gebunden DM 52,–
ISBN 3-540-08580-7

**Die Fachwörter der Anatomie, Histologie und Embryologie**
Ableitung und Aussprache
Begründet von H. Triepel, H. Stieve, R. Herrlinger
29. Auflage, bearbeitet von A. Faller
1978. 232 Seiten
DM 42,–
ISBN 3-8070-0300-2

H. Marx
**Differentialdiagnostische Leitprogramme in der Inneren Medizin**
Procedere
Unter Mitarbeit von F. Anschütz, H. Bethge, W. Firnhaber, D. Höffler, T. Pfleiderer, K. Walter
2., korrigierte Auflage. 1980. X, 265 Seiten
(Kliniktaschenbücher)
DM 23,–
ISBN 3-540-09794-5

**Diagnose und Therapie in der Praxis**
Nach der amerikanischen Ausgabe von M. A. Krupp, M. J. Chatton
Bearbeitet, ergänzt und herausgegeben von K. Huhnstock, W. Kutscha
Unter Mitarbeit von H. Dehmel, G.-W. Schmidt
4., neubearbeitete und erweiterte Auflage.
1976. 29 Abbildungen. XVI, 1403 Seiten
Gebunden DM 96,–
ISBN 3-540-07781-2

J. Schmidt-Voigt
**Diagnostische Leitbilder bei koronarer Herzkrankheit**
1980. 66 farbige Abbildungen. X, 73 Seiten
Gebunden DM 34,–
ISBN 3-540-10122-5

H.-H. v. Albert
**Vom neurologischen Symptom zur Diagnose**
Differentialdiagnostische Leitprogramme
Mit Geleitworten von G. Bodechtel, F. Marguth
2., verbesserte Auflage. 1981. 6 Abbildungen.
XIII, 284 Seiten
(Kliniktaschenbücher)
DM 29,80
ISBN 3-540-10497-6

G. Schley
**Störungen des Wasser-, Elektrolyt- und Säure-Basenhaushaltes**
Diagnose und Therapie
1981. 27 Abbildungen, 30 Tabellen.
VIII, 84 Seiten
(Kliniktaschenbücher)
DM 19,80
ISBN 3-540-10366-X

Springer-Verlag
Berlin
Heidelberg
New York

W. Heipertz, E. Schmitt
**Wirbelsäulenerkrankungen**
Diagnostik und Therapie
Unter Mitarbeit von D. Ruckelshausen
1978. 121 Abbildungen. X, 196 Seiten
(Kliniktaschenbücher)
DM 27,–
ISBN 3-540-08787-7

G. Weiss
**Laboruntersuchungen nach Symptomen und Krankheiten**
Mit differentialdiagnostischen Tabellen
Unter Mitarbeit von G. Scheurer,
N. Schneemann, J.-D. Summa, K. H. Welsch, U. Wertz
2., korrigierte Auflage. 1979. 11 Abbildungen, 62 Tabellen. XII, 906 Seiten
Gebunden DM 75,–
ISBN 3-540-09768-6

D. B. Dubin
**Schnell-Interpretation des EKG**
Ein programmierter Kurs
Bearbeitet und ergänzt von U. K. Lindner
3. bearbeitete und ergänzte Auflage. 1981.
300 Abbildungen. IX, 312 Seiten
DM 44,–
ISBN 3-540-10201-9

F. H. Degenring
**Praktische Kardiologie**
1979. 10 Abbildungen, 11 Tabellen.
V, 97 Seiten
DM 34,–
ISBN 3-540-09150-5

B. Luban-Plozza, W. Pöldinger
**Der psychosomatisch Kranke in der Praxis**
Erkenntnisse und Erfahrungen
Unter Mitarbeit von F. Kröger
Mit einem Beitrag von E. Streich-Schlossmacher
Mit einem Geleitwort von M. Balint
4., neubearbeitete und erweiterte Auflage.
1980. 18 Abbildungen, 32 Tabellen.
XVI, 267 Seiten
DM 48,–
ISBN 3-540-10030-X

H. Cottier
**Pathogenese**
Ein Handbuch für die ärztliche Fortbildung
Unter Mitwirkung von K. Bürki, M. W. Hess, H. U. Keller, B. Roos, R. Schindler, A. Zimmermann und Spezialisten aus verschiedenen Fachgebieten
1980. Mit über 6000 Einzeldarstellungen in 234 Tafeln und 124 Tabellen.
LXVI, 2412 Seiten. (In 2 Bänden, die nur zusammen abgegeben werden)
Gebunden DM 880,–
ISBN 3-540-09215-3

G. Friese, A. Völcker
**Leitfaden für den klinischen Assistenten**
3., neubearbeitete Auflage. 1981. 27 Abbildungen. VIII, 184 Seiten
(Kliniktaschenbücher)
DM 28,–
ISBN 3-540-10765-7

Springer-Verlag
Berlin
Heidelberg
New York

If you have any concerns about our products,
you can contact us on
**ProductSafety@springernature.com**

In case Publisher is established outside the EU,
the EU authorized representative is:
**Springer Nature Customer Service Center GmbH
Europaplatz 3, 69115 Heidelberg, Germany**

Printed by Libri Plureos GmbH
in Hamburg, Germany